"十四五"职业教育国家规划教材

全国高等职业教育医疗器械类专业
国家卫生健康委员会"十三五"规划教材

供医疗器械类专业用

医电产品生产
工艺与管理

第 2 版

主　编　李晓欧

副主编　毛　伟　余会娟

编　者　（以姓氏笔画为序）

王　艳　（上海健康医学院）　　　　李晓欧　（上海健康医学院）

毛　伟　（浙江医药高等专科学校）　　余会娟　（安徽医学高等专科学校）

苏建良　（苏州高等职业技术学校）　　张　科　（上海谱康电子科技有限公司）

人民卫生出版社

图书在版编目（CIP）数据

医电产品生产工艺与管理/李晓欧主编. —2 版.
—北京:人民卫生出版社,2018
　　ISBN 978-7-117-25802-9

　　Ⅰ.①医…　Ⅱ.①李…　Ⅲ.①医疗器械-电子仪器-
生产工艺-教材②医疗器械-电子仪器-生产管理-教材
Ⅳ.①TH772②R197.39

　　中国版本图书馆 CIP 数据核字(2018)第 083500 号

| 人卫智网 | www.ipmph.com | 医学教育、学术、考试、健康,购书智慧智能综合服务平台 |
| 人卫官网 | www.pmph.com | 人卫官方资讯发布平台 |

医电产品生产工艺与管理
第 2 版

主　　编:李晓欧
出版发行:人民卫生出版社(中继线 010-59780011)
地　　址:北京市朝阳区潘家园南里 19 号
邮　　编:100021
E - mail: pmph @ pmph. com
购书热线:010-59787592　010-59787584　010-65264830
印　　刷:北京铭成印刷有限公司
经　　销:新华书店
开　　本:850×1168　1/16　　印张:19
字　　数:447 千字
版　　次:2011 年 8 月第 1 版　　2018 年 12 月第 2 版
　　　　　2025 年 9 月第 2 版第 8 次印刷(总第 9 次印刷)
标准书号:ISBN 978-7-117-25802-9
定　　价:58.00 元
打击盗版举报电话:010-59787491　E-mail:WQ @ pmph. com
质量问题联系电话:010-59787234　E-mail:zhiliang @ pmph. com

全国高等职业教育医疗器械类专业
国家卫生健康委员会"十三五"规划教材
出版说明

《国务院关于加快发展现代职业教育的决定》《高等职业教育创新发展行动计划(2015—2018年)》《教育部关于深化职业教育教学改革全面提高人才培养质量的若干意见》等一系列重要指导性文件相继出台,明确了职业教育的战略地位、发展方向。同时,在过去的几年,中国医疗器械行业以明显高于同期国民经济发展的增幅快速成长。特别是随着《关于深化审评审批制度改革鼓励药品医疗器械创新的意见》的印发、《医疗器械监督管理条例》的修订,以及一系列相关政策法规的出台,中国医疗器械行业已经踏上了迅速崛起的"高速路"。

为全面贯彻国家教育方针,跟上行业发展的步伐,将现代职教发展理念融入教材建设全过程,人民卫生出版社组建了全国食品药品职业教育教材建设指导委员会。在指导委员会的直接指导下,经过广泛调研论证,人民卫生出版社启动了全国高等职业教育医疗器械类专业第二轮规划教材的修订出版工作。

本套规划教材首版于2011年,是国内首套高职高专医疗器械相关专业的规划教材,其中部分教材入选了"十二五"职业教育国家规划教材。本轮规划教材是国家卫生健康委员会"十三五"规划教材,是"十三五"时期人卫社重点教材建设项目,适用于包括医疗设备应用技术、医疗器械维护与管理、精密医疗器械技术等医疗器类相关专业。本轮教材继续秉承"五个对接"的职教理念,结合国内医疗器械类专业领域教育教学发展趋势,紧跟行业发展的方向与需求,重点突出如下特点:

1. **适应发展需求,体现高职特色**　本套教材定位于高等职业教育医疗器械类专业,教材的顶层设计既考虑行业创新驱动发展对技术技能型人才的需要,又充分考虑职业人才的全面发展和技术技能型人才的成长规律;既集合了我国职业教育快速发展的实践经验,又充分体现了现代高等职业教育的发展理念,突出高等职业教育特色。

2. **完善课程标准,兼顾接续培养**　本套教材根据各专业对应从业岗位的任职标准优化课程标准,避免重要知识点的遗漏和不必要的交叉重复,以保证教学内容的设计与职业标准精准对接,学校的人才培养与企业的岗位需求精准对接。同时,本套教材顺应接续培养的需要,适当考虑建立各课程的衔接体系,以保证高等职业教育对口招收中职学生的需要和高职学生对口升学至应用型本科专业学习的衔接。

3. **推进产学结合,实现一体化教学**　本套教材的内容编排以技能培养为目标,以技术应用为主线,使学生在逐步了解岗位工作实践、掌握工作技能的过程中获取相应的知识。为此,在编写队伍组建上,特别邀请了一大批具有丰富实践经验的行业专家参加编写工作,与从全国高职院校中遴选出的优秀师资共同合作,确保教材内容贴近一线工作岗位实际,促使一体化教学成为现实。

4. **注重素养教育,打造工匠精神**　在全国"劳动光荣、技能宝贵"的氛围逐渐形成,"工匠精神"在各行各业广为倡导的形势下,医疗器械行业的从业人员更要有崇高的道德和职业素养。教材更加强调要充分体现对学生职业素养的培养,在适当的环节,特别是案例中要体现出医疗器械从业人员的行为准则和道德规范,以及精益求精的工作态度。

5. 培养创新意识,提高创业能力 为有效地开展大学生创新创业教育,促进学生全面发展和全面成才,本套教材特别注意将创新创业教育融入专业课程中,帮助学生培养创新思维,提高创新能力、实践能力和解决复杂问题的能力,引导学生独立思考、客观判断,以积极的、锲而不舍的精神寻求解决问题的方案。

6. 对接岗位实际,确保课证融通 按照课程标准与职业标准融通、课程评价方式与职业技能鉴定方式融通、学历教育管理与职业资格管理融通的现代职业教育发展趋势,本套教材中的专业课程,充分考虑学生考取相关职业资格证书的需要,其内容和实训项目的选取尽量涵盖相关的考试内容,使其成为一本既是学历教育的教科书,又是职业岗位证书的培训教材,实现"双证书"培养。

7. 营造真实场景,活化教学模式 本套教材在继承保持人卫版职业教育教材栏目式编写模式的基础上,进行了进一步系统优化。例如,增加了"导学情景",借助真实工作情景开启知识内容的学习;"复习导图"以思维导图的模式,为学生梳理本章的知识脉络,帮助学生构建知识框架。进而提高教材的可读性,体现教材的职业教育属性,做到学以致用。

8. 全面"纸数"融合,促进多媒体共享 为了适应新的教学模式的需要,本套教材同步建设以纸质教材内容为核心的多样化的数字教学资源,从广度、深度上拓展纸质教材内容。通过在纸质教材中增加二维码的方式"无缝隙"地链接视频、动画、图片、PPT、音频、文档等富媒体资源,丰富纸质教材的表现形式,补充拓展性的知识内容,为多元化的人才培养提供更多的信息知识支撑。

本套教材的编写过程中,全体编者以高度负责、严谨认真的态度为教材的编写工作付出了诸多心血,各参编院校为编写工作的顺利开展给予了大力支持,从而使本套教材得以高质量如期出版,在此对有关单位和各位专家表示诚挚的感谢! 教材出版后,各位教师、学生在使用过程中,如发现问题请反馈给我们(renweiyaoxue@ 163. com),以便及时更正和修订完善。

人民卫生出版社

2018 年 3 月

全国高等职业教育医疗器械类专业
国家卫生健康委员会"十三五"规划教材
教材目录

序号	教材名称	主编	单位
1	医疗器械概论(第2版)	郑彦云	广东食品药品职业学院
2	临床信息管理系统(第2版)	王云光	上海健康医学院
3	医电产品生产工艺与管理(第2版)	李晓欧	上海健康医学院
4	医疗器械管理与法规(第2版)	蒋海洪	上海健康医学院
5	医疗器械营销实务(第2版)	金 兴	上海健康医学院
6	医疗器械专业英语(第2版)	陈秋兰	广东食品药品职业学院
7	医用X线机应用与维护(第2版)*	徐小萍	上海健康医学院
8	医用电子仪器分析与维护(第2版)	莫国民	上海健康医学院
9	医用物理(第2版)	梅 滨	上海健康医学院
10	医用治疗设备(第2版)	张 欣	上海健康医学院
11	医用超声诊断仪器应用与维护(第2版)*	金浩宇	广东食品药品职业学院
		李哲旭	上海健康医学院
12	医用超声诊断仪器应用与维护实训教程(第2版)*	王 锐	沈阳药科大学
13	医用电子线路设计与制作(第2版)	刘 红	上海健康医学院
14	医用检验仪器应用与维护(第2版)*	蒋长顺	安徽医学高等专科学校
15	医院医疗设备管理实务(第2版)	袁丹江	湖北中医药高等专科学校/荆州市中心医院
16	医用光学仪器应用与维护(第2版)*	冯 奇	浙江医药高等专科学校

说明:*为"十二五"职业教育国家规划教材,全套教材均配有数字资源。

全国食品药品职业教育教材建设指导委员会
成员名单

主 任 委 员： 姚文兵　中国药科大学

副主任委员： 刘　斌　天津职业大学　　　　　　　　马　波　安徽中医药高等专科学校

冯连贵　重庆医药高等专科学校　　　　袁　龙　江苏省徐州医药高等职业学校

张彦文　天津医学高等专科学校　　　　缪立德　长江职业学院

陶书中　江苏食品药品职业技术学院　　张伟群　安庆医药高等专科学校

许莉勇　浙江医药高等专科学校　　　　罗晓清　苏州卫生职业技术学院

昝雪峰　楚雄医药高等专科学校　　　　葛淑兰　山东医学高等专科学校

陈国忠　江苏医药职业学院　　　　　　孙勇民　天津现代职业技术学院

委　　　员（以姓氏笔画为序）：

于文国　河北化工医药职业技术学院　　李群力　金华职业技术学院

王　宁　江苏医药职业学院　　　　　　杨元娟　重庆医药高等专科学校

王玮瑛　黑龙江护理高等专科学校　　　杨先振　楚雄医药高等专科学校

王明军　厦门医学高等专科学校　　　　邹浩军　无锡卫生高等职业技术学校

王峥业　江苏省徐州医药高等职业学校　张　庆　济南护理职业学院

王瑞兰　广东食品药品职业学院　　　　张　建　天津生物工程职业技术学院

牛红云　黑龙江农垦职业学院　　　　　张　铎　河北化工医药职业技术学院

毛小明　安庆医药高等专科学校　　　　张志琴　楚雄医药高等专科学校

边　江　中国医学装备协会康复医学装　张佳佳　浙江医药高等专科学校
　　　　 备技术专业委员会　　　　　　 张健泓　广东食品药品职业学院

师邱毅　浙江医药高等专科学校　　　　张海涛　辽宁农业职业技术学院

吕　平　天津职业大学　　　　　　　　陈芳梅　广西卫生职业技术学院

朱照静　重庆医药高等专科学校　　　　陈海洋　湖南环境生物职业技术学院

刘　燕　肇庆医学高等专科学校　　　　罗兴洪　先声药业集团

刘玉兵　黑龙江农业经济职业学院　　　罗跃娥　天津医学高等专科学校

刘德军　江苏省连云港中医药高等职业　郏枝花　安徽医学高等专科学校
　　　　 技术学校　　　　　　　　　　金浩宇　广东食品药品职业学院

孙　莹　长春医学高等专科学校　　　　周双林　浙江医药高等专科学校

严　振　广东省药品监督管理局　　　　郝晶晶　北京卫生职业学院

李　霞　天津职业大学　　　　　　　　胡雪琴　重庆医药高等专科学校

段如春　楚雄医药高等专科学校　　　黄美娥　湖南食品药品职业学院

袁加程　江苏食品药品职业技术学院　晨　阳　江苏医药职业学院

莫国民　上海健康医学院　　　　　　葛　虹　广东食品药品职业学院

顾立众　江苏食品药品职业技术学院　蒋长顺　安徽医学高等专科学校

倪　峰　福建卫生职业技术学院　　　景维斌　江苏省徐州医药高等职业学校

徐一新　上海健康医学院　　　　　　潘志恒　天津现代职业技术学院

黄丽萍　安徽中医药高等专科学校

前　言

在上版基础上,本次修订融入了近年来医电产品的新应用及编者积累多年的教学经验,改进了部分内容的叙述方式,丰富了医电产品的装调内容和新的医电设备服务实例,结合数字多媒体资源更加符合高职高专学生的阅读方式,并兼顾高等职业教育学校技能型人才的培养要求。

以"工作过程"为导向的课程设计方案,强调专业体系知识不应通过灌输而应由学生在学习过程的"行动"中自我建构而获得。要把"工作过程"作为一个整体,工作环境与教师、学生密切联系,课堂讲授与工作环境经验指导相整合。这种课程设计的思路着眼于提高学生的职业能力和综合素质,适应当前技术应用型人才培养的需求。

编者通过对医疗器械企业调研,分析医用电子仪器生产、管理和服务第一线的人才需求状况,研究其职业工作特点和岗位技能要求,针对性地设计编写了本项目化教材。选取多参数监护仪作为该教材的教学载体,通过典型工作任务分析,导出工作过程导向的课程教学。

医电产品生产工艺与管理课程的学习目标为通过电子工艺基本技能领域学习,掌握基础理论知识;通过典型医电产品组装与调试领域学习,掌握生产技术技能;通过医疗器械生产管理与质量控制领域学习,掌握生产工艺流程和岗位操作规程。学习内容包括来料识别与检测,贴片元器件应用及焊接工艺,仪器使用,多参数监护仪的装配训练,多参数监护仪的电路原理及调试,多参数监护仪的测试与检验,生产工艺与管理,医电设备服务。

本教材共分八章,设计了六个学习情境,分别是基本技能、产品组装、产品调试、产品检验、生产管理、设备服务。每个学习情境分担该学习领域相关任务单元的能力和素质要求,通过十二个实训任务,最终实现知识重构。

本书由李晓欧主编和统稿,其中项目一由余会娟编写,项目二由苏建良编写,项目三由王艳编写,项目四、八由李晓欧编写,项目五由张科编写,项目六、七由毛伟编写。吴建新、沈燕协助完成编写工作。

本书可作为高等职业教育精密医疗器械技术、医疗器械维护与管理、医疗设备应用技术等医疗器械类专业教材,也可供广大电子爱好者参考。

本教材在编写过程中得到了上海健康医学院及兄弟院校的大力支持,上海诺诚电气有限公司、上海谱康电子科技有限公司、上海柯渡医疗集团、宁波明星科技发展有限公司提供了大量的产品资料,在此一并表示诚挚的感谢。

限于编者水平有限,不妥之处在所难免,恳请读者批评指正,以待不断完善。

编　者

2018 年 9 月

目　录

项目一

来料识别

项目一PPT

项目目标 ∨

学习目的

通过学习医电产品中常见的电子元器件和电子材料的图形、符号、命名、标识等相关知识，掌握电子元器件和电子材料的识别及使用方法，完成医电产品的来料准备工作，为后续章节的学习奠定基础，也为医电产品的顺利装调、检验打下坚实基础。

知识要求

1. 掌握基本电子器件、半导体器件、集成电路、传感器、贴片器件的识别，以及焊料、助焊剂的机理和作用；
2. 熟悉印制电路板、导线、绝缘材料等电子材料的识别方法。

能力要求

1. 熟练掌握电子元器件的外观识别及参数测量的方法，做到了解其性能，准确判断电子元器件的质量好坏，具有在医电产品组装中正确筛选电子元器件的能力；
2. 学会印制电路板、导线、焊料、助焊剂、绝缘材料等电子材料的检测方法，能根据实际需要合理选用电子材料。

第一节　任务一：电子元器件的识别

一、任务导入

电子元器件是组成医电产品的基础，其性能决定了医电产品的质量。通过电阻、电容、电感、变压器、二极管、三极管、集成电路、贴片器件等元器件的识别与检测，掌握医电产品中常见电子元器件的种类、结构、性能，并能正确地选用。这是学习、掌握电子技术的基本功之一。

二、任务分析

电子元器件的识别与检测是了解器件和电路功能的基础，只有掌握了正确的方法，才能准确有效地检测出元器件的相关参数，以判断其性能是否正常。不同的元器件有不同的检测方法，而用万用表检测电子元器件是最常用的检测方法。

三、相关知识与技能

（一）基本器件

图 1-1 给出了一些典型的基本电子元器件,如电阻器、电容器、电感器、变压器。下面具体介绍它们的特性和检测方法。

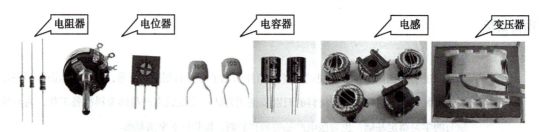

电阻器　电位器　电容器　电感　变压器

图 1-1　基本电子元器件

1. 电阻器　是电子设备、医电产品中用得最多的基本元器件之一。主要用于控制和调节电路中的电流和电压,或用作消耗电能的负载。电阻器有固定电阻和可变电阻之分,可变电阻常称作电位器。

（1）固定电阻器

1）电阻器型号命名方法

根据 GB/T2471-1995,具体的命名方法如表 1-1 所示。

表 1-1　电阻器型号命名方法

第一部分 主称		第二部分 材料		第三部分 类别			第四部分 序号
符号	意义	符号	意义	符号	电阻器	电位器	
R	电阻器	T	碳膜	1	普通	普通	对主称、材料相同,仅性能指标、尺寸大小有区别,但基本不影响互换使用的产品,给同一序号;若性能指标、尺寸大小明显影响互换时,则在序号后面用大写字母作为区别代号
W	电位器	H	合成膜	2	普通	普通	
		S	有机实芯	3	超高频	—	
		N	无机实芯	4	高阻	—	
		J	金属膜	5	高温	—	
		Y	氧化膜	6	—	—	
		C	沉积膜	7	精密	精密	
		I	玻璃釉膜	8	高压	特殊	
		P	硼酸膜	9	特殊	特殊	
		U	硅酸膜	G	高功率	—	
		X	线绕	T	可调	—	
		M	压敏	W	—	微调	
		G	光敏	D	—	多圈	
		R	热敏				

例如：

精密金属膜电阻器

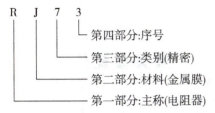

多圈线绕电位器

2）电阻值的标识：按照部颁标准规定，电阻值的标称值应为表1-2所列数字的10^n倍，其中 n 为正整数、负整数或零。

表1-2 电阻器的标称系列及允许误差

系列	允许误差	电阻器的标称值											
E24	Ⅰ级（±5%）	1.0	1.1	1.2	1.3	1.5	1.6	1.8	2.0	2.2	2.4	2.7	3.0
		3.3	3.6	3.9	4.3	4.7	5.1	5.6	6.2	6.8	7.5	8.2	9.1
E12	Ⅱ级（±10%）	1.0	1.2	1.5	1.8	2.2	2.7	3.3	3.9	4.7	5.6	6.8	8.2
E6	Ⅲ级（±20%）	1.0	1.5	2.2	3.3	4.7	6.8						

电阻器的阻值和允许偏差的标注方法有直标法、色标法和文字符号法。

①直标法：将电阻的阻值和误差直接用数字和字母印在电阻上（无误差标示表示允许误差为±20%）。也有厂家采用习惯标记法，例如，"3Ω3 Ⅰ"表示电阻值为3.3Ω、允许误差为±5%，"1K8 Ⅲ"表示电阻值为1.8kΩ、允许误差为±20%，"5M1 Ⅱ"表示电阻值为5.1MΩ、允许误差为±10%。

②色标法：将不同颜色的色环涂在电阻器上来表示电阻值及允许误差，各种颜色所对应的数值如表1-3所示。

表1-3 电阻器色环符号意义

颜色	第一位数	第二位数	第三位数（倍乘数）数倍乘数	倍乘数	允许误差%
棕	1	1	1(10^1)	10^1	±1
红	2	2	2(10^2)	10^2	±2
橙	3	3	3(10^3)	10^3	—
黄	4	4	4(10^4)	10^4	—
绿	5	5	5(10^5)	10^5	±0.5
蓝	6	6	6(10^6)	10^6	±0.2
紫	7	7	7(10^7)	10^7	±0.1
灰	8	8	8(10^8)	10^8	—
白	9	9	9(10^9)	10^9	—
黑	0	0	0(10^0)	10^0	—
金	—	—	—	10^{-1}	±5
银	—	—	—	10^{-2}	±10
无色	—	—	—		±20

读色环的顺序规定为:更靠近电阻引线的色环为第一环,离电阻引线远一些的色环为最后的环(即误差环)。电阻器色环标志读数识别规则如图1-2所示。例如,"红红棕金"表示(220±5%)Ω,"黄紫橙银"表示(47±10%)kΩ,"棕紫绿金棕"表示(17.5±1%)Ω。

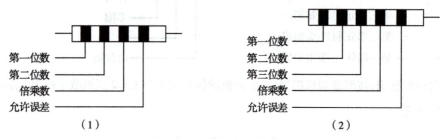

图1-2　固定电阻色环标志读数识别规则
(1)一般电阻;(2)精密电阻

误差环与其他环的间距比较大,若两端色环离电阻两端引线等距离,则可借助于电阻的标称值系列表来判断。

③文字符号法:例如,"3M3K"的符号标识,其中"3M3"表示3.3 MΩ,"K"表示允许偏差为±10%。允许偏差(%)与字母的对应关系如表1-4所示。

表1-4　电阻器偏差标志符号表

允许偏差	标志符号	允许偏差	标志符号	允许偏差	标志符号
±0.001	E	±0.1	B	±10	K
±0.002	Z	±0.2	C	±20	M
±0.005	Y	±0.5	D	±30	N
±0.01	H	±1	F		
±0.02	U	±2	G		
±0.05	W	±5	J		

3)特种电阻器

①熔断电阻器:熔断电阻器是一种新型的双功能元器件。它在正常使用时,具有普通电阻器的电气特性;一旦发生电路失调、电源变化或者某种元器件失效等故障时,熔断电阻器超过负荷,就会在规定时间内熔断开路,从而起到保护元器件的作用。

②热敏电阻器:热敏电阻器具有体积小、重量轻、灵敏度高等特点,电阻值随温度的变化而发生明显的变化。主要用在电路中作温度补偿用,也可在温度测量电路和控制电路中作感温元器件,例如电子体温计和监护仪中的体温测量都是利用热敏电阻器来实现的。热敏电阻器可分为两大类,随着温度升高阻值变大的热敏电阻器是正温度系数热敏电阻器,随着温度升高阻值变小的热敏电阻器是负温度系数热敏电阻器。测量热敏电阻时不宜采用普通万用表,因普通万用表的电流过大,会使热敏电阻器发热而造成阻值的变化。

③光敏电阻器:光敏电阻器大多数用半导体材料制成,它利用半导体的光电特性,使电阻器的电阻值随入射光线的强弱发生变化。当入射光线增强时,其阻值会明显减小;当入射光线减弱时,其阻

值会显著增大。光敏电阻器的种类很多,根据所用导体材料不同,可分为单晶光敏电阻器和多晶光敏电阻器;根据光敏电阻器的光谱特性,又可分为红外光光敏电阻器、可见光光敏电阻器及紫外光光敏电阻器等。

④压敏电阻器:压敏电阻器是一种伏安特性呈非线性的敏感元器件,在正常电压条件下,它相当于一只小电容器,而当电路出现过电压时,其内阻急剧下降并迅速导通,这时其工作电流可增加几个数量级,从而有效保护了电路中其他元器件不致过电压而损坏。

⑤气敏电阻器:气敏电阻器是一种新型半导体元器件,利用金属氧化物半导体表面吸收某种气体分子时会发生氧化反应或还原反应的特性制成。气敏电阻器可分为 N 型、P 型和结合型,N 型气敏电阻器由 N 型半导体材料制成,P 型气敏电阻器由 P 型半导体材料制成。气敏电阻器按结构又可以分为直热式气敏电阻器和旁热式气敏电阻器。

⑥磁敏电阻器:磁敏电阻器是利用磁电效应原理制成的。磁敏电阻器的阻值会随着穿过它的磁通量密度的变化而变化。其特点是在弱磁场中的阻值与磁场的关系呈平方律增加,并有很高的灵敏度。磁敏电阻器多为片形,外形尺寸较小,在室温下初始电阻值为 $10 \sim 500\Omega$。磁敏电阻器主要应用于测定磁场强度、频率和功率等,也可用于制成无触点开关和可调的无接触电阻器。

(2) 可变式电阻器:可变式电阻器一般称为电位器。从形状上分有圆柱形、长方体形等多种形状;从结构上分有直滑式、旋转式、带开关式、带紧锁装置式、多连式、多圈式、微调式和无接触式等多种形式;从材料上分有碳膜、合成膜、有机导电体、金属玻璃釉和合金电阻丝等多种电阻体材料。碳膜电位器是较常用的一种。

电位器在旋转时,其相应的阻值依旋转角度而变化。变化规律有三种不同形式,如图 1-3 所示。X 型为直线型,其阻值按角度均匀变化,适合于作分压、调节电流等用;Z 型为指数型,其阻值按旋转角度依指数关系变化(阻值变化开始缓慢,以后变快),适用于音量调节电路。D 型为对数型,其阻值按旋转角度依对数关系变化(阻值变化开始快,以后缓慢),适用于仪器设备的特殊调节,如对色彩的对比度调整。

电路进行一般调节时,宜采用性价比较好的碳膜电位器;在进行精确调节时,宜采用多圈电位器或精密电位器。

(3) 电阻器的检测

1) 固定电阻器的检测:首先从外观上看电阻有无烧焦、电阻引脚有无脱落及松动现象。在测量前,可以根据对被测电阻的色环、直接标识的阻值数来选择合适的万用表量程。固定电阻器的测量分非在路和在路测量两种情况:

①非在路测量:非在路测量是指对电阻直接测量或者把电阻从印制电路板焊下一脚再

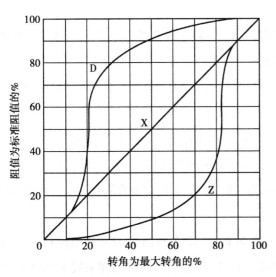

图 1-3　电位器旋转角与实际阻值变化关系

进行测量。若测量值基本等于标称值,则该电阻正常;若测量值接近于零,说明电阻短路;若测量值远小于标称值,则该电阻已损坏;若测量值远大于标称值,则该电阻老化;若测量值趋于无穷大,则该电阻已断路。

②在路测量:在路测量指对安装在印制电路板上,并与电路的其他元器件连接在一起的电阻器进行测量。在路测量只能大致判断电阻的好坏,不能准确测量电阻的数值。

在路测量时,会受到与被测电阻器并联的电阻、晶体二极管、晶体三极管的影响,一般指针式万用表的读数应小于或等于实际被测电阻的阻值。采用数字式万用表来在路测量电阻器的阻值,两笔间的测量电压较小,测量时受晶体二极管、三极管的影响较小,测量的准确度较高。

在测量中还需注意:

①对于指针式万用表,测量时,要根据电阻标称值来选择万用表的电阻挡量程,使指针落在万用表刻度盘中间或略偏右的位置为佳;

②对于指针式万用表,不同倍率挡的零点不同,每换一挡都应重新调零,当某一挡调零时不能使指针回到零欧姆处,则表明表内电池电压不足,需要更换电池;

③要防止把双手和电阻的两个引线及万用表的两个表笔并联在一起,因为这样测得的阻值为人体电阻与被测电阻并联后的等效电阻阻值,而不是被测电阻的阻值;

④当电阻连接在电路中时,首先应将电路的电源断开,不允许带电测量电阻值。若电路中有电容时,应先将电容器放电后再进行测量。若电阻两端与其他元器件相连,则应断开一端后再测量,否则电阻两端连接的其他电路会造成测量结果错误。

2)敏感电阻的检测:用万用表测量敏感电阻的阻值,若敏感源(气敏源、光敏源、热敏源)发生变化时,敏感电阻值也明显变化,则说明该敏感电阻是好的;若敏感电阻值变化很小,或几乎不变化,则说明该敏感电阻出现故障。

压敏电阻是一种非线性电阻元器件,阻值与两端施加的电压值大小有关。用指针式万用表的 R×10k 挡测量压敏电阻两端间的阻值,应为无穷大;若表针有偏转,则压敏电阻漏电流大、质量差。

光敏电阻的阻值对光线非常敏感,无光线照射时,光敏电阻呈现高阻状态,当有光线照射时,电阻迅速减小。改变光线照度(如利用交流调压器来改变灯泡的照度),同时用指针式万用表检测光敏电阻的阻值,会看到指针随照度的变化而摆动,可以判定光敏电阻器阻值变化范围和好坏。

3)电位器的检测

①标称值检测:用万用表测量电位器两个定片之间的阻值是否与标称值相符,再测量动片与任一定片间的电阻。慢慢转动转轴从一个极端向另一个极端,若万用表的指示从0Ω(或标称值)至标称值(或0Ω)连续变化,且电位器内部无"沙沙"声,则质量完好。若转动中数值有跳动,则说明该电位器存在接触不良的故障。

②带开关电位器的检测:对带开关电位器的检测,除进行标称值检测外,还应检测开关。旋转电位器轴柄,接通或断开开关时应能听到清脆的"喀哒"声。用万用表(指针式万用表置于 R×1 挡)两表笔分别接触开关的外接焊片,接通时电阻值应为0Ω,断开时应为无穷大,否则说明开关损坏。

③外壳与引脚间的绝缘性能检测:万用表(指针式万用表置于 R×10k 挡)一支表笔接触电位器外壳,另一支表笔分别接触电位器的各引脚,测得阻值都应为无穷大,否则说明存在短路或绝缘不好的故障。

在检测中还需注意:对于同步双联或多联电位器,还应检测其同步性能,可以在电位器触点动的整个过程中选择4~5个分布间距较均匀的检测点,在每个检测点上分别测双联或多联电位器中每个电位器的阻值,各相应阻值应相同,误差一般在 1% ~5%,否则说明同步性能差。

2. 电容器　是组成电子设备、医电产品的基本元器件,在电路中所占比例仅次于电阻。利用电容器充电、放电和隔直流、通交流的特性,在电路中用于隔直流、耦合交流、旁路交流、滤波、定时和组成振荡电路等。

(1) 固定电容器

1) 电容器型号命名方法

根据 GB2471-1995 及 GB2691-1994,具体的命名方法如表 1-5 所示。

表 1-5　电容器型号命名方法

第一部分 主称		第二部分 材料		第三部分 类别						第四部分 序号
符号	意义	符号	意义	符号	意义					对主称、材料相同,仅性能指标、尺寸大小有区别,但基本不影响互换使用的产品,给同一序号;若性能指标、尺寸大小明显影响互换时,则在序号后面用大写字母作为区别代号
					瓷介	云母	玻璃	电解	其他	
C	电容器	C	瓷介质	1	圆片	非密封	—	箔式	—	
		Y	云母	2	管形	非密封	—	箔式		
		I	玻璃釉	3	叠片	密封	—	烧结粉固体		
		O	玻璃膜	4	独石	密封	—	烧结粉固体		
		Z	纸介质	5	穿心	—	—	—		
		J	金属化纸	6	支柱	—	—	—		
		B	聚苯乙烯	7	—	—	—	—		
		L	涤纶	8	高压	高压	—	—		
		Q	漆膜	9	—	—	—	—		
		S	聚碳酸酯							
		H	复合介质							
		D	铝							
		A	钽							
		N	铌							
		G	合金							
		T	钛							
		E	其他							

注:1. 表中规定对可变电容器和真空电容器不适用,对微调电容器仅适用于瓷介微调电容器;
　2. 在某些电容器的型号中还用 x 表示小型,用 M 表示密封,也有的用序号来区分电容器的形式、结构、外形尺寸等。例如,CC 1-1 型表示圆片形瓷介电容器。

2）电容器的单位：常用单位有毫法（mF）、微法（μF）、纳法（nF）和皮法（pF）等，它们与基本单位法拉（F）的换算关系为$1mF=10^{-3}F$，$1\mu F=10^{-6}F$，$1nF=10^{-9}F$，$1pF=10^{-12}F$。

3）电容量的标识

①用 2~4 位数字表示电容量的有效数字，再用字母表示数值的量级。例如，"1p2"表示 1. 2pF，"220n"表示 0. 22μF，"3μ3"表示 3. 3μF，"2m2"表示 2200μF。

②用数码表示，数码一般为三位数，前两位为电容量的有效数字，第三位是倍乘数，但第三位倍乘数是 9 时，表示10^{-1}。例如"102"表示$10\times10^{2}=1000pF$，"223"表示$22\times10^{3}=0.022\mu F$，"159"表示$15\times10^{-1}=1.5pF$。

③用色标表示，电容器色标法原则上与电阻器色标法相同，标志的颜色符号与电阻器采用的相同，如表 1-3 的规定，其单位是 pF。电解电容器的工作电压有时也采用颜色标志，如 6. 3V 用棕色，10V 用红色，16V 用灰色，色点标在正极。

4）电容器的主要参数

①电容器的标称容量和偏差如表 1-6 所示。

表 1-6　固定电容器的标称系列及允许误差

类　　型	允许误差	容量标称值										
纸介、金属化纸介、低频无极性有机介质电容器	±5%	100pF~1μF	1.0	1.5	2.2	3.3	4.7	6.3				
	±10%	1~100μF	1	2	4	6	8	10	15	20		
	±20%	只取表中值	30	50	60	80	100					
无极性高频有机薄膜介质、瓷介、云母等无机介质电容器	±5%	1.0 1.1 1.2 1.3 1.5 1.6 1.8 2.0 2.2 2.4 2.7 3.0 3.3 3.6 3.9 4.3 4.7 5.1 5.6 6.2 6.8 7.5 8.2 9.1										
	±10%	1.0 1.2 1.5 1.8 2.2 2.7 3.3 3.9 4.7 5.6 6.8 8.2										
	±20%	1.0 1.5 2.2 3.3 4.7 6.8										
铝、钽电解电容器	±5%~±10%	1.0 1.5 2.2 3.3 4.7 6.8										
	−20%~+50%												
	−10%~+100%												

②额定直流工作电压是指在电路中能够长期可靠地工作而不被击穿时电容器所能承受的最大直流电压（又称耐压）。额定直流工作电压的大小与介的种类和厚度有关。如果电容器用在交流电路中，则应注意所加的交流电压的最大值（峰值）不能超过其额定直流工作电压。

5）主要种类和特点

①纸介电容器：用纸作介质，其温度系数大，稳定性差，损耗大，有较大的固有电感，只适合于要求不高的低频电路。

②金属化纸介电容器：结构和性能与纸介电容器相近，但与纸介质电容器相比，具有体积小、损耗小、容量大、击穿后自愈能力强等优点。

③有机薄膜介质电容器：包括极性介质和非极性介质两类。极性介质电容器耐热和耐压性能好，常用的极性介质电容器有涤纶电容器（耐热性好，但损耗较大，不宜用于高频）和聚碳酸酯

电容器(性能优于涤纶电容器);非极性介质电容器损耗小,绝缘电阻高,广泛用于高频电路和对容量要求精密、稳定的电路中,常用的非极性介质电容器有聚苯乙烯、聚丙烯、聚四氯乙烯等电容器。

④瓷介电容器:其介质材料为陶瓷。其中高频瓷介电容器损耗小、稳定性好,可在高温下使用;低频瓷介电容器损耗大、稳定性差,但容量易做得大。独石电容器就是一种多层结构的陶瓷电容器,具有体积小、容量大(低频独石电容器可达0.47μF)、耐高温等特点。

⑤云母电容器:以云母为介质的云母电容器具有很高的绝缘性能,即使在高频时使用也只有很小的介质损耗,因而其固有电感很小,工作频率高,工作电压也大。

⑥电解电容器:电解电容器的介质为很薄的氧化膜,故容量可以做得很大。由于氧化膜有单向导电性,电解电容器一般都有正负极性,使用中要注意把正极接到电路中高电位的一端。电解电容器的损耗大,性能受温度影响较大,漏电流随温度的升高急剧增大。电解电容器的优点是其容量大,在短时间过压击穿后,能自动修补氧化膜并恢复绝缘。其缺点是误差大、体积大,有极性要求,并且其容量随信号频率的变化而变化,稳定性差,绝缘性能低,工作电压不高,寿命较短,长期不用时易变质。电解电容器适用于在整流电路中进行滤波、电源去耦、放大器中的耦合和旁路等。

(2)可变式电容器

1)空气可变电容器:它以空气为介质,用一组固定的定片和一组可旋转的动片为电极、两组金属片互相绝缘。动片和定片的组数分为单联、双联、多联等。其特点是稳定性高、损耗小、精确度高,但体积大。常用于调谐电路。

2)薄膜介质可变电容器:这种电容器的动片和定片之间用云母或塑料薄膜作为介质,外面加以封装。由于动片和定片之间距离极近,因此在相同的容量下,薄膜介质可变电容器比空气可变电容器的体积小、重量也轻。

3)微调电容器:它有云母瓷介和瓷介拉线等几种类型,其容量的调节范围极小,一般仅为几~几十pF,常用于电路中的补偿和校正等。

(3)电容器的检测:对电容器的检测通常是指检测电容的容量大小、判断有极性电容的引出端极性和检测电容的好坏。

1)固定电容器的检测:电容量大于1μF的电容器,利用指针式万用表可用R×1k挡测量。在表笔刚接通瞬间,表头指针顺时针偏转一个角度,然后逐步逆时针复原,退至无穷大处。将红、黑表笔对调后,表头指针顺时针偏转的角度更大,而后又逐步逆时针复原,这就是电容的充、放电情形,如图1-4所示。电容器的容量越大,表头指针偏转的角度越大,复原的速度也越慢。若表头指针无摆动,则说明电容器开路;若表头指针顺时针偏转一个很大的角度且停在那里不动,则说明电容器已击穿或严重漏电。

电容量小于1μF的电容器,利用指针式万用表可用R×10k挡测量,方法如上。容量很小的电容器充电时间较短,充电电流也较小,用万用表检测有时无法看到表头指针的偏转,此时若用R×10k挡去测量,只能检测它是否漏电,而不能判断它是否开路。所以在检测这类小电容器时,表头指针不

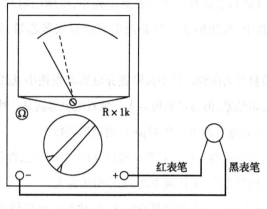

图1-4 固定电容器的检测

应偏转,若偏转了一定角度,则说明电容器已击穿或漏电。

需要注意的是,每次检测前都要将电容器的两个引出端短接放电。

2)电解电容器的检测:电解电容器与普通固定电容器的结构有较大的不同。电解电容器是以金属极板上一层很薄的氧化膜作为介质,金属板为正极,负极为固体的或液体的电解质。使用电解电容器时,要注意它的极性,它的正极必须接高电位,负极接低电位,如果接反电容器会击穿、失效,严重时电容器会爆裂。

①万用表挡位的选择:因为电解电容器的电容量比一般固定电容器的电容量大得多,电容器充、放电的电流也大得多,所以对不同容量的电容器,利用指针式万用表测量应选用不同的"Ω"挡位。一般情况下小于47μF的电解电容器可用万用表的R×1k挡,容量大于47μF的电解电容器,要用万用表的R×100挡或R×10挡。电解电容器的检测方法与检测一般固定电容器的方法相同。

②漏电阻的检测:将指针式万用表的红表笔接电解电容器的负极,黑表笔接电容器的正极。此时,表头指针顺时针偏转较大角度,一段时间后,指针开始逆时针偏转。转到某一阻值时,表头指针基本不动,这个阻值就是电解电容器的正向漏电阻。此值越大,漏电流就越小,电容器性能越好。

将黑、红表笔对调,重复上面的检测工作,当万用表指针停止不动时,此时的阻值即为电容器的反向漏电阻,此值略小于正向漏电阻。

检测中,若发现表头指针静止不动或摆动角度很小,则说明该电解电容器已经失效。如果表头指针顺时针偏转一个角度而不向回摆动,则说明该电解电容器已内部短路。

③正、负极的检测:一般电解电容器上会明显标出正、负极,用"+"号表示正极,用"−"号表示负极。有的电解电容器用引出端的长引线表示正极,引出端的短引线表示负极。如果正、负极标志已看不清,可以用万用表测量加以确定。如用指针式万用表"Ω"测量一下电解电容器的正反向漏电阻值,漏电阻大的一次测量是正向接法,黑表笔所接电容器引线是电解电容器的正极(采用数字万用表时,红表笔接电池正极)。

3)可变电容器的检测:具体检查转轴、动片、定片等关键点。

①检查转轴是否灵活：用手轻轻旋动转轴，应感觉十分平滑，不应感觉时松时紧，甚至有卡滞现象。将转轴向前、后、上、下、左、右等各个方向推动时，转轴不应有松动的现象。

②检查转轴与动片连接动片是否良好可靠：旋动转轴，并轻按动片组的外缘，不应感觉有任何松脱现象。转轴与动片之间接触不良的可变电容器不能使用。

③检查动片与定片间有无碰片短路或漏电：将指针式万用表置于 R×10k 挡，两个表笔分别接可变电容器的动片和定片的引出端，将转轴缓缓旋动几个来回，万用表指针都应在无穷大位置不动。在旋动转轴的过程中，如果指针有时指向零，说明动片和定片之间存在碰片短路点；如果旋到某一角度，万用表读数不为无穷大而是出现一定阻值，说明可变电容器动片与定片之间存在漏电现象。对于双联或多联可变电容器，可用上述同样的方法检测其他组动片与定片之间有无碰片短路或漏电现象。

4）电容器的常见故障：具体包括电容器开路、击穿和漏电。

①电容器开路：是指电容器的引线在内部断开的情况，表现为电容器的两个引出端之间的电阻无穷大，且无充、放电现象；

②电容器击穿：是指电容器两极板之间的介质（绝缘物质）绝缘性被破坏，介质变为导体的情况，表现为电容器的两个引出端之间的电阻从无穷大变为零的现象；

③电容器漏电：当电容器使用时间过长、受潮或介质的质量不良时，电容器内部的介质绝缘性能变差，导致电容器的绝缘电阻变小、漏电流过大的现象。

3. 电感器　是一种常用的电子元器件，它是用导线按一定方式绕制的线圈。按其作用，可分为应用于自感作用的自感线圈和应用于互感作用的变压器；按其工作特征，可分为固定电感器和可变式电感器。

（1）固定电感线圈：电感线圈在电路中主要起调谐、振荡、滤波、延迟、补偿等作用。与电阻器、电容器、二极管、三极管等电子元器件进行配合，可构成各种功能的电路。

1）电感线圈型号命名方法及单位：表1-7给出了典型的命名方法。由于各厂家对电感线圈产品型号的命名方法并不统一，具体使用时还要查阅相关资料。

表1-7　电感线圈型号命名方法

第一部分 主称		第二部分 特征		第三部分 型式		第四部分 区别代号
符号	意义	符号	意义	符号	意义	用数字或 字母表示
L	电感线圈	G	高频线圈	X	小型线圈	
ZL	扼流圈					

例如，LGX 型表示小型高频电感线圈。

常用单位有毫亨（mH）、微亨（μH）等，它们与基本单位亨利（H）的换算关系为 $1\text{mH} = 10^{-3}\text{H}$，$1\mu\text{H} = 10^{-6}\text{H}$。

2）电感线圈的标识

①直标法：将标称电感量用数字直接标注在电感线圈的外壳上，同时用Ⅰ、Ⅱ、Ⅲ表示允许误差，

用字母表示额定电流。采用这种数字与符号直接表示其参数的电感称为小型固定电感。其符号意义如表1-8所示。

表1-8 小型固定电感器的标识特性

标称值	等级误差			允许通过最大电流（mA）				
E2 系列	Ⅰ	Ⅱ	Ⅲ	A	B	C	D	E
1，1.2，1.5，1.8，2.2，2.7，3.3，3.9，4.7，5.6，6.8，8.2，乘 10^{-1}，10^0，10^1…所得值	±5%	±10%	±20%	50	150	300	700	1600

例如，电感线圈外壳上标有"330μH Ⅱ C"，表示电感线圈的电感量为330μH、允许误差为±10%、最大工作电流为300mA。

②色标法：在电感线圈的外壳上，使用颜色环或色点表示其参数，单位为微亨。采用这种方法表示电感线圈主要参数的多为小型固定高频电感线圈，也称为色码电感。色码电感线圈各色环所表示的数字与色环电阻的标注方法相同，可参考表1-3和图1-2的内容。

例如，某电感线圈的色环依次为蓝、灰、红、银，表示电感线圈的电感量为6800μH，允许误差为±10%。

（2）变压器：变压器是一种常用器件，是依靠线圈之间的"互感应"作用而工作的，它在电路中主要起交流电压变换、耦合、阻抗变换和电源隔离等作用。变压器主要由铁心或磁芯和线圈两部分组成，线圈有两个或多个绕组，接交流电源或输入端的线圈称为一次线圈，其余线圈称为二次线圈。

变压器的种类如下：

①电源变压器：用于电源电压的变换和电源的隔离，主要是各类的降压变压器、隔离变压器和多绕组变压器等。在一些医电产品中，其电源变压器要设计成电介质强度很高的变压器；

②高频变压器：通常是指工作于射频范围的变压器；

③中频变压器：习惯上简称中周，其结构特点是磁芯可以调节，以便微调电感量。中周上的磁帽或磁杆上带有螺纹，可上下旋转移动，改变电感量的大小。

（3）电感器的检测：电感线圈的绕组通断、绝缘等状况可用万用表的电阻挡进行检测。电感线圈的电感量需要采用电感测量仪进行测量。

1）电感线圈的检测

①外观检查：看线圈引线是否断裂、脱焊，绝缘材料是否烧焦，线圈表面是否破损等。

②欧姆测量：通过万用表测量线圈阻值来判断其好坏，即检测是否有短路、断路或绝缘不良等情况。电感线圈在路时，将万用表置 R×1Ω 挡或 R×10Ω 挡，用两表笔接触在路线圈的两端，表针应指示导通，否则线圈断路。该法能粗略、快速测量线圈是否烧断。一般电感线圈的直流电阻很小（为零点几欧姆至几欧姆），而低频扼流圈的电感量较大，其线圈圈数相对较多，因此其直流电阻相对较大（约为几百欧姆至几千欧姆）。当测得线圈直流电阻无穷大时，表明线圈内部或引出端断线；如果测得直流电阻为零，则说明其内部短路。

非在路测量时将电感线圈从电路板上焊开一脚，或直接取下，万用表打到 R×10Ω 挡并准确调零,测线圈两端的阻值,如线圈用线较细或匝数较多,则指针应有较明显的摆动,一般为几欧姆至十几欧姆之间;若阻值明显偏小,则可判断线圈匝间短路。不过有许多线圈线径较粗,电阻值为欧姆级甚至小于1Ω,这时采用数字万用表可以较准确地测量1Ω左右的阻值。

③绝缘测量:对低频扼流圈,应检查线圈和铁心之间的绝缘电阻,阻值应为无穷大,否则说明该电感器绝缘不良。

2）变压器的检测

①绕组线圈通断的检测:利用指针式万用表 R×1 挡测量二次绕组的两个接线端子间的直流电阻,一般情况下阻值较小,如果表头指针静止于无穷大,则说明该绕组有断路的故障。用 R×1k 挡测一次绕组的电阻值,一般情况下阻值较大,若测的值为零或为无穷大,则说明该变压器一次绕组存在短路或断路的故障。

②绝缘性能的检测:利用绝缘电阻表或指针式万用表的 R×10k 挡,分别测量变压器铁芯与一次侧、一次侧与各二次侧、铁心与各二次侧、二次侧各绕组间的电阻值,均应大于100Ω或表头指针在无穷大处不动。否则说明变压器绝缘性能不良。

③判别初、次级线圈:电源变压器初级引脚和次级引脚一般都是分别从两侧引出的,并且初级绕组多标有 220V 字样,次级绕组则标出额定电压值,如 15V、24V、35V 等,可根据这些标记进行识别。通常,电源变压器初级绕组所用漆包线的线径是比较细的,且匝数较多,而次级绕组所用线径都比较粗,且匝数较少,因此,初级绕组的直流铜阻要比次级绕组的直流铜阻大得多。可以通过万用表电阻挡测量变压器各绕组的电阻值的大小来辨别初、次级线圈。注意有些电源变压器带有升压绕组,升压绕组所用的线径比初级绕组所用线径更细,铜阻值更大,测试时需注意区分。

④检测空载电压:电源降压变压器的初级接 220V 市电,不能过高或过低,否则直接影响到次级输出的电压。用万用表交流电压挡依次测出次级各绕组的空载电压值,应符合要求值,允许误差范围一般为:高压绕组±10%,低压绕组±5%,带中心抽头的两组对称绕组的电压差应为±12%。

需要注意的是,对于电源降压变压器,一次侧接交流电 220V,匝数较多,直流电阻较大,二次侧降压输出,匝数较少,直流电阻也较小;检测电感器和变压器时要将接触测试部位的绝缘漆刮掉。

（二）半导体器件

半导体器件包括二极管、三极管及半导体特殊器件。

1. 分类与命名方法 半导体器件的分类方法很多,按半导体材料可分为锗管和硅管,按封装形式可分为金属封装、陶瓷封装、塑料封装及玻璃封装等。

（1）分类方法:通常二极管以应用领域分类,三极管以功率、频率分类,晶闸管以特性分类,而场效应管则以结构特点分类,具体分类情况如表 1-9 所示。

（2）命名方法:具体的命名方法如表 1-10 所示。

表 1-9 半导体器件的分类

半导体二极管	普通二极管	整流二极管
		检波二极管
		稳压二极管
		恒流二极管
		开关二极管
	特殊二极管	微波二极管
		肖特基二极管
		变容二极管
		TD 管（二极管+可控硅）
		PIN 管
		瞬变电压抑制二极管
	敏感二极管	光敏、温敏、压敏、磁敏
	发光二极管	
双极型晶体管	锗管	高频小功率管（合金型、扩散型）
		低频大功率管（合金型、扩散型）
	硅管	低频大功率管、大功率高压管（扩散型、扩散台面型、外延型）
		高频小功率管、超高频小功率管、高速开关管（外延平面工艺）
		低噪声管、微波低噪声管、超 β 管（外延平面工艺、薄外延、钝化技术）
		高频大功率管、微波功率管（外延平面型、覆盖式、网状结构、复合型）
		单结晶体管、可编程单结晶体管等专用器件
晶闸管	单向晶闸管	普通晶闸管
		高频（快速）晶闸管
	双向晶闸管	
	可关断晶闸管	
	特殊晶闸管	正（反）向阻断管、逆导管等
场效应管	结型	硅管	N 沟道（外延平面型）、P 沟道（双扩散型）
		硅管	隐埋栅、V 沟道（微波大功率）
		砷化镓	肖特基势垒栅（微波低噪声、微波大功率）
	绝缘栅型	耗尽型	N 沟道、P 沟道
		增强型	N 沟道、P 沟道

14

表 1-10 半导体器件命名方法

第一部分		第二部分		第三部分				第四部分	第五部分
用数字表示器件的电极数目		用汉语拼音字母表示器件的材料和极性		用汉语拼音字母表示器件的类型				用数字表示器件的序号	用汉语拼音字母表示规格号
符号	意义	符号	意义	符号	意义	符号	意义		
2	二极管	A	N 型锗材料	P	普通管	D	低频大功率管 ($f_{hfb}<3\,MHz$ $P_c \geqslant 1W$)		
				V	微波管				
		B	P 型锗材料	W	稳压管	A	高频大功率管 ($f_{hfb} \geqslant 3\,MHz$ $P_c \geqslant 1W$)		
				C	参量管				
		C	N 型硅材料	Z	整流管				
				L	整流堆	T	场效应器件		
		D	P 型硅材料	S	隧道管				
3	三极管	A	PNP 型锗材料	N	阻尼管	B	雪崩管		
				U	光电器件	J	阶跃恢复管		
		B	NPN 型锗材料	X	低频小功率管 ($f_{hfb}<3\,MHz$ $P_c<1W$)	CS	声效应器件		
		C	PNP 型硅材料			BT	半导体特殊器件		
		D	NPN 型硅材料	G	高频小功率管 ($f_{hfb} \geqslant 3\,MHz$ $P_c<1W$)	FH	复合管		
						PIN	PIN 型管		
		E	化合物材料			JG	激光器件		

注:声效应器件、半导体特殊器件、复合管、PIN 型管和激光器件等的命名只有第三、四、五部分。

例如:

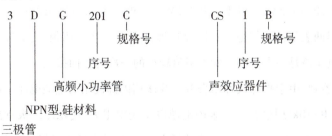

2. 外形封装及引脚排列 部分常用半导体分立器件如图 1-5 所示。

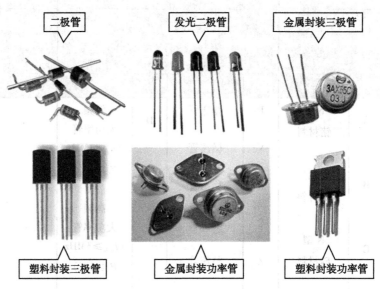

图 1-5 常用半导体分立器件

3. 半导体器件的检测

（1）二极管的检测

1）普通二极管的检测：一般情况下，二极管有色点的地方为正极，如 2AP1～2AP7 系列，2AP11～2AP17 系列等。如果是透明的玻璃壳二极管，可直接看出极性，即内部连接触丝的一头是正极，连接半导体片的一头是负极。塑封二极管有圆环标志的是负极，如 1N4000 系列。

对于无标记的二极管，可用万用表"Ω"挡来判别正、负极。根据二极管单向导电性，正向电阻小，反向电阻大的特点，将指针式万用表切换到"Ω"挡（一般用 R×100 或 R×1k 挡。不要用 R×1 挡或 R×10k 挡，因为 R×1 挡使用的电流太大，容易烧坏管子，而 R×10k 挡使用的电压太高，可能击穿管子），用表笔分别与二极管的两极相接，测出两个阻值。在所测得阻值较小的一次，与黑表笔相接的一端为二极管的正极。同理，在所测得较大阻值的一次，与黑表笔相接的一端为二极管的负极。如果测得正、反向电阻相差数百倍以上，则说明该二极管的单向导电性是好的，正、反向电阻的数值相差越大越好。若正、反向电阻都很小，说明管子内部短路；若正、反向电阻都很大，则说明管子内部开路。在这两种情况下，管子就不能使用了。

2）稳压二极管的检测

①判断极性：稳压二极管是一种工作在反向击穿区、具有稳定电压作用的二极管。由于指针式万用表 R×1kΩ 挡内部使用的电池电压为 1.5V，一般不会将被测管反向击穿，所以测出的反向电阻值较大。采用 R×1kΩ 挡，先将红、黑两表笔任意接稳压二极管的两端，测出一个电阻值，之后交换表笔再测出一个阻值，两次测得的阻值应该是一大一小。所测阻值较小的一次为正向接法。

②稳压二极管与普通二极管的鉴别：由于指针式万用表 R×10kΩ 挡内部使用的电池电压一般都在 9V 以上，当指针式万用表转换到 R×10kΩ 挡时，万用表内电池电压变得很大，使稳压二极管出现反向击穿现象，所以其反向电阻下降很多。由于普通二极管的反向击穿电压比稳压二极管高得多，

因而普通二极管不会击穿,其反向电阻仍然很大。当使用万用表的 R×1kΩ 挡测量二极管时,测得其反向电阻是很大的,此时,将万用表转换到 R×10kΩ 挡,如果出现万用表指针顺时针偏转较大角度,即反向电阻值减小很多的情况,则该二极管为稳压二极管;如果反向电阻基本不变,则说明该二极管是普通二极管,而不是稳压二极管。

需要注意的是,稳压二极管在电路中应用时,必须串联限流电阻,避免稳压二极管进入击穿区后,电流超过其最大稳定电流而被烧毁。

3) 单色发光二极管的检测:发光二极管是一种将电能转换成光能的特殊二极管,是一种新型的冷光源,在医电产品的电平指示、模拟显示等场合有广泛的应用。它一般采用砷化镓、磷化镓等化合物半导体制成。发光二极管的发光颜色主要取决于所用半导体的材料,可以发出红、橙、黄、绿四种可见光。发光二极管工作在正向区域,其正向导通(开启)工作电压高于普通二极管。外加正向电压越大,发光亮度越强,但外加正向电压不能使发光二极管超过其最大工作电流(串联限流电阻来保证),以免烧坏管子。

①目测法:单色发光二极管的外壳是透明的,外壳的颜色表示了它的发光颜色。将管子拿起置较明亮处,从侧面仔细观察两条引出线在管体内的形状,较小的一端便是正极,较大的一端则为负极。

②万用表测量法:发光二极管的开启电压为 2V 左右,如用指针式万用表需要切换到 R×10kΩ 挡测量。其测量方法及对其性能好坏的判断与普通二极管相同。但发光二极管的正、反向电阻均比普通二极管大得多。在测量发光二极管的正向电阻时,可以看到该二极管有微微的发光现象。如果不管是正向接入还是反向接入,万用表指针都偏转某一角度甚至为 0,或者都不偏转,则表明被测发光二极管已经损坏。

4) 变色发光二极管的检测:变色发光二极管的检测电路如图 1-6 所示。将万用表置于 R×10Ω 挡,在黑表笔上串接一只 1.5V 的电池,将红表笔接 K,黑表笔接 R,管子应发出红色光。将红表笔接 K,黑表笔接 G,管子应发出绿色光。将红表笔接 K,黑表笔接 R 和 G,管子应发出橙色复合光。在测试过程中,若某次测量时发光二极管不亮,表明其已经损坏。

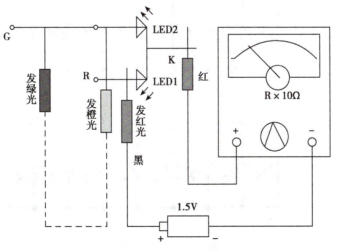

图 1-6　变色发光二极管的检测电路

5）红外发光二极管的检测：通常红外发光二极管的长引脚为正极，短引脚为负极。观察红外发光二极管的内部电极，较宽较大的一个为负极，较窄较小的一个为正极。全塑封装管的侧向呈一小平面。靠近小平面的引脚为负极，另一端为正极。红外发光二极管的正负极也可以采用万用表进行判定，方法与普通二极管类似。

红外发光二极管发出的光波是不可见的，判断红外发光二极管的好坏，可使用万用表测量其正、反电阻。万用表置于 R×1kΩ 挡，若测得正向电阻为 30kΩ 左右，反向电阻在 500kΩ 以上，则是好的，反向电阻越大，漏电流越小，质量越好。若反向电阻只有几十千欧，则质量差，若正反向电阻都是无穷大或零时，则管子是坏的。

6）光电二极管的检测：光电二极管又称为光敏二极管，它是一种将光能转换为电能的特殊二极管，其管壳上有一个嵌着玻璃的窗口，以便于接受光线。光电二极管工作在反向工作区，无光照时，光电二极管与普通二极管一样，反向电流很小，反向电阻很大（几十兆欧姆以上）；有光照时，反向电流明显增加，反向电阻明显下降（几千欧姆至几十千欧姆），即反向电流（称为光电流）与光照成正比。光电二极管可用于光的测量，可当做一种能源（光电池），它广泛应用于光电控制系统中作为传感器件。

光电二极管的检测方法与普通二极管基本相同。不同之处在于有光照和无光照两种情况下，其反向电阻相差很大，若测量结果相差不大，说明该光电二极管已损坏或该二极管不是光电二极管。

7）LED 数码管的检测：常用的 LED 数码管如图 1-7（1）所示。它是利用发光二极管的制造工艺，由七个条状管芯和一个点状管芯的发光二极管制成。LED 数码管有两种不同的结构形式，其等效电路分别如图 1-7（2）和图 1-7（3）所示。以图 1-7（2）为例，各段发光二极管的阳极连在一起作为公共端，因此称为共阳极数码管。工作时将阳极连电源正极，各驱动输入端通过限流电阻接相应的驱动器的输出，当译码驱动器的输出为低电平时，数码管相应的段变亮。

将 3V 干电池正极引出线固定接触在图 1-7（2）LED 数码管的公共端上，电池负极引出线依次移动接触笔画的负极端。这一根引出线接触到某一笔画的负极端时，该笔画就应显示出来。采用这种

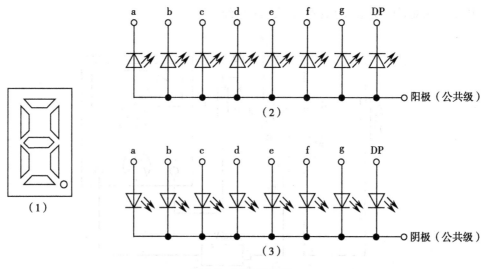

图 1-7　LED 数码管
（1）LED 数码管；（2）共阳极数码管；（3）共阴极数码管

方法可以检查数码管是否有断笔(某笔画不能显示)及连笔(某些笔画连在一起),并且可相对比较出不同笔画发光的强弱性能。检查共阴极数码管时,需要将电池正负极引出线对调一下,方法同上。

(2) 三极管的检测:晶体三极管由两个 PN 结(发射结和集电结)、三根电极引线(基极、发射极和集电极)以及外壳封装构成。三极管除具有放大作用外,还能起电子开关、控制等作用,是电子设备、医电产品中广泛使用的基本元器件。常见三极管的外形和符号如图 1-8 所示。

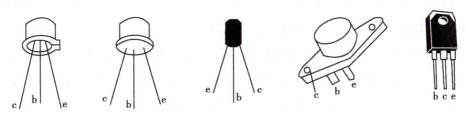

图 1-8　三极管管极排列方式

1)外观判别三极管的管型和极性

①管型的判别:管型是 NPN 还是 PNP 应从管壳上标注的型号来辨别。根据表 1-10 给出的命名方法,可知:

3AX　为 PNP 型低频小功率管	3BX　为 NPN 型低频小功率管
3CG　为 PNP 型高频小功率管	3DG　为 NPN 型高频小功率管
3AD　为 PNP 型低频大功率管	3DD　为 NPN 型低频大功率管
3CA　为 PNP 型高频大功率管	3DA　为 NPN 型高频大功率管

此外有国际系列流行的 9011 ~ 9018 系列高频小功率管,其中除 9012 和 9015 为 PNP 型管外,其余均为 NPN 型管。

②极性的判别:常用中、小功率三极管有金属圆壳和塑料封装(半柱型)等外形,根据图 1-8 可判别三极管的管极排列方式。

实际上三极管的 3 个管脚排列有一定的规律,根据这一规律,可以从外观上判别管脚的极性。

对于金属外壳三极管的管脚判别,三极管其 3 个管脚呈等腰三角形排列,三角形的顶脚为基极 B,管边凸出部分对应为发射极 E,余下管脚为集电极 C。

对于大功率三极管,它只有两个管脚(B 和 E)。判别其管脚的方法为:将管脚对着观察者,使两个管脚位于左侧,则上管脚为发射极 E、下管脚为基极 B,管壳为集电极 C。

对于塑料封装三极管管脚的判别,将其管脚朝下,顶部切角对着观察者,则从左至右排列为:发射极 E、基极 B 和集电极 C。

对于装有金属散热片的三极管,判别时将其管脚朝下,将其印有型号的一面对着观察者,散热片的一面为背面,则从左至右排列为:基极 B、集电极 C、发射极 E。

2)三极管管型和极性的万用表判别:用指针式万用表检测三极管管型和极性时,仍然选用万用表的 R×100 或 R×1k 挡。

①基极 B 及三极管管型的判断:根据三极管的结构特点可知,基极 B 与集电极 C 之间、基极 B 与发射极 E 之间分别为两个 PN 结,它们的正向电阻小,反向电阻大。测量时,先将红表笔接在一个

假定的基极上,黑表笔分别依次接到其余两个电极上,测出的电阻值都很大(或都很小);然后将表笔对换,即黑表笔接在假定的基极上,红表笔分别依次接到其余两个电极上,测出的电阻值都很小(或都很大)。若满足这个条件,说明假定的基极是正确的,而且三极管为NPN型管(对应上述括号中测试结果的是PNP型管)。如果得不到上述结果,那假定就是错误的,必须换一个电极为假定的基极重新进行测试,直到满足条件为止。

②集电极C和发射极E的区分:在测试完三极管的基极和管型后,已经确定基极B,因而对另外两个电极,一个假设为集电极C,另一个假设为发射极E,按照图1-9所示,在C、B之间接上人体电阻(即用手捏紧C、B两电极,但不能将C、B两电极短接),并将黑表笔(对应万用表内电源的正极)接C极,红表笔(对应万用表内电源的负极)接E极,测量出C、E之间的等效电阻,记录下来;然后按前一次对C、E相反的假设,再测量一次。比较两次测量结果,以电阻小的那一次为假设正确(因为C、E之间的电阻小,说明三极管的放大倍数大,假设就正确)。若三极管为PNP型管,在测量时只需将红表笔接C极,黑表笔接E极即可。

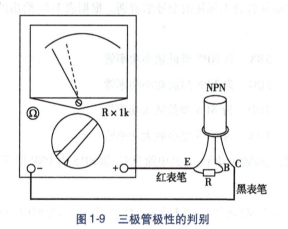

图1-9　三极管极性的判别

ER-1-1

三极管集电极和
发射极判断

3）晶体三极管好坏的检测

①检测方法:用指针式万用表的电阻挡(R×100或R×1k)测量三极管两个PN结的正、反向电阻的大小,根据测量结果,判断三极管的好坏;

②判断方法:若测得三极管的任意一个PN结的正、反向电阻都很小,说明三极管有击穿现象,该三极管不能使用;若测得三极管PN结的正、反向电阻都是无穷大,说明三极管内部出现断路现象;若测得三极管任意一个PN结的正、反向电阻相差不大,说明该三极管的性能变差,已不能使用。

4）用指针式万用表h_{FE}挡测β:有的指针式万用表有h_{FE}挡,按表上规定的极性插入三极管即可测得电流放大系数β,若β很小或为零,表明三极管已损坏,可用电阻挡分别测两个PN结,确认是否有击穿或断路。

(3)晶闸管

1）单向晶闸管的检测:晶闸管的外形有小型塑封型(小功率)、平面型(中功率)和螺栓型(中、大功率)几种,如图1-10所示。平面型和螺栓型使用时固定在散热器上。晶闸管是由四层半导体P-N-P-N叠合而成,形成三个PN结,有三个电极:阳极A、阴极K、和控制极G。

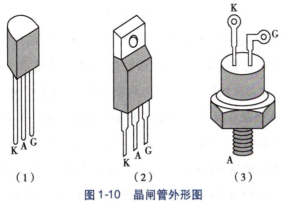

图 1-10　晶闸管外形图
(1)小型塑封型;(2)平面型;(3)螺栓型

①判别电极:万用表置于 R×1kΩ 挡或 R×100Ω 挡,用万用表黑表笔接其中一个电极,红表笔分别接另外两个电极。假如有一次阻值小,而另一次阻值大,就说明黑表笔接的是控制极 G。在所测阻值小的那一次测量中,红表笔接的是阴极 K,而在所测阻值大的那一次,红表笔接的是阳极 A。若两次测量的阻值不符合上述要求,应更换表笔重新测量。

②PN 结特性测量:控制极 G 和阴极 K 之间,是一个简单的 PN 结。用万用表测量其正反向电阻,如果两者有很明显的差别,则说明该 PN 结是好的。若两次测的电阻均很大或很小,则说明控制极 G 和阴极 K 之间开路或短路。

阳极 A 与控制极 G 及阴极 K 之间为 PN 结反向串联。测量正反向电阻,正常时均应接近无穷大。

2) 双向晶闸管的检测:电极的判断与触发特性测试:双向晶闸管的 G 极和 T_1 极靠近,距 T_2 极较远。因此,G-T_1 之间的正反向电阻都很小。将万用表置 R×1Ω 挡,测量双向晶闸管任意两脚之间的阻值,正常时有一组为几十欧姆,另两组为无穷大。阻值为几十欧姆时,表笔所接的两引脚端为 T_1 和 G,剩余的一个引脚端为 T_2 极。

确定 T_2 极后,可假定其余两脚中某一脚为 T_1 电极,而另一脚为 G 极,然后采用触发导通测试方法确定假定极性的正确性。试验方法如图 1-11(1)所示。首先将黑表笔接 T_1 极,红表笔接 T_2 极,将 T_2 和假定的 G 极瞬间短路,如果万用表的读数由无穷大变为几十欧姆,则说明可控硅能被触发并维持导通。

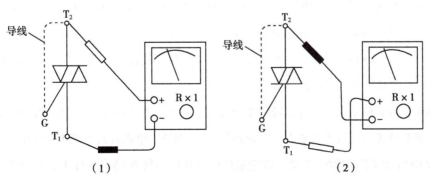

图 1-11　双向晶闸管测试方法
(1)红表笔接 T_2;(2)红表笔接 T_1

再将红表笔接 T_1 极,黑表笔接 T_2 极,如图 1-11(2)所示,所测结果相同时,假定正确。

3)可关断晶闸管的检测:可关断晶闸管的极性及触发导通性能的检测可参考前面所述的方法进行,其关断能力采用双万用表法检查,如图 1-12 所示,表 1 用来进行触发导通,表 2 用以产生负向触发信号。首先将表 1 的负表笔接 A 极,正表笔接 K 极,然后用导线短接 A 极及 G 极,相当于给 G 极加上正向触发信号,此时阻值将由无穷大变为低阻值,这表明管子已被触发导通。去掉 A-G 极间的短接导线,如果阻值不变,说明管子已处于维持导通状态。将表 2 置于 R×10Ω 挡,正表笔接 G极,负表笔接 K 极,这相当于给 G 极加上负向触发信号,若表 1 指针向左摆回到无穷大,则说明管子具有关断能力。

ER-1-2

双向晶闸管的检测方法

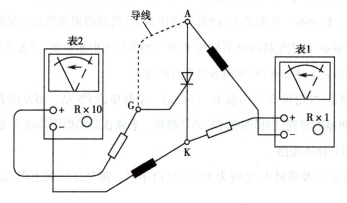

图 1-12　小功率可关断晶闸管关断能力检查法

(4) 光电耦合器的检测:光电耦合器由光敏三极管和发光二极管组成,光敏三极管的导通和截止受发光二极管所加正向电压控制。当发光二极管加上正向电压时,发光二极管有电流通过发光,使光敏三极管内阻减小而导通;当发光二极管不加正向电压或所加正向电压很小时,发光二极管无电流或通过电流很小,发光强度减弱,光敏三极管内阻增大而截止。

ER-1-3

可关断晶闸管的检测方法

在光电耦合器中,发射管(发光二极管)与接收管(光敏三极管)是互相独立的,可采用万用表单独检测这两部分。

利用 R×100Ω 或 R×1kΩ 挡测量发射管的正、反电阻,通常正向电阻为几百欧,反向电阻为几千欧或几十千欧。如果测量结果是正反向电阻非常接近,表明发光二极管性能欠佳或已损坏。检查时,要注意不能使用 R×10kΩ 挡,因为发光二极管工作电压一般在 1.5 ~ 2.3V,而 R×10kΩ 挡电池电压为 9 ~ 15V,会导致发光二极管击穿损坏。

分别测量接收管的集电极与发射极的正、反向电阻,无论正反向测量,其阻值都为无穷大。

发光二极管或光敏三极管只要有一个元器件损坏,则该光电耦合器不能正常使用。

(5) 结型场效应管的检测:结型场效应晶体管是在同一块 N 形半导体上制作两个高掺杂的 P区,并将它们连接在一起,所引出的电极称为栅极 G,N 型半导体两端分别引出两个电极,分别称为漏极 D,源极 S。结型场效应晶体管是一种具有放大功能的三端有源器件,是单极场效应管中最简单的一种,它可以分 N 沟道或者 P 沟道两种。

①用测电阻法判别结型场效应管的电极:将万用表拨在 R×1kΩ 挡上,任选两个电极,分别测出其正、反向电阻值。当某两个电极的正、反向电阻值相等,且为几千欧姆时,则该两个电极分别是漏极 D 和源极 S。因为对结型场效应管而言,漏极和源极可互换,剩下的电极肯定是栅极 G。也可以将万用表的黑表笔(红表笔也行)任意接触一个电极,另一只表笔依次去接触其余的两个电极,测其电阻值。当出现两次测得的电阻值近似相等时,则黑表笔所接触的电极为栅极,其余两电极分别为漏极和源极。若两次测出的电阻值均很大,说明是 PN 结的反向,即都是反向电阻,可以判定是 N 沟道场效应管,且黑表笔接的是栅极;若两次测出的电阻值均很小,说明是正向 PN 结,即是正向电阻,判定为 P 沟道场效应管,黑表笔接的也是栅极。若不出现上述情况,可以调换黑、红表笔按上述方法进行测试,直到判别出栅极为止。

②用测电阻法判别场效应管的好坏:将万用表置于 R×10Ω 或 R×100Ω 挡,测量源极 S 与漏极 D 之间的电阻,通常在几十欧到几千欧范围,如果测得阻值大于正常值,可能是由于内部接触不良;如果测得阻值是无穷大,可能是内部断极。然后把万用表置于 R×10kΩ 挡,再测栅极 G1 与 G2 之间、栅极与源极、栅极与漏极之间的电阻值,当测得其各项电阻值均为无穷大,则说明结型场效应管是正常的;若测得上述各阻值太小或为通路,则说明结型场效应管是坏的。

场效应管的测量方法

场效应管引脚识别

(三) 集成电路

集成电路(Integrated Circuit,IC)是利用半导体工艺或厚膜、薄膜工艺,将成千上万个电阻、电容、二极管、晶体管、场效应晶体管等元器件按照设计要求连接起来,制作在同一硅片上,成为具有特定功能的电路,俗称芯片。这种器件打破了电路的传统概念,实现了材料、元器件、电路的三位一体。与分立元器件组成的电路相比,具有功能强、体积小、质量小、耗电量小、可靠性高、成本低等许多优点。

1. 分类与命名方法

(1) 分类方法:根据用途的不同可分为模拟集成电路和数字集成电路。模拟集成电路用来产生、放大和处理各种模拟电信号,主要有运算放大器、集成稳压电路、自动控制集成电路、信号处理集成电路等。数字集成电路用来产生、放大和处理各种数字信号,主要有 TTL、CMOS 集成电路。

按其制作工艺不同,可分为半导体集成电路、膜集成电路和混合集成电路三类。半导体集成电路是采用半导体工艺技术,在硅基片上制作包括电阻、电容、二极管、晶体管等元器件,并具有某种电路功能的集成电路。膜集成电路是在玻璃或陶瓷片等绝缘物体上,以“膜”的形式制作电阻、电容等无源元器件。

按集成度高低不同,可分为小规模集成电路、中规模集成电路、大规模集成电路和超大规模集成电路。

（2）命名方法：集成电路的命名与分立器件相比则规律性较强，绝大部分国内外厂商生产的同一种集成电路，采用基本相同的数字标号，而以不同的字头代表不同的厂商，例如 NE555，LM555，μPC1555，SG555 分别是由不同国家和厂商生产的定时器电路，但它们的功能、性能、封装、引脚排列都一致，可以相互替换。

我国集成电路的型号命名采用与国际接轨的准则，具体的命名方法如表 1-11 所示。

表 1-11　国产半导体集成电路命名方法

第零部分		第一部分		第二部分	第三部分		第四部分	
用字母表示器件符合国家标准		用字母表示器件的类型		用阿拉伯数字表示器件的系列和品种代号	用字母表示器件的工作温度范围		用字母表示器件的封装	
符号	意义	符号	意义	意义	符号	意义	符号	意义
C	中国制造	T	TTL	与国际接轨	C	0~70℃	W	陶瓷扁平
		H	HTL		E	-40~85℃	B	塑料扁平
		E	ECL		M	-55~85℃	F	全密封扁平
		C	CMOS		R	-55~125℃	D	陶瓷直插
		F	线性				P	塑料直插
			放大器				J	黑陶瓷直插
		D	音响、电视电路				K	金属菱形
			稳压器				T	金属圆形
		W	接口电路					
		J	非线性					
		B	电路					
			存储器					
		M	微型电路					
		μ						

2. **引脚的识别**　集成电路通常有多个引脚，每一个引脚一般都有其相应的功能定义，使用集成电路前，必须认真查对集成电路的引脚，确定电源、接地、输入、输出、控制等端的引脚号，以免因接错而损坏集成电路。

（1）对于圆形金属壳封装的集成电路（多用于集成运算放大器），其引脚数有 8、10、12 等种类，引脚识别的方法为按照图 1-13（1）所示正视引脚，以管壳上的凸起部分（定位销）为参考标记，按顺时针方向数引脚依次为 1、2、3……

（2）对于双列直插式和单列式封装的集成电路，其上方通常都有一个凹坑或者色点作为第一个引脚的识别标记，按照图 1-13（2）所示将有文字符号的一面正放，并将凹坑或者色点置于左方，由顶部俯视，从左下脚起，按逆时针方向数引脚依次为 1、2、3……

3. **集成电路的检测**　由于集成电路内部电路较复杂，对它的测量不像对其他元器件的测量那样直观，只能是根据工作时各引脚电压、在路或开路时各引脚对地电阻与额定电压、标准电阻相比较大致判定。由于集成电路在完成某种功能时一般与外围元器件相配合，故当电路工作不正常时，应

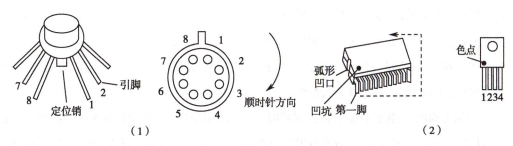

图 1-13 集成电路引脚的识别
(1)圆形金属壳封装集成电路引脚;(2)双列直插和单列封装集成电路引脚

首先看集成电路外观有无明显的损坏,外围元器件是否损坏、脱焊或变质,若一切完好,再对集成电路进行测量。

(1)电压检测法:集成电路在某一电路上应用时各引脚对地电压有一个基本确定的数值,用万用表测出各引脚的实际电压与标准值对照。若集成电路各引脚电压与标准值基本相符,表明芯片工作正常;若某一引脚或几个引脚数值偏差较大,相对误差大于20%,则需判断集成电路是否损坏;若电压有误差但差别不是太大,此时再配合测电阻或测电流作进一步判定。

(2)电阻检测法:若集成电路内部某些元器件断路或击穿,可通过测量各引脚对地的正、反向电阻来判定。集成电路各引脚对地的标准阻值一般也可通过手册查到,该阻值分开路电阻和在路电阻两种。

(3)电流检测法:集成电路工作时,各引脚均流入或流出一定的电流,通过测量一些关键引脚的电流就可以大致判定集成电路的工作情况。将电源引脚断开,通电后测电流,若为零则表明集成电路内部断路;若电流明显偏大,则表明内部有击穿、短路情况。

(4)替代法:用一块好的同类型的集成电路进行替代测试。这种方法往往是在前几种方法初步检测之后,基本认为集成电路有问题时所采用的方法。该方法的特点是直接、见效快,但拆焊麻烦,易损坏芯片和线路板。

(四)其他器件

1.开关件 主要用来起到电路的接通、断开或转换等控制作用。按控制方式来分,可分为机械开关(按键开关、拉线开关)、电磁开关(继电器)、电子开关(二极管、晶体管构成的开关管)。

开关件的检测方法如下:

(1)机械开关的检测:使用万用表的"Ω"挡对开关的绝缘电阻和接触电阻进行测量。若测得绝缘电阻小于几百千欧姆时,则说明此开关存在漏电现象;若测得接触电阻大于0.5Ω,则说明该开关存在接触不良的故障。

(2)电磁开关的检测:使用万用表的"Ω"挡对开关的线圈、绝缘电阻和接触电阻进行测量。继电器的线圈电阻一般在几十欧姆至几千欧姆之间,其绝缘电阻和接触电阻值与机械开关基本相同。将测量结果与标准值进行比较,即可检测出其性能。

(3)电子开关的检测:主要通过检测二极管的单向导电性和晶体管的性能。

2.接插件 又称连接器,它是用来在机器与机器之间、线路板与线路板之间、器件与电路板之间进行电器连接的元器件,通常由插头和插口组成。

对接插件的检测,一般是先进行外观检查,再用万用表进行检测。

(1)外观检查:检查接插件是否有引脚相碰、引线断裂的现象,整体是否完整、有无损坏,接触部分有无损坏、变形、松动、氧化或失去弹性。

(2)万用表检测:对接插件的连通点测量时,连通电阻值应小于 0.5Ω,否则认为接插件接触不良。对接插件的断开点测量时,其断开电阻值应为无穷大,若断开电阻接近零,则说明断开点之间有相碰现象。

3. 熔断器　是一种用在交、直流线路和设备中出现短路和过载时,起保护线路和设备作用的元器件。正常工作时,熔断器相当于开关的接通状态,此时的电阻值接近于零;当电路或设备出现短路或过载现象时,熔断器自动熔断,即切断电源和电路、设备之间的电气联系,保护了线路和设备。熔断器熔断后,其两端电阻值为无穷大。

熔断器的检测方法如下:

(1)用万用表的"Ω"挡检测量:熔断器没有接入电路时,用万用表的"Ω"挡测量熔断器两端的电阻值。正常时,熔断器两端的电阻值应为零;若电阻值很大,或趋于无穷大,则说明熔断器已损坏,不能再使用。

(2)用万用表的"V≂"挡测量:当熔断器接入电路并通电时,用万用表的"V≂"挡进行测量。若测得熔断器两端的电压为零,或两端对地的电位相等,说明熔断器是好的;若熔断器两端的电压不为零,或两端对地的电位不等,说明熔断器已损坏。

4. 传感器　是一种检测装置,能感受到被测量的信息,并能将检测感受到的信息,按一定规律变换成为电信号或其他所需形式的信息输出,以满足信息的传输、处理、存储、显示、记录和控制等要求。下面介绍几种医电产品中广泛应用的典型传感器。

(1)压电压力传感器:压力传感器主要是利用压电效应制造而成的,这样的传感器也称为压电传感器。压电式传感器广泛应用于生理信号的测量,例如心室导管式微音器就是由压电传感器制成的。

压电效应是压电传感器的主要工作原理,压电传感器不能用于静态测量,因为经过外力作用后的电荷,只有在回路具有无限大的输入阻抗时才得到保存,而实际的情况不是这样的,所以就决定了压电传感器只能够测量动态的应力。

(2)固态压阻式传感器:在医疗诊断中,无创血压的测定已从传统的血压计测量向多参数监护仪和自动血压测量仪方向发展。压力传感器作为自动血压测量的核心部件,是将气压信号转换成电信号,目前主要采用的压力传感器均为固态压阻式传感器。固态压阻式传感器是利用硅的压阻效应和集成电路技术制成的新型传感器,具有灵敏度高、动态响应快、测量精度高、稳定性好、工作温度范围宽、集成度高等特点。

压阻效应是其主要工作原理,即固体材料受到压力后,它的电阻率将发生一定的变化,所有的固体材料都有这个特点,其中以半导体最为显著。当半导体材料在某一方向上承受应力时,它的电阻率将发生显著的变化,这种现象称为半导体压阻效应。如果将这种效应引入到电路中,就可实现电信号的检测。

（3）光电式脉搏传感器：光电式脉搏传感器是根据光电容积法制成的脉搏传感器,通过对手指末端透光度的监测,可间接检测出脉搏信号,具有结构简单、无损伤、可重复好等特点。

从光源发出的光除被手指组织吸收以外,一部分由血液漫反射返回,其余部分透射出来,光电式脉搏传感器按照光的接收方式可分为透射式和反射式。其中透射式的发射光源与光敏接收器件的距离相等并且对称布置,接收的是透射光,这种方法可较好地反映出心律的时间关系,但不能精确测量出血液容积量的变化;反射式的发射光源和光敏器件位于同一侧,接收的是血液漫反射回来的光,此信号可以精确地测得血管内容积的变化。

5. 继电器 继电器是一种电控制器件,是当输入量(激励量)的变化达到规定要求时,在电气输出电路中使被控量发生预定的阶跃变化的一种电器。在电路中起着自动调节、安全保护、转换电路等作用。

（1）电磁继电器：电磁继电器一般由铁芯、线圈、衔铁、触点簧片等组成的。只要在线圈两端加上一定的电压,线圈中就会流过一定的电流,从而产生电磁效应,衔铁就会在电磁力吸引的作用下克服弹簧的拉力而吸向铁芯,从而带动衔铁的动触点与静触点(常开触点)吸合。当线圈断电后,电磁的吸力也随之消失,衔铁就会在弹簧的反作用力下返回原来的位置,使动触点与原来的静触点(常闭触点)释放。这样吸合、释放,从而达到了在电路中的导通、切断的目的。

电磁继电器的检测:

1）判断交流或直流继电器:电磁继电器分为交流和直流两种。交流继电器,在其铁芯顶端都嵌有一个铜制的短路环。另外,在交流继电器的线圈上常标有"AC"字样,而在直流继电器上则标有"DC"字样。

2）测量线圈电阻:根据继电器的标称直流电阻值,将万用表置于适当的电阻挡,可直接测量继电器线圈的电阻值。

如果线圈有开路现象,则可查一下线圈的引出端,看看是否线头脱落。如果断头在线圈的内部或看上去漆包线包已烧焦,那么只有查阅数据,重新绕制,或更换一个相同的线圈。

（2）固态继电器:固态继电器是一种两个接线端为输入端,另两个接线端为输出端的四端器件,中间采用隔离器件实现输入输出的电隔离。

固态继电器按负载电源类型可分为交流型和直流型。

1）在交流固态继电器上,输入端一般标有"+""-"字样,而输出端则不分正负。而直流固态继电器,一般在输入和输出端均标有"+""-",并注有"DC 输入""DC 输出"的字样,以示区别。用万用表判别时,可使用 $R \times 10k\Omega$ 挡,分别测量 4 个引脚间的正、反向电阻值。其中必定能测出一对引脚间的电阻值符合正向导通、反向截止的规律。据此可判定这两个引脚为输入端,而在正向测量时(阻值较小的一次测量),黑表笔所接的是正极,红表笔所接的则为负极。对于其他各引脚间的电阻值,无论怎样测量均应为无穷大。

2）对于直流固态继电器,找到输出端后,一般与其横向两两相对的便是输出端的正极和负极。

知识链接

万用表使用方法

万用表测量电阻最重要的是选好量程，当指针指示于 1/3 ~ 2/3 满量程时，测量精度最高，读数最准确。使用前要调零，不能带电测量，被测电阻不能有并联支路，还须注意：在用 R ×10k 电阻挡测 MΩ 级的大阻值电阻时，不可将手指捏在电阻两端，否则人体电阻会使测量结果偏小。

测量晶体管、电解电容等有极性元件的等效电阻时，必须注意两表笔的极性。

用万用表不同倍率的欧姆挡测量非线性元件的等效电阻时，测出电阻值是不相同的。这是因为各挡位的中值电阻和满度电流各不相同造成的。

（五）贴片器件

1. 表面组装技术（surface mounting technology，SMT） 该技术自 20 世纪 70 年代初问世以来，已逐步取代了传统的穿孔插装技术，被称之为电子组装技术的二次革命。电子产品朝着微型化、轻型化、高集成度、高可靠性方向发展，即要求电子产品实现轻、薄、小、多功能、高可靠、低成本等优点，医电产品也不例外，SMT 正是在这种背景下应运而生的。

SMT 技术的优点如下：

（1）使电子产品小、轻、薄：它可以把以前安装在一块或多块 PCB 上的电路元器件缩小到一块芯片上，一个芯片就包含了几千、几万乃至几十万个门电路，而且在相同体积的产品上，其功能大大增加。

（2）高频性能好、可靠性高、抗干扰性能强：SMT 用的元器件基本上是无引线或短引线，因而大大减少了信号传输线路的长度和引线间的电感、电容分布，克服了双列直插式引线分布寄生电感电容对电子产品的不良影响，有效地改善了电子产品的电性能，有利于高频、高速信号的传输。SMT 元器件小而轻，且在装联时，将片式元器件贴装后与印制电路板胶粘、锡焊并用，联结紧密、牢固，焊接性能良好，因此抗振动、抗撞击性强，大大提高了产品的可靠性。另外，SMT 将一些对电磁波敏感的电路装在一块很小的印刷板上，便于进行全屏蔽，起到抗电磁干扰和防止信号泄漏的作用。

（3）成本低：SMT 元器件尺寸非常小，在生产制作过程中，缩减了印制电路板的打孔工序，不需要引线打弯、剪脚，减少了二次焊接等。SMT 可以实现生产高度自动化，产品一致性好，生产效率高，适用于大批量生产，可以降低成本。

SMT 用表面组装印制电路板（surface mounting board，SMB）向高密度、细线条、小间距方向发展，SMB 将以高层数、多层板取代双面板。在医电产品中，SMT 已是构成其的主要手段。

2. 分类和安装联接 贴片器件是 SMT 技术中的重要部分，其分类情况如图 1-14 所示。

表面贴装对安装器件的引脚有"共平面"的要求，从而对引脚底座设计提出了一些专门要求。水平表面贴装器件引脚底座最常用的类型为翼型和 J 型，如图 1-15 所示。

3. 常用贴片器件 主要包括贴片式电阻器、贴片式电容器、贴片式电感器、贴片式二极管、贴片

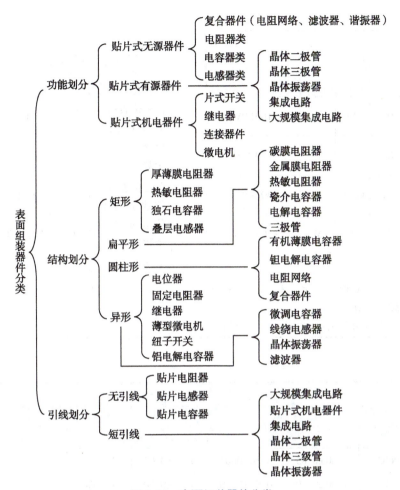

图 1-14　表面组装器件分类

图 1-15　表面贴装引线结构图

式三极管、贴片式集成电路。

（1）贴片式电阻器

1）贴片式电阻器的分类：主要有矩形贴片式电阻器、圆柱形贴片式电阻器、贴片式跨接线电阻器、贴片式微调电位器、贴片式多圈电位器、贴片式取样电阻器及贴片式热敏电阻器等。

2）贴片式电阻器的命名和封装参数：表1-12给出了贴片式电阻器的命名方法，表1-13给出了贴片式电阻器的封装参数。

需要说明的是，电阻器的焊盘尺寸不要太大，以免焊锡过多而造成冷却时收缩应力过大使电阻断裂。

表 1-12　贴片式电阻器命名方法

产品代号	型号		电阻温度系数		阻　值		电阻值误差		包装方式	
	代号	型号	代号	T.C.R	表示方式	阻　值	代号	误差值	代号	包装方式
RC	02	0402	K	≤±100PPM/℃	E-24	前两位表示有效数字,第三位表示零的个数	F	±1%	T	编带包装
	03	0603	L	≤±250PPM/℃			G	±2%		
	05	0805	U	≤±400PPM/℃	E-96	前三位表示有效数字,第四位表示零的个数	J	±5%	B	塑料盒散包装
	06	1206	M	≤±500PPM/℃			0	跨接电阻		
示例	RC	05		K		103 = 10KΩ		J		
备注	当阻值小于 10Ω 时,以 x R x 表示,将 R 看作小数点。例如:E-24:R22 = 0.22Ω,2R2 = 2.2Ω,220 = 22Ω。 E-96:1003 = 100KΩ;跨接电阻采用"000"表示。									

表 1-13　贴片式电阻器的封装参数

封装					额定功率@70℃		最大工作电压(V)
英制(inch)	公制(mm)	长(L)(mm)	宽(W)(mm)	高(t)(mm)	常规功率	提升功率	
0201	0603	0.60±0.05	0.30±0.05	0.23±0.05	1/20W	/	25
0402	1005	1.00±0.10	0.50±0.10	0.30±0.10	1/16W	/	50
0603	1608	1.60±0.15	0.80±0.15	0.40±0.10	1/16W	1/10W	50
0805	2012	2.00±0.20	1.25±0.15	0.50±0.10	1/10W	1/8W	150
1206	3216	3.20±0.20	1.60±0.15	0.55±0.10	1/8W	1/4W	200
1210	3225	3.20±0.20	2.50±0.20	0.55±0.10	1/4W	1/3W	200
1812	4832	4.50±0.20	3.20±0.20	0.55±0.10	1/2W	/	200
2010	5025	5.00±0.20	2.50±0.20	0.55±0.10	1/2W	3/4W	200
2512	6432	6.40±0.20	3.20±0.20	0.55±0.10	1W	/	200
备注	电压 = $\sqrt{功率×电阻值}$($P = V^2/R$)或最大工作电压两者中的较小值。 我们俗称的封装是指英制。						

3）主要器件具体介绍

①矩形贴片式电阻器:片状电阻是一种无引线元器件(lead-less,LL)。分薄膜型和厚膜型两种,但应用较多的是厚膜型。厚膜片状电阻是一种质体较坚固的化学沉积型膜型电阻,与薄膜电阻相比,承受的功率较大,并且高频噪声小。这种电阻器的电极有两个特点:其一,电极在顶部、底部的两端均有延伸;其二,电极采用了多层结构,中间的镍阻挡层用来阻止银离子向外层锡-铅焊料中迁移,可以有效地防止焊料对电极的侵蚀,如图 1-16 所示。

图 1-16　矩形贴片式电阻器

矩形贴片式电阻器的噪声电平和三次谐波失真比圆柱形贴片式电阻器大,多用在频率较高的产品中,可提高安装密度和可靠性。

LL 电阻通常有三种标注方法。

A. 三位数字标注法

标注:X X X(单位:Ω)

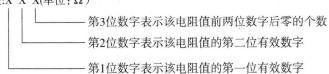

第3位数字表示该电阻值前两位数字后零的个数
第2位数字表示该电阻值的第二位有效数字
第1位数字表示该电阻值的第一位有效数字

示例如图 1-17 所示。图 1-17(a)图所示阻值为 2700000Ω,即 2.7MΩ;图 1-17(b)图所示阻值为 10Ω。

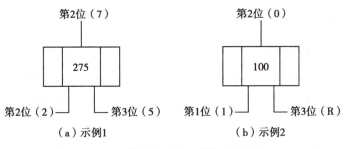

图 1-17　片状电阻的三位数字标注法

B. 二位数字后加 R 标注法

标注:X X R(单位:Ω)

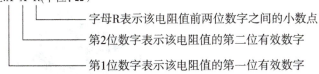

字母R表示该电阻值前两位数字之间的小数点
第2位数字表示该电阻值的第二位有效数字
第1位数字表示该电阻值的第一位有效数字

示例如图 1-18 所示。图 1-18(a)图所示阻值为 5.1Ω;图 1-18(b)图所示阻值为 1.0Ω。

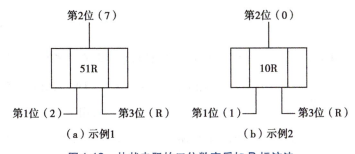

图 1-18　片状电阻的二位数字后加 R 标注法

C. 二位数字中间加 R 标注法

标注:X R R(单位:Ω)

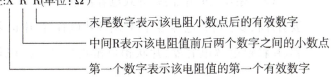

末尾数字表示该电阻小数点后的有效数字
中间R表示该电阻值前后两个数字之间的小数点
第一个数字表示该电阻值的第一个有效数字

示例如图 1-19 所示。图 1-19(a)图所示阻值为 9.1Ω；图 1-19(b)图所示阻值为 2.7Ω。

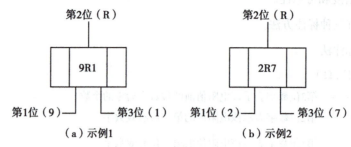

图 1-19　片状电阻的二位数字中间加 R 标注法

②圆柱形贴片式电阻器：其电阻体有两种：碳膜和金属膜，碳膜型占多数，如图 1-20 所示。这种电阻器是通孔电阻器去掉引线演变而来的，体积大的功率也大，其标志采用常见的色环标志法，参数与矩形贴片式电阻器相近。但其高频特性差，噪声和三次谐波失真较小，多用在音响设备中。

③贴片式跨接线电阻器：其又称零阻值电阻器，专门用于作跨接线用。它的尺寸及代码与矩形贴片式电阻器相同。特点是允许通过的电流大(0603 为 1A，0805 以上为 2A)。另外，该电阻器的电阻值并不为零，一般在 30mΩ 左右，最大 50mΩ，它不能用于地线之间的跨接，以免造成不必要的干扰。

④贴片式微调电位器：其在电路中用于频率、放大器增益的调整或确定分压比或基准电压的调整，其功率在 0.125W，如图 1-21 所示，有平面贴装和直角贴装两种。

图 1-20　圆柱形贴片式电阻器

图 1-21　贴片式微调电位器

⑤贴片式取样电阻器：其是一种小阻值大功率电阻器，它串联在电路中。常用于电流检测放大器、过流保护器等，功率 1.5～2W，阻值 0.005～0.5Ω。

⑥贴片式热敏电阻器：其用于温度补偿、温度测量及控制。与贴片式电阻器有一样的尺寸代码、阻值、允差、功率及工作温度范围，如图 1-22 所示。标称电阻值为 25℃ 时的阻值，阻值范围为 470～150KΩ，常用尺寸有 0805、2012、3216。

(2) 贴片式电容器：贴片式电容器也称为片状电容器，主要有片状多层陶瓷电容器、高频圆柱状电容器、片状涤纶电容器、片状铝电解电容器、片状钽电解电容器、片状微调电容器等。

图 1-22　贴片式热敏电阻器

1）电容器的基本参数

①贴片式电容器电容量的标注方法：贴片式电容器的电容量一般由两位组成，第一位是英文字母，代表有效数字，第二位是数字，代表10的指数，电容单位为pF，具体含义如表1-14所示。

表1-14 电容器的标注

字母	A	B	C	D	E	F	G	H	I	K	L	M	N
有效数字	1	1.1	1.2	1.3	1.5	1.6	1.8	2	2.2	2.4	2.7	3	3.3
字母	P	Q	R	S	T	U	V	W	X	Y	Z		
有效数字	3.6	3.9	4.3	4.7	5.1	5.6	6.2	6.8	7.5	8.2	9.1		
字母	a	b	c	e	f	m	n	t	y				
有效数字	2.5	3.5	4	4.5	5	6	7	8	9				

例如，一个电容器标注为G3，查表可得电容器的标称值为 $1.8 \times 10^3 = 1800 \text{pF}$。

有些贴片式电容器的容量采用3位数，单位为pF。前两位为有效数，后一位数为加的零数。若有小数点，则用P表示。如1P5表示1.5pF，101表示100pF。

②贴片式电容器的允许误差：允许误差用字母表示，C为±0.25pF，D为±0.5pF，F为±1%，J为±5%，K为±10%，M为±20%，I为−20%~80%。

2）主要器件具体介绍

①片状多层陶瓷电容器：其又称片状独石电容器，是片状电容器中用量最大，发展最为迅速的一种，若采用的介质材料不同，其温度特性、额定工作电压及工作温度范围也不同。

片状多层陶瓷电容器通常是无引线矩形结构。它是将白金、钯或银的浆料印制在陶瓷膜片上，经叠层烧结成一个整体，根据电容量的需要，少则两层，多则数十，上百层，然后以并联的方式与两端面的外电极连接。图1-23给出了片状多层陶瓷电容器的内部结构，其外电极分为左右两个外电极端，结构与矩形贴片式电阻器一样，采用三层结构。内层电极与内部电极连接，一般采用银或银钯合金印制、烧结而成；中层电极为镀镍层，阻止银离子的迁移；外层电极采用铅锡合金电镀而成，以便于焊接。

②片状涤纶电容器：其是有机薄膜电容器中的一种，具有较好的稳定性和低失效率的特性。常用电容量为100pF~0.15μF，耐压50V，工作温度范围−40℃~+85℃。

③片状铝电解电容器：片状铝电解电容器有立式及卧式两种。由于铝电解电容器是以阳极铝箔，阴极铝箔和衬垫材料卷绕而成，所以片状铝电解电容器基本上是小型化铝电解电容器加了一个带电极的底座结构，如图1-24所示。

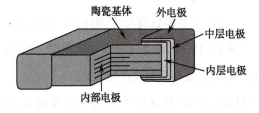

图1-23 片状多层陶瓷电容器的内部结构

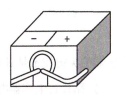

图1-24 立式和卧式片状铝电解电容器

卧式结构是将电容器横倒,它的高度尺寸小一些,但占印制电路板面积较大,目前应用较少。

一般铝电解电容器仅适用于低频电路,目前一些 DC/DC 变换器的工作频率可达几百千赫兹到几兆赫兹,则可选用有机半导体铝固体电解电容器(具有较好的高频特性及低的等效串联电阻,但价格较贵)或钽电解电容器或大容量多层陶瓷电容器。

④片状钽电解电容器:片状钽电解电容器的尺寸比片状铝电解电容器小,漏电小,负温性能好,等效串联电阻(ESR)小,高频性能优良,所以它应用越来越广,但价格要比片状铝电解电容器贵。

常用的片状钽电解电容器为塑封,其外形如图 1-25 所示。该电容器的耐压范围 4~50V,电容量范围 0.1~470μF(常用的范围 1~100μF,耐压范围 10~25V),工作温度范围−40~+125℃,其允许误差为±10%~±20%。

片状钽电解电容器的顶面有一条深色线,是正极性标志,顶面上还有电容容量代码及耐压值,如图 1-26 所示。

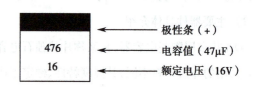

极性条(+)
电容值(47μF)
额定电压(16V)

图 1-25　片状钽电解电容器外形和内部结构　　　　　图 1-26　片状钽电解电容器标称

⑤片状微调电容器:片状微调电容器在电路中具有微细调节和垫整的功能,在高频电路中广泛地应用,常用的典型结构为超小型片状微调电容器、薄型片状微调电容器、封闭型片状微调电容器,如图 1-27 所示。

图 1-27　片状微调电容器

(3)贴片式电感器:贴片式电感器可分为小功率电感器及大功率电感器两类。小功率电感器主要用于视频及通信方面(如选频电路、振荡电路等);大功率电感器主要用于 DC/DC 变换器(如用作储能组件或 LC 滤波组件)。小功率贴片式电感器的结构有三种:绕线型片状电感器、多层式片状电感器、高频型片状电感器。大功率电感器都是绕线型结构。

片状电感器的主要参数有尺寸、电感量、允许误差、Q 值、直流电阻值、允许的最大电流及自振频率。贴片式电感器的关键技术是具有低温烧结特性的铁氧体和介质材料以及相应的叠层化工艺。

1)贴片式电感器电感量的标注方法:小功率电感量有 mH 及 μH 两种单位,分别用 N 或 R 表示小数点。例如,"4N7"表示 4.7mH,"4R7"表示 4.7μH,"10N"表示 10 mH,"100"表示 10μH。

大功率电感器上印有"680K"、"220K"字样,分别表示 68μH 及 22μH。

2) 主要器件具体介绍

①小功率绕线型片状电感器:绕线贴片电感器是用漆包线绕在骨架上做成的,根据不同的骨架材料、不同的匝数而有不同的电感量及 Q 值。它有三种外形,如图 1-28 所示。

图 1-28(1)是内部有骨架绕线,外部有磁性材料屏蔽,经塑料模压封装的结构,有磁屏蔽,与其他电感之间相互影响小,可高密度安装;图 1-28(2)是用长方形骨架绕线而成(骨架有陶瓷骨架或铁氧体骨架),两端头供焊接用;图 1-28(3)为工字形陶瓷、铝或铁氧体骨架,焊接部分在骨架底部。图 1-28(2)型尺寸最小,图 1-28(3)型尺寸最大。绕线贴片电感器的工作频率主要取决于骨架材料,例如,采用空心或铝骨架的电感器是高频电感器,采用铁氧体的骨架则为中、低频电感器。

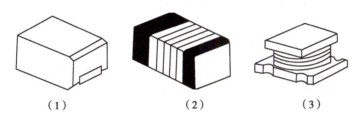

图 1-28 绕线贴片电感器的外形
(1) 内部有骨架绕线;(2) 长方形骨架绕线;(3) 工字形骨架绕线

②多层式片状电感器:多层式片状电感器是用磁性材料采用多层生产技术制成的无绕线电感器。它采用铁氧体膏浆及导电膏浆交替层叠并采用烧结工艺形成整体单片结构,有封闭的磁回路,所以有磁屏蔽作用。该类电感器的特点是尺寸可做得极小,最小为 1mm×0.5mm×0.6mm;具有高的可靠性;由于有良好的磁屏蔽,无电感器之间的交叉耦合,可实现高密度安装。

③高频型片状电感器:高频型片状电感器是在陶瓷基片上采用精密薄膜多层工艺技术制成,具有高精度(±2% ~ ±5%),且寄生电容极小。

④大功率贴片电感器:

大功率贴片电感器都是绕线型的,用做储能器件或大电流 LC 滤波器件(降低噪声电压输出)。它由方形或圆形工字形铁氧体为骨架,采用不同直径的漆包线绕制成,如图 1-29 所示。

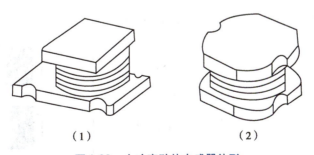

图 1-29 大功率贴片电感器外形
(1)方形骨架绕线;(2)圆形工字形骨架绕线

(4) 贴片式二极管

1) 片状二极管的型号:部分片状二极管的型号仍是沿用引线式二极管的型号,如大家熟知的整流二极管 1N4001~1N4007,开关管 1N4148 等。另外,新型片状二极管也有自己的型号。

各国都有半导体分立器件型号命名标准,如美国以 1N 打头,日本以 1S 打头,我国以 2A~2D 打头。不同的生产厂家有不同的型号,如 SM4001~SM4007、GS1A~GS1K、SIA~SIM 及 M1~M7 等。

2)封装形式:片状二极管有多种封装形式。主要可分成三种:二引线型、圆柱形(玻封或塑封)和小型塑封形(SOT-23 及 SOT-89),典型的封装结构如表 1-15 所示。

表 1-15 片状二极管典型封装结构

代号	封装型号	尺寸(mm)	外形图
A	SOT-23 SC-59	2.9×1.3 2.9×1.6	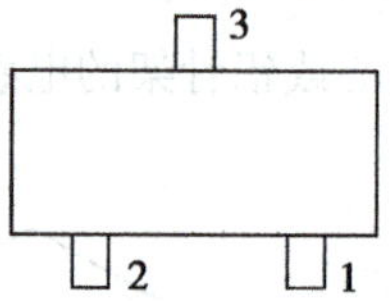
B	SC-70	2.0×1.25	
C	EM3	1.6×0.8	
D	SC-61	2.9×1.6	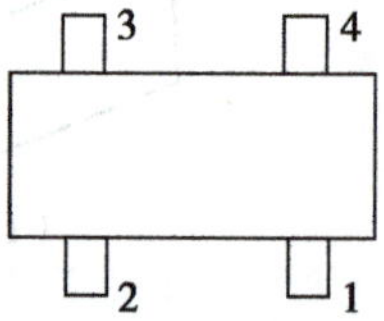
E	DSM	1.7×1.25 1.2×0.6	
F	LL-34	$\phi1.5×3.4$	
G	LL-41	$\phi2.8×5.0$	
H	SOT-25	2.9×1.6	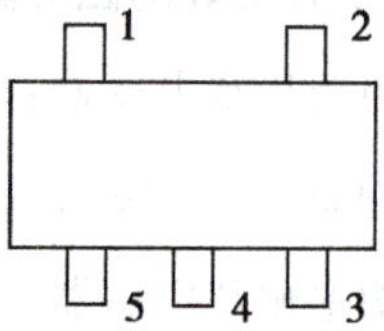
J	SOT-89	4.5×2.5	
K	PSM	4.5×2.6	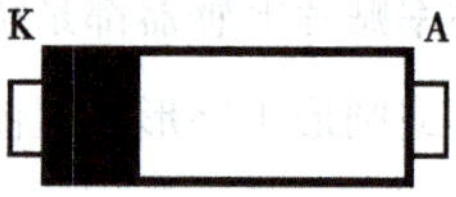
M	与 DSM 同	2.5×1.5×1.5	与 E 同
N		3×2×2	
P		7×4×2.7	

3)器件型号代码及色标

贴片式二极管小尺寸封装上一般不打印出型号,而打印出型号代码或色标。这种型号代码由生产厂家自定,并不统一。例如图 1-30 是二引线封装二极管,其顶面 A2 表示型号代码;图 1-31 的 N、

N20、P1 分别表示三种小型塑封型的型号代码。圆柱形玻封二极管采用色标方法表示型号或采用印代码方式,如图 1-32 所示。图 1-32(1)用阴极的标志线,会采用不同的颜色来表示型号;图 1-32(2)采用两种颜色的色环表示(粗环表示阴极端);图 1-32(3)中第三环表示等级(用于稳压二极管)。需要指出的是,封装代号与型号代码是不同的,不能混淆。

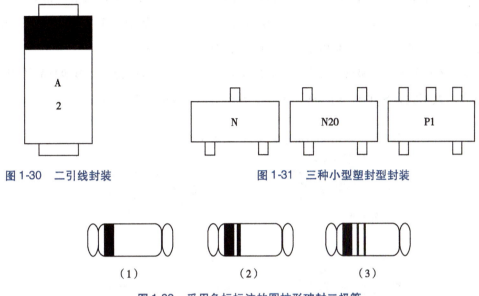

图 1-30　二引线封装　　　　　图 1-31　三种小型塑封型封装

图 1-32　采用色标标注的圆柱形玻封二极管

4) 主要器件具体介绍

①片状整流二极管:整流一般指的是将工频的交流变成脉动直流,常用的是 1N4001 ~ 4007 系列 1A、50 ~ 1000V 整流二极管(圆柱形玻封或塑封)全波整流与桥式整流。

②片状快速恢复二极管:其主要特点是反向恢复时间小,一般为几百纳秒,当工作频率更高时,采用超快速恢复二极管,反向恢复时间为几十纳秒。

③片状肖特基二极管:其最大的特点是反向恢复时间短,一般可做到 10ns 以下,正向压降一般在 0.4V 左右(与电流大小有关),反向峰值电压小。

④片状开关二极管:其特点是反向恢复时间极短,高速开关二极管的反向恢复时间≤4ns(如 1N4148),而超高速开关二极管则≤1.6ns(如 1SS300)。它的反向峰值电压不高,一般仅几十伏,正向平均电流也较小,一般仅 100 ~ 200mA。

⑤片状稳压二极管:其应用与引线式完全相同,它有三种封装形式:SOT-23(0.3 ~ 0.5W)、圆柱形(0.4 ~ 0.5W)、SOT-89(1W)。主要参数为稳定电压值及功率,常用的稳定电压值范围 3 ~ 30V,功率范围 0.3 ~ 1W。

⑥片状发光二极管:片状发光二极管的应用与引线式完全相同,在设计中主要是选择结构及尺寸,并确定限流电阻。

(5) 贴片式三极管:贴片式三极管可分为双极型三极管及场效应管,一般称为片状三极管及片状场效应管。贴片式三极管是由传统引线式三极管发展过来的,管芯相同、仅封装不同,并且大部分沿用引线式的原型号。

1）型号识别:我国三极管型号是"3A~3E"开头,美国是"2N"开头,日本是"2S"开头。目前市场上以2S开头的型号占多数。

欧洲对三极管的命名方法是用A或B开头(A表示锗管,B表示硅管);第二部分用C、D或F、L(C—低频小功率管,F—高频小功率管,D—低频大功率管,L—高频大功率管),用S和U分别表示小功率开关管和大功率开关管;第三部分用三位数表示登记序号。例如,"BC817"表示硅低频小功率三极管。还有一些三极管型号是由生产厂家自己命名的。

2）封装形式:贴片式三极管实际上是引脚最少的集成电路,其全称为小外形塑封晶体管,简称SOT,常用的封装形式有SOT-23、SOT-89、SOT-143、SOT-252等,如图1-33所示。

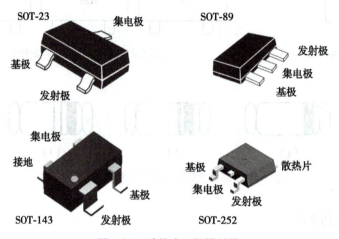

图1-33 贴片式三极管封装

还有片状带阻三极管,在三极管芯片上做上一个或两个偏置电阻;片状组合三极管,在一个封装中有两个三极管,不同的组合三极管中三极管的连接方式不一样。

3）片状场效应管:与双极型相比,场效应管具有输入阻抗高、噪声低、动态范围大、交叉调制失真小等特点。图1-34给出了贴片场效应管的管脚排列。

（6）贴片集成电路

1）小外形封装集成电路(small outline package,SOP):它的引脚排列在封装体的两侧,引脚形式主要有翼型和J型(small outline j-lead package,SOJ)两种,如图1-35所示。SOP翼型结构更易于焊接和检测,但占用的印制电路板面积较大,而SOJ更有益于提高装配的密度。

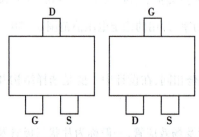

图1-34 贴片场效应管管脚排列

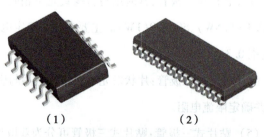

图1-35 小外形封装集成电路外形
(1)SOP翼型引脚;(2)SOJ J型引脚

2）塑封有引线芯片载体(plastic leaded chip carrier,PLCC):PLCC 的引脚采用 J 型结构,如图 1-36 所示,引脚一般为数十到数百条。

3）方形扁平封装芯片载体(quad flat package,QFP):QFP 外形如图 1-37 所示,它是一种塑封多引脚器件(以翼型结构为主)。由于引脚数多,接触面积大,容易造成引脚折弯或损坏,因此,在表面贴装前要对每个 QFP 进行检查,判断器件的引脚是否弯曲、掉落等。

图 1-36　有引线塑封芯片载体外形　　　图 1-37　方形扁平封装芯片载体外形

4）球栅阵列封装(ball grid array,BGA):BGA 将集成电路的引线从封装体的四周"扩展"到了整个平面,有效地避免了 QFP"引脚极限"(尺寸和引脚间距限制了引脚数)的问题。典型 BGA 的外形如图 1-38 所示。BGA 具有安装高度低、引脚间距大、引脚共面性好等特点,这些都大大改善了组装的工艺性,电气性能更加优越。

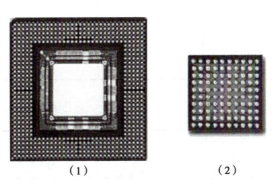

（1）　　　　　（2）

图 1-38　典型球栅阵列封装外形
（1）部分分布;（2）完全分布

四、任务实施

（一）电阻、电容、电感线圈和变压器的识别与检测

1. 材料与设备

（1）电阻、电位器、电容、电感、变压器若干。

（2）万用表。

2. 任务步骤

（1）识读出电阻、电容、电感和变压器不同标识方法表示的各参数值。

（2）测量并记录数据。

（3）填表 1-16、表 1-17、表 1-18、表 1-19、表 1-20、表 1-21,并分析元器件的性能。

表1-16 电阻的识别

电阻的标识方法	电阻的标识内容	电阻的识读结果			万用表测量电阻值
		标称阻值	允许偏差	其他参数	

表1-17 电阻的检测与分析

电阻编号	万用表进行检测的结果			性能分析
	测量阻值	实际偏差	偏差分析	

表1-18 电位器的识别与检测

电位器编号	电阻范围	误差	阻值变化规律	性能分析

表1-19 电容的识别

电容编号	电容的标识方法	电容的标识内容	电容的识读结果		
			标称容值	允许偏差	耐压

表1-20 电容的检测与分析

电容的类型	电容的标称容量	万用表进行检测的结果			性能分析
		挡位（指针式）	偏转范围（指针式）	电容的漏电阻值	

表 1-21　电感和变压器的识别与检测

名称	标识方法	电感和变压器的识读结果		万用表进行检测的结果		性能分析
		标称值	偏差	直流电阻值	引出端检测	

（二）半导体器件的识别与检测

1. 材料与设备

（1）二极管、晶体管若干。

（2）万用表。

2. 任务步骤

（1）识读二极管、晶体管的外形结构和标识内容。

（2）用万用表测量二极管的极性并分析性能。

（3）用万用表测量晶体管的管脚、管型并分析性能,同时测量放大系数 β 的大小。

（4）记录数据并填表 1-22、表 1-23。

表 1-22　二极管的识别与检测

器件名称	测量数据		万用表挡位（指针式）	引脚判别	二极管质量判别
	正向电阻	反向电阻			

表 1-23　三极管的识别与检测

器件名称	测量数据				万用表挡位（指针式）	三极管管型	放大系数 β	三极管质量判别
	发射结		集电结					
	正向电阻	反向电阻	正向电阻	反向电阻				

（三）集成电路的识别与检测

1. 材料与设备

（1）集成电路若干。

（2）万用表。

2. 任务步骤

（1）识读集成电路的外形结构和引脚序号。

（2）用万用表测量集成电路各引脚的对地电阻，由此初步判断集成电路的好坏。

（3）记录数据并填表1-24。

表1-24 集成电路的识别与检测

器件名称	测量数据														质量判断	集成电路外形及其引脚排序	备注
	集成电路各引脚的对地电阻																
	1	2	3	4	5	6	7	8	9	10	11	12	13	14			

（四）贴片器件的识别与检测

1. 材料与设备

（1）片状电阻、电容、电感、二极管、晶体管、集成电路若干。

（2）万用表。

2. 任务步骤

（1）识读片状电阻，并用万用表进行检测，可参照表1-17和表1-8，测量数据并填表，分析器件性能。

（2）识读片状电容和片状电感。

（3）识读片状二极管和晶体管，并用万用表进行检测，可参照表1-23和表1-24，测量数据并填表，分析器件性能。

（4）识读片状集成电路的引脚。

点滴积累 ∨

1. 不同的元器件有不同的检测方法，而用万用表检测电子元器件是最常用的检测方法。

2. 指针式万用表，测量时，要根据电阻标称值来选择万用表的电阻挡量程，使指针落在万用表刻度盘中间或略偏右的位置为佳。不同倍率挡的零点不同，每换一挡都应重新调零，当某一挡调零时不能使指针回到零欧姆处，则表明表内电池电压不足，需要更换电池。

第二节 任务二：电子材料的识别

一、任务导入

在医电产品设计、制作的过程中，除了要用到各种电子元器件以外，还需用印制电路板、各种线料和绝缘材料，这样才能组成一个完整的单元电路或整机电路。通过对印制电路板和线料的正确识别及使用,了解电子材料在保证整机装配质量中所起到的作用。

二、任务分析

熟悉印制电路板、线料的结构、特点及功能,有助于根据实际需要进行选择,以保证产品的质量。当然,要学会这些电子材料的识别和检测方法。

三、相关知识与技能

(一) 印制电路板

通常把在绝缘板上按预定设计制成印制线路、印制元器件或两者组合而成的导电图形称为印制电路。把印制电路的成品板称为印制电路板(Printed Circuit Board,PCB),也称为印制板或印制线路板,如图 1-39 所示。

图 1-39　印制电路板外形

印制电路板在设计上可以标准化,利于互换;印制电路板的布线密度高、体积小、质量小,利于电子产品的小型化;印制电路板图形具有重复性和一致性,减少了布线和装配的差错,利于机械化和自动化生产,降低了成本。

1. 分类和作用

(1) 分类:印制电路板按其结构不同可分为单面印制板、双面印制板、多层印制板和挠性印制板;按绝缘材料不同可分为纸基板、玻璃布基板和合成纤维板;按黏接剂的树脂不同又分为酚醛、环氧、聚酯和聚四氟乙烯等;按用途分有通用型和特殊型等。

1) 分立元器件的电路常用单面板,因为分立元器件的引线少,排列位置可灵活变换。双面板多用于集成电路较多的电路,这是因为元器件引线的间距小且数目多。在单面板上布设不交叉的印制导线十分困难,对于比较复杂的电路几乎无法实现。

2) 多层印制电路板也称多层板,是指在单块印制电路板厚度差不多的板上,叠合三层以上的印制电路系统。它是用较薄的几块单面印制电路板叠合而成,层间用绝缘材料相隔、经黏合后形成,它只是在制造工艺上与单块印制电路板有所不同而已。

3) 挠性印制板又称软性印制板,与一般印制板相同,挠性电路板也分单面板、双面板。它的显著优点是软性材料电路,能够弯曲、卷缩、折叠,可以沿着 X、Y 和 Z 三个平面移动或盘绕,软性板连接可以伸缩自如 100 万次而不断裂;能够连接活动部件,可以在三维空间里实现立体布线;体积小、质量小,装配方便,比使用其他电路板灵活;容易按照电路要求成型,提高了装配密度和板面利用率。

(2) 作用:通常把不装载元器件的印制电路板叫做基板,它的主要作用是作为元器件的支撑体,利用基板上的印制电路,通过焊接把元器件连接起来,同时它还有利于板上元器件的散热。

元器件在印制板上的固定,是靠引线焊接在焊盘上实现的。例如,直插元器件通过板上的引线孔,用焊锡焊接固定在印制板上,印制导线把焊盘连接起来,实现元器件在电路中的电气连接。引线孔及其周围的铜箔称为焊盘。

2. 印制电路板的检测

(1) 外观检查:看电路板表面有无破损。

(2) 阻值测量:通过万用表测量电路板导通阻值来判断其好坏,即检测电路板是否有断路或导通不良等情况。当测得导通阻值无穷大时,说明电路板内部有断线;如果测得导通阻值为零,则说明电路板合格。

(3) 绝缘测量:测量不同导线间的阻值,阻值应为无穷大,否则说明该电路板绝缘不良。

(二) 常用线料

电路中各种线料的主要作用是将电路内部元器件间或电路之间连接起来,实现信号的传递,形成一个完整的部分,并实现某种功能。

1. 种类和使用条件

(1) 种类:主要是电线和电缆,它们又可细分为裸线、电磁线、绝缘电线电缆和通信电缆四种。

1) 裸线:是指没有绝缘层的电线。只能用于单独连线、短连线及跨接线等。

2) 电磁线:是一种绝缘线,它的绝缘层是由涂漆或包绕纤维构成的。如绕制变压器的漆包线就属于电磁线。电磁线的作用是实现电能和磁能的转换,当电流通过时产生磁场,或者在磁场中切割磁力线产生电流。电磁线包括通常所说的漆包线和高频漆包线。

3) 绝缘电线电缆:就是通常所说的安装线和安装电缆,由芯线、绝缘层和保护层组成。绝缘层的作用是为了防止漏电,一般由橡皮或塑料包绕在芯线外构成;保护层在绝缘层的外部,起到进一步保护和延长使用寿命的作用,有金属护层和非金属护层两种。在电子电路制作中,有时需要一些细的绝缘导线进行元器件之间的连接,或者需要电路与电路之间的连接,这就要用到绝缘细电线,它是由芯线和绝缘层组成,其中芯线是单股的铜丝或多股的铜丝;绝缘层是塑料,包绕在芯线外边。

在数字电路特别是计算机电路中,数据总线、地址总线和控制总线等连接导线往往成组出现,其工作电平、导线去向都大体一致。在这种情况下,使用塑料排线(又叫扁平安装电缆)是很方便的。这种排线与安装插头、插座的尺寸、导线数目相对应,且不用焊接就能实现可靠连接,不容易产生导线错位的情况。

4)通信电缆:主要包括电信电缆、射频电缆、视频电缆、电话线和广播线。

(2)使用条件:为了减少导线在传输过程中产生信号失真和噪声等问题,必须合理选择和使用导线。

1)为了保证温度升高时导线仍能正常使用,导线的允许电流应比电路中电流流过导线的最大电流大,并要有一定的余量。

2)在使用导线时,应使电路的最大电压低于电线的额定电压,这样才能保证电线具有良好的绝缘。

3)当信号较小或相对于信号电平的外来噪声电平不可忽略时,应选用屏蔽线。

4)所选择的导线应具备良好的拉伸强度、耐磨损性和柔软性,质量要小。

5)所选用的线料应能适应环境温度的要求,避免出现敷层变软、变硬、变形开裂等现象。

2. 常用线料的检测

(1)外观检查:看线料表面有无破损。

(2)阻值测量:通过万用表测量线料线芯导通阻值来判断其好坏,即检测是否有断路或导通不良等情况。当测得线芯导通阻值为无穷大时,说明线料内部有断线。如果测得导通阻值为零,则说明线料合格。

(3)绝缘测量:测量线芯与绝缘层阻值,阻值应为无穷大,否则说明该线料绝缘不良。

(三)焊接材料

焊接材料包括焊料和助焊剂,它们是焊接电子产品必不可少的材料。

1. 焊料 焊料是易熔金属,熔点低于被焊金属,它的作用是在熔化时能在被焊金属表面形成合金而将被焊金属连接到一起。按焊料组成成分有锡铅焊料、银焊料、铜焊料等;按其熔点可分有软焊料(熔点在450℃以下)和硬焊料(熔点在450℃以上)。在电子产品装配中,一般都选用锡铅焊料,它是一种软焊料。

(1)锡铅共晶合金焊锡:锡铅合金的特性随锡铅成分配比的不同而异。当含锡量为63%,含铅量为37%时,锡铅合金的熔点为190℃。此时合金可由固态直接变为液态,或由液态直接变为固态,这时的合金称为共晶合金,按共晶合金配制的锡铅焊料称为共晶焊锡。采用共晶焊锡进行焊接有以下优点:

1)熔点最低,降低了焊接温度,可减少元器件受热损坏的机会,尤其是对温度敏感的元器件影响较小;

2)熔流点一致,共晶焊锡只有一个熔流点,由液体直接变成固体,结晶迅速,这样可以减少元器件的虚焊现象;

3)流动性好,表面张力小,焊料能很好地填满焊缝,并对工件有较好的浸润作用,使焊点结合紧密光亮;

4)抗拉强度和剪切强度高,导电性能好,电阻率低;

5）抗腐蚀性能好,锡和铅的化学稳定性比其他金属好,抗大气腐蚀能力强,而共晶焊锡的抗腐蚀能力更好。

（2）常用锡铅焊料

1）管状焊锡丝:在手工焊接时,为了方便,经常使用管状焊锡丝。生产厂家将焊锡制成管状,中空部分注入由特级松香和少量活化剂组成的助焊剂,这种焊锡称为焊锡丝。焊锡丝的直径有0.5mm、0.8mm、0.9mm、1.0mm、1.2mm、1.5mm、2.0mm、2.5mm、3.0mm、4.0mm、5.0mm等多种规格。整卷焊锡丝的实物如图1-40所示。

图1-40　焊锡丝

2）抗氧化焊锡:在锡铅合金中加入少量的活性金属,能使氧化锡、氧化铅还原,并漂浮在焊锡表面形成致密覆盖层,从而使焊锡不被继续氧化。这类焊锡在浸焊与波峰焊中得到了普遍使用。

3）含银焊锡:电子元器件与导电结构件中,有些是镀银件。使用普通焊锡,镀银层易被焊锡熔解,而使元器件的高频性能变差。在焊锡中添加0.5%～2%的银,可减少镀银件中的银在焊锡中的熔解量,并可降低焊锡的熔点。

2. **助焊剂**　助焊剂由活化剂、树脂、扩散剂、溶剂四部分组成。主要用于清除焊件表面的氧化膜,增强焊料与焊件的活性,提高焊料浸润能力。

（1）常用的助焊剂

1）焊膏:焊膏的黏性提供了一种黏接能力,在组件与焊盘形成永久的冶金结合以前,组件可以保持在焊盘上而无需再加其他黏接剂。焊膏的金属特性提供了相对高的电导率和热导率,如图1-41所示。

2）焊粉:在高温下经化学还原制造出的合金焊粉通常是多孔而有弹性的。

3）松香:松香是树脂焊剂的代表,如图1-42所示。在常温下松香呈固态,不易挥发,加热后极易挥发,有微量腐蚀作用,且绝缘性能好。配制时,一般将松香按1:3比例溶于酒精溶液中制成松香酒精助焊剂。使用方法有两种,一是采用预涂覆法,将其涂于印制板电路表面,以防止印制板表面氧

图1-41　焊膏

图1-42　松香

化,这样既有利于焊接,又有利于印制板的保存;二是采用后涂覆法,在焊接过程中加入助焊剂与焊锡同时使用,一般制成固体状态加在焊锡丝中。在焊接过程中可清除氧化物和杂质,也具有覆盖和保护焊点不被氧化的作用。在烙铁温度偏高时,可将烙铁头在松香上刺一下,防止其"烧死"。

(2)助焊剂的作用:助焊剂是进行锡铅焊时所必需的辅助材料,是焊接时添加在焊点上的化合物,参与焊接的整个过程。助焊剂具有以下作用:

1)除去氧化物:为了使焊料与焊件表面的原子能充分接近,必须将妨碍两金属原子接近的氧化物和污染物去除,助焊剂正好具有熔解这些氧化物、氢氧化物或使其剥离的功能。

2)防止焊件和焊料加热时氧化:焊接时,助焊剂在焊料之前熔化,在焊料和焊件的表面形成一层薄膜,使它与外界空气隔离,起到在加热过程中防止焊件氧化的作用。

3)降低焊料表面的张力:使用助焊剂可以减小熔化后焊料的表面张力,增加其流动性,有利于焊锡浸润。

4)使焊点美观:采用合适的焊剂能够整理焊点形状,保持焊点表面的光泽。

(3)对助焊剂的要求

1)熔点应低于焊料,只有这样才能发挥助焊剂作用;

2)表面张力、黏度、比重小于焊料;

3)焊剂都带有酸性,会腐蚀金属,而且残渣影响美观,所以残渣要容易清除;

4)不能腐蚀母材;

5)不产生有害气体和刺激性气味。

知识链接

阻　焊　剂

阻焊剂是一种耐高温的涂料,可将不需要焊接的部分保护起来,致使焊接只在所需要的部位进行,以防止焊接过程中的桥连、短路等现象发生,对高密度印制电路板尤为重要。还可降低返修率,节约焊料,减小焊接时印制电路板受到的热冲击,板面不容易起泡或分层。人们常见的印制电路板上的绿色涂层即为阻焊剂。

(四)绝缘材料

绝缘材料又称电介质,在电压的作用下,只允许极微小的电流通过。

1. 作用　就是要将电气设备中电位不同的带电部分隔离开来,确保各部分电路能正常工作,不会相互影响。绝缘材料的电阻率一般都大于 $10^9 \Omega \cdot cm$。绝缘材料应具有较高的绝缘电阻和耐压强度,良好的耐热性能,即在长时间受热的情况下性能不发生变化。还要具有良好的机械强度、导热性及耐潮防腐性,并可方便地加工成型。

2. 常用材料

(1)薄形绝缘材料:主要有绝缘纸、绝缘布、有机薄膜、黏带、塑料套管等。主要应用于包扎、衬垫、护套等。

（2）绝缘漆：常用的绝缘漆有油性浸渍漆、环氧浸渍漆等。使用最多的地方是浸渍线圈和表面覆盖。

（3）塑料：常用在布线工艺中。由于它具有良好的可塑性，故常用来布线、做机壳、装饰整机和面板等。

（4）云母制品：云母是具有良好的耐热、传热、绝缘性能的脆性材料。将云母用黏合剂黏附在不同的材料上，就构成性能不同的复合材料。常用的有沥青绸云母带、环氧玻璃粉云母带、有机硅云母等，主要用做耐高压的绝缘衬垫。

四、任务实施

（一）印制电路板的识别与检测

1. 材料与设备

（1）各种基材的印制电路板若干。

（2）万用表。

2. 任务步骤

（1）观察不同类型印制电路板所用的基材、结构特点及功能。

（2）用万用表检测印制电路板。

（3）填表 1-25、表 1-26。

表 1-25　印制电路板的识别

印制电路板编号	基材	强度	导电结构	功能

表 1-26　印刷电路板的检测

名称	规格	导通电阻	绝缘电阻	质量判别

（二）电线电缆的识别与检测

1. 材料与设备

（1）电线电缆若干。

（2）万用表。

2. 任务步骤

（1）观察不同类型电线电缆特点及功能。

（2）用万用表检测电线电缆。

（3）填表1-27。

表 1-27 电线电缆的识别与检测

型号	种类	规格	芯线电阻	绝缘电阻	质量判别

点滴积累

1. PCB 是重要的电子部件，是电子元器件的支撑体，是电子元器件电气连接的载体。 由于它是采用电子印刷术制作的，故被称为"印刷"电路板。

2. 印制电路的技术发展水平，一般以印制板上的线宽，孔径，板厚/孔径比值为代表。

项目小结

一、学习内容

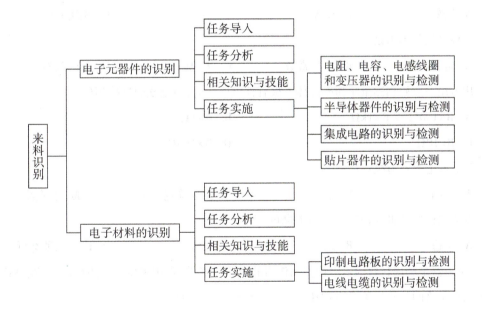

二、学习方法体会

1. 来料识别主要是熟悉电子元器件和电子材料的参数及性能,重点掌握其检测方法,尤其是万用表的使用。

2. 要能熟练测量及选用贴片器件,这是医电产品整机制造的基础。

3. 对焊料、助焊剂的优缺点要牢固掌握,为项目二的学习打好基础。

4. 若条件允许,可参观印制电路板生产现场,了解相关生产工序。

目标检测

一、单项选择题

1. 在直流稳态时,电容元器件上(　　)

    A. 有电流,有电压 　　　　　　　　B. 有电流,无电压

    C. 无电流,有电压 　　　　　　　　D. 无电流,无电压

2. 光敏电阻的阻值对光线非常敏感,无光线照射时,光敏电阻呈现高阻状态,但有光线照射时,电阻迅速(　　)

    A. 增大 　　　　　　　　　　　　B. 减小

    C. 不变 　　　　　　　　　　　　D. 可能增大,可能减小

3. 稳压二极管的正常工作状态是(　　)

    A. 导通 　　　　B. 截止 　　　　C. 反向击穿 　　　　D. 任意状态

4. 用万用表检测某二极管时,发现其正、反电阻都是1kΩ,说明该二极管(　　)

    A. 完好 　　　　B. 内部老化不通 　　　　C. 已经击穿 　　　　D. 无法判断

5. 具有热敏特性的半导体材料受热后,半导体的导电性能将(　　)

    A. 变好 　　　　B. 变差 　　　　C. 不变 　　　　D. 无法判断

6. 晶体二极管内阻是(　　)

    A. 常数 　　　　B. 不是常数 　　　　C. 无电阻 　　　　D. 无法判断

7. 用万用表欧姆挡测量小功率晶体二极管性能好坏时,应把欧姆挡拨到(　　)

    A. R×100Ω 或 R×1kΩ 　　　　　　B. R×1Ω

    C. R×10Ω 　　　　　　　　　　　D. R×100Ω

8. 所有的电容都有极性(　　)

    A. 是的 　　　　B. 不是 　　　　C. 无法确定 　　　　D. 隔断交、直流

9. 发光二极管的极性是靠(　　)判断的

    A. 平边 　　　　B. 缺口 　　　　C. 长脚 　　　　D. 以上三种都可

10. 电阻器是利用材料的电阻特性制作出的电子元器件,常用单位有欧姆(Ω)、千欧(kΩ)和兆欧(MΩ),单位之间的转换关系为1MΩ=(　　)kΩ=(　　)Ω

    A. 10^3;10^6 　　　　　　　　　　B. 10^6;10^3

    C. 10;10^3 　　　　　　　　　　D. 10;10^6

11. 结型场效应管利用栅源极间所加的(　　)来改变导电沟道的电阻

    A. 反偏电压 　　　　B. 反向电流 　　　　C. 正偏电压 　　　　D. 正向电流

12. 导通后的晶闸管去掉控制极电压后,晶闸管处于(　　)状态

    A. 导通 　　　　B. 关断 　　　　C. 放大 　　　　D. 饱和

13. (47±5%)kΩ 电阻的色环为(　　)

    A. 黄-紫-橙-金 　　　　　　　　　B. 黄-紫-黑-橙-棕

C. 黄-紫-黑-红-棕　　　　　　　　　　D. 黄-紫-黑-金

14. 贴片电阻的阻值为5.1k,那么上面的标号应该为(　　)

　　A. 511　　　　　　B. 512　　　　　　C. 513　　　　　　D. 522

15. 电阻器阻值的标示方法有(　　)

　　A. 直标法、色标法　　　　　　　　　　B. 直标法、数字法

　　C. 直标法、数字法和色标法　　　　　　D. 数字法和色标法

二、简答题

1. 什么是电阻？电阻有何作用？如何检测判断普通固定电阻、电位器及敏感电阻的性能好坏？

2. 什么是电容？电容有何作用？如何判断较大容量的电容是否出现断路、击穿及漏电故障？

3. 二极管有何特点？如何用万用表检测判断其引脚极性及好坏？

三、实例分析

1. 试分析用万用表检测三极管类型并判断管脚极性可能出现的问题。

2. 指出下列电阻器的标称值、允许偏差及标注方法。

(1)(2.2±10%)kΩ　　　(2)(680±20%)Ω　　　(3)(5.1±5%)kΩ　　　(4)红-紫-黄-棕

项目一习题

项目二

装配工艺

项目目标

学习目的

通过学习元器件的分类和筛选、元器件引线的成形、印制电路板组装技术，掌握医电产品装配前准备的关键工艺，医电产品插装焊接的基本知识和技能。为后续章节医电产品整机装配，同时也为医电产品整机调试技能的提高奠定基础。

知识要求

1. 掌握常用电子元器件的质量检查、分类和筛选，手工组装医电产品的原则，焊接的基本知识；
2. 熟悉元器件引线成形的几种方法，手工焊接的基本方法，焊接质量的检查方法以及印制电路板组装工艺；
3. 了解电路板的清洗方法及注意事项。

能力要求

1. 熟练掌握通过相关的仪器设备，对装配前的元器件进行筛选，使其指标符合相关技术要求；掌握手工组装医电产品的焊接方法及基本步骤，尤其是贴片元器件和集成器件的焊接及拆焊技术；
2. 学会焊接质量检查及印制电路板组装工艺，印制电路板的超声波清洗方法。

第一节　任务一：元器件的分类和筛选

一、任务导入

为了保证医电产品能够稳定、可靠地长期工作，在装配前必须对所使用的电子元器件进行相关分类，同时依据工艺文件进行元器件的检验和筛选。通过对元器件分类的前期管理和后期选用，以及对筛选项目的分析，实现对元器件特性分析和性能测试的综合运用。

二、任务分析

根据工艺要求进行元器件的分类，不仅可以避免元器件装错，而且还能提高整机装配的速度和质量。当然，这些是建立在对元器件性能充分了解的基础上。

任何电子产品包括医电产品,不管其系统的结构如何,最终都是由电子元器件以不同的连接方式构成的。在产品的设计和制造过程中,都要设法克服设计缺陷、工艺缺陷和元器件缺陷。而元器件缺陷占主导地位,对元器件进行筛选,可以降低元器件的失效率,提高产品的可靠性。

三、相关知识与技能

（一）元器件的分类

元器件的分类一般分为前期工作和后期工作。前期工作是指按元器件、零部件、标准件、材料等分类入库,按要求存放、保管;后续工作是指按装配工序所用元器件、材料等分类,并给出选用的原则。

1. 分类管理　主要包括账务管理和实物管理。账务管理是将所有原材料按照材质类别进行物料编号,然后按编号进行出入库分类账目管理;实物管理是规划原材料区域,主要根据材质类型、型号、大小、现有原材料的储存情况、后续需求进行规划,分出明确的每个类别的储存区域后进行存放。

进行相关的分类管理和存放后,需对相关原材料进行登记,填写如表 2-1 所示盘存卡,第一联由存放人员进行填写,第二联由管理人员进行核对。

表 2-1　盘存卡

第一联	第二联
1. 材料编号材料类别 2. 材料名称 3. 数量单位 4. 存放地区代号 填卡	1. 材料编号材料类别 2. 材料名称 3. 数量单位 4. 存放地区代号 核对填卡

2. 选用和领用

（1）选用原则

1）选用元器件的应用环境、性能指标、质量等级等应满足产品的要求;

2）优先选用经实践证明质量稳定、可靠性高、生命周期长的标准元器件;

3）优先选用持续生产的、供货及时的、具有多渠道供货的元器件。

（2）领用原则

1）为了进行规范的生产和管理,控制产品成本,在进行生产的过程中,需用到的相关元器件或材料都要进行登记;

2）如果领用的元器件或材料出现问题不能使用,需退回。

（二）元器件的筛选

元器件的筛选分为一次筛选和二次筛选。一次筛选是由元器件生产厂家按产品的等级标准和用户要求进行的出厂前筛选。生产厂家为了保证产品的质量,充分利用本厂的筛选设备能力,给元器件施加各种应力,剔除不合格品。但由于生产厂家的产品批量大,筛选费用高,受到人力物力及组织管理措施方面因素的制约,第一次筛选往往是不充分的。为了满足整机系统对元器件的可靠性要求,对元器件按照验收流程和标准进行的第二次合格性和可靠性筛选,称为元器件二次筛选。元器件的一次筛选和二次筛选的目的与试验方法基本相同,但二次筛选是在一次筛选的基础上裁剪而成的。

1. 筛选目的和方法 剔除因某种缺陷而导致早期失效的元器件,从而提高元器件的使用寿命和可靠性。具体方法是给元器件施加热的、电的、机械的或多种因素结合的外部应力,模拟恶劣的工作环境,使它们内部的潜在故障加速暴露出来,然后进行电气参数测量,筛除那些失效或参数变化了的元器件。

图 2-1 给出了目前国内使用的主要筛选方法。

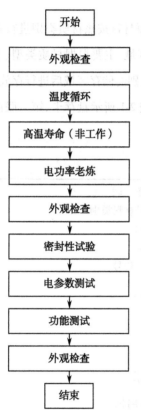

图 2-1　主要筛选方法

（1）外观检查:主要是检查元器件外形、材料有无缺陷。

1）元器件的型号、规格、出厂日期是否符合整机技术条件要求,没有合格证明的元器件不得使用;

2）元器件外观应完整无损,标记清晰,引线和接线端子无锈蚀和明显氧化。元器件的封装、外形尺寸、电极引线的位置和直径应该符合标准外形图的规定;

3）电位器、可变电容器和可调电感器等元器件,调动时应该旋转平衡,无跳变和卡死现象,开关类元器件应该保证接触良好,动作迅速;

4）接插件应插拔自如,插针、插孔镀层光亮,无明显氧化和沾污。镀银件表面光亮,无变色发黑现象;

5）胶木件表面无裂纹、起泡和分层,瓷质件表面光洁平整,无缺损;

6）带有密封结构的元器件,密封部位不应损坏和开裂;

7）各种型号、规格标志应该完整、清晰、牢固,特别是元器件参数的分档标志、极性符号和集成电路的种类信号,其标志、字符不能模糊不清或脱落。

（2）温度循环:使元器件交替暴露在规定的极限高温和极限低温下,连续承受规定条件和规定次数的循环,由冷到热或由热到冷的总转移时间不超过 1 分钟,保持时间不小于 10 分钟。

（3）高温寿命:按照国家标准规定的寿命试验要求,使元器件在规定的环境条件下(通常是最高温度)存储规定的时间。

（4）电功率老炼:按降额条件进行最高结温下的老炼,老炼功率按元器件各自规定的条件选取。

（5）密封性试验:对有空腔的元器件,先细检漏,后粗检漏。

（6）电参数测试:主要进行耐压、漏电流等测试。

（7）功能测试:按产品技术要求规定进行。

2. 筛选原则 从事二次筛选首先要知道筛选流程、筛选条件、技术要求等,了解被筛选元器件的重要技术参数的意义,了解和掌握有关标准、规范和试验的基本原理,熟练操作筛选设备,能对试验结果做出正确的分析和评价。筛选试验的应力条件首要是非破坏性的,即通过筛选不能对产品的质量和可靠性造成影响,但试验应力也不能偏低,低了起不到筛选作用。原则上,确定筛选项目和应力条件应依据相应的标准。选择筛选应力的主要原则是:

(1)筛选应力类型应选择能激发早期失效的应力,根据不同器件掌握的信息及失效机理来确定;

(2)筛选应力应以能激发出早期失效为宗旨,使器件各种隐患和缺陷尽快暴露出来;

(3)筛选应力不应使正常器件失效;

(4)筛选应力去掉后,不应使器件留下残余应力或影响器件的使用寿命;

(5)应力筛选试验持续时间应能充分暴露早期失效为原则。

部分元器件筛选的项目确定如表 2-2 所示。

表 2-2　部分元器件筛选的项目

序号	产品类别	项目/参数		检测标准（方法）名称
		序号	名称	
1	电阻器	1	电阻值	电子设备用固定电阻器总规范 GB/T 5729-2003
2	电容器	1	绝缘电阻	电子设备用固定电容器总规范 GB 2693-2001
		2	耐电压	
		3	电容量	
		4	损耗角正切	
		5	漏电流	
3	电感器	1	电感	电子和通信设备用变压器和电感器 测量方法和测试程序 GB/T 8554-1998
		2	绕组电阻	
		3	品质因素	
4	二极管	1	正向直流电压	半导体器件分立器件第 3 部分: 信号（包括开关）和调整二极管 GB/T 6571-1995 分立器件和集成电路第 2 部分: 整流二极管 GB/T 4023-1997 半导体分立器件试验方法 GJB 128A-1997
		2	反向漏电流	
		3	稳压管工作电压	
		4	稳压管动态电阻	
		5	反向击穿电压	
5	双极型晶体管	1	集电极-发射极饱和电压	半导体分立器件和集成电路 第 7 部分: 双极型晶体管 GB/T 4587-1994 半导体分立器件试验方法 GJB 128A-1997
		2	基极-发射极饱和电压	
		3	放大倍数	
		4	集电极-基极截止电流	
		5	发射极-基极截止电流	
		6	集电极-发射极击穿电压	
		7	集电极-基极击穿电压	
		8	发射极-基极击穿电压	

续表

序号	产品类别	项目/参数		检测标准（方法）名称
		序号	名称	
6	TTL 集成电路	1	输入钳位电压	半导体集成电路 TTL 电路测试方法 基本原理 SJ/T 10735-1996
		2	输出高电平电压	
		3	输出低电平电压	
		4	输入电流	
		5	输入高电平电流	
		6	输入低电平电流	
		7	输出短路电流	
		8	输出高阻态时高电平电流	
		9	输出高阻态时低电平电流	
		10	电源电流	
		11	输出高电平电源电流	
		12	输出低电平电源电流	

3. 贴片器件筛选的特殊性及二次筛选存在问题　国产贴片元器件多数为盘装，采用自动贴片，二次筛选会影响焊接质量与可靠性，故不宜进行二次筛选。其质量和可靠性可通过定期监控生产厂家质量状况来保证。

进口贴片元器件由于封装形式越来越小，管脚越来越密、细，容易损伤而影响表面贴装质量，但目前进货渠道不易控制，为了加强和控制器件的质量，剔除不合格产品，进行二次筛选是必要的。但对传统的二次筛选提出了挑战，原因是：

（1）元器件拆封后就很难上表面贴装机使用；

（2）器件的发展速度远远超出测试仪器发展的速度；

（3）新器件的测试程序开发存在一定困难，尤其是国外进口集成器件。

四、任务实施

（一）元器件的选用判断

根据表2-3、表2-4、表2-5所列元器件，对应相关应用需求，在相应表格位置给出选择。

（二）元器件失效模式分析

为取得良好的筛选效果，需了解元器件的失效模式，以便选用有效的筛选项目和方法，制定准确的筛选条件和失效判据。根据表2-6所列常规缺陷，对应相关筛选项目，在相应表格位置给出建议性选择。

表 2-3　电阻器的选用

应用需求 电阻器	好的高频特性	不易受静电损坏	用于 50kHz 以下	小功率
膜式电阻器				
线绕电阻器				

表2-4　电容器的选用

应用需求 电阻器	宽温度范围	高容量	好的高频特性
金属化纸介电容器			
瓷介电容器			
云母电容器			
电解电容器			

表2-5　电感器的选用

应用需求 电感器	高频	低频
聚四氟乙烯骨架、镀银粗铜线线圈		
胶木骨架、漆包线线圈		

表2-6　常规缺陷与相对应的筛选项目

筛选项目 常规缺陷	冲击	振动	温度循环	高温存储	高温老炼
芯片与管座连接不好					
布线缺陷					
芯片裂纹					
内部残存可动多余物					
管壳缺陷					

（三）多参数监护仪实验系统所需元器件的分类

根据多参数监护仪实验系统的元器件材料表,进行元器件的分类,为下一步印制电路板的组装做准备。

点滴积累　∨

1. 元器件的筛选是企业保证生产产品质量的重要环节,至关重要,不容轻视。
2. 元器件分类管理及出入库管理,可以有效提高生产效率与资源调度效能。

第二节　任务二：元器件引线的成形

一、任务导入

为了便于安装和焊接元器件,在安装前,要根据其安装位置的特点及技术要求,预先把元器件引线弯曲成一定形状。通过具体的元器件引线成形操作,训练手工弯折引线的技能。

二、任务分析

引线成形是为了便于元器件安装和焊接,提高装配质量和效率,加强产品的防振性和可靠性,这里主要采用手工弯折。

三、相关知识与技能

元器件引线成形的方法包括三种，即手工弯折、专用模具弯折和专业设备弯折。手工弯折方法是用尖嘴钳或镊子靠近元器件的引线根部，按弯折方向弯折引线即可；专用模具弯折是在模具的垂直方向上开有供插入元器件引线的长条形孔，在水平方向开有供插杆插入的圆形孔，元器件的引线从上方插入成形模的长孔后，水平插入插杆，引线即可成形，然后拔出插杆，将元器件从水平方向移出。专业设备弯折是根据元器件引脚长短调整导轨之间的间距，再根据生产工艺要求，调整切刀与成型齿轮之间的距离以确定成型好后的引脚长度。把要成型的元器件正确放入导轨内，打开机器就可以工作成型。

下面给出元器件引线成形的技术要求：

（1）引线成形后，元器件本体不应产生破裂，表面封装不应损坏，引线弯曲部分不允许出现模印、压痕和裂纹。

（2）引线成形后，其直径的减小或变形不应超过 10%，其表面镀层剥落长度不应大于引线直径的 10%。若引线上有熔接点，则在熔接点和元器件本体之间不允许有弯曲点，熔接点到弯曲点之间应保持 2mm 的间距。

（3）引线成形尺寸应符合安装要求。弯曲点到元器件端面的距离 A 不应小于 2mm，弯曲半径 R 应大于或等于 2 倍的引线直径，如图 2-2 所示。图中，h 在垂直安装时大于等于 2mm，在水平安装时为 0~2mm。

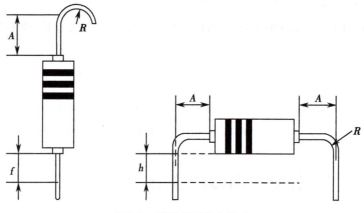

图 2-2　引线成形基本要求

半导体三极管和圆形外壳集成电路的引线成形要求如图 2-3 所示（图中距离单位为 mm）。

扁平封装集成电路的引线成形要求如图 2-4 所示。图中 W 为带状引线厚度，$R \geq 2W$，带状引线弯曲点到引线根部的距离应大于等于 1mm。

（4）凡有标记的元器件，引线成形后，其标志符号应在查看方便的位置。

（5）对于自动焊接方式，可能会出现因振动使元器件歪斜或浮起等缺陷，宜采用具有弯弧形的引线。

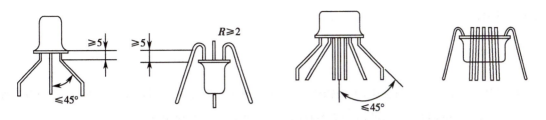

图2-3 三极管及圆形外壳引线成形基本要求

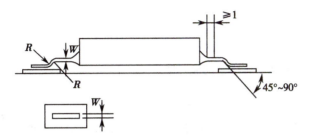

图2-4 扁平集成电路引线成形基本要求

四、任务实施

1. 材料与工具

（1）直插电阻若干；

（2）直插涤纶电容、瓷片电容和电解电容若干；

（3）三极管3DG201和3DG6若干；

（4）镊子；

（5）尖嘴钳。

2. 任务步骤

（1）按要求用工具将电阻器加工成形；

（2）按要求用工具将电容器加工成形；

（3）按要求用工具将三极管加工成形。

点滴积累 ∨

1. 元器件的成形是焊接前的关键步骤，直接影响焊接质量与外观，需练习掌握。

2. 电子生产装备在不断更新，需要及时了解生产实际中使用的引脚成形设备。

第三节 任务三：手工组装

一、任务导入

在医电产品的样机试制阶段或小批量生产时，印制电路板的组装主要靠手工操作，必须学会印制电路板手工组装的相关知识。通过医电产品手工焊接实操、手工拆焊训练、焊接质量检查及防静电方法演示,掌握印制电路板的组装工艺。

二、任务分析

在印制电路板的手工组装中,电烙铁的使用、通孔和表面贴装手工焊接及拆焊的技巧,是指导焊接训练的基础。而焊接完成后的质量检查及印制电路板的清洗是医电产品质量的保证。

三、相关知识与技能

(一) 组装原则

图 2-5 给出了印制电路板手工组装的流程图。

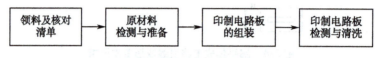

图 2-5 印制电路板手工组装流程图

1. 领料及核对清单 按所要组装的产品清单领料,进行数量及型号等核对。

2. 原材料检测与准备 对原材料进行外观和参数检查,以达到规定要求。必要时要进行元器件引脚成形和导线加工。

3. 印制电路板的组装 安装印制电路板时元器件安装要先低后高,先贴片后插装。先焊接难度大的,这主要指管脚密集的贴片式集成芯片;如先把高的元器件焊接了,有可能妨碍其他元器件的焊接,尤其是大的元器件密集众多的时候;如果先焊接插装的元器件,电路板就会在焊台上放不平,影响其他元器件的焊接。

4. 印制电路板检测与清洗 印制电路板在组装完成后必须进行外观及电气性能的检测,以保证整机质量。另外,锡铅焊接法在焊接过程中都要使用助焊剂,助焊剂在焊接后一般并未充分挥发,反应后的残留物对被焊件会产生腐蚀作用,影响电气性能。因此,焊后要对印制电路板进行清洗。

(二) 焊接的基本知识

焊接是连接各电子元器件及导线的主要手段,其过程是在已加热的工件金属之间,熔入低于工件金属熔点的焊料,借助助焊剂的作用,依靠毛细现象,使焊料浸润工件金属表面,并发生化学变化,生成合金层,从而使工件金属与焊料结合为一体。而采用锡铅焊料进行焊接的方式被称为锡铅焊,简称锡焊,是使用最早、目前使用范围最广的一种焊接方法。

1. 锡焊及其特点 焊接是金属加工的基本方法之一,通常的焊接技术分为熔焊,压焊和钎焊三种。锡焊是钎焊的一种,简略地说,锡焊就是将锡铅焊料熔入焊件的缝隙使其连接的一种焊接方法。

锡焊的特征如下:

(1) 焊料熔点低于焊件;

(2) 焊接时将焊件与焊料共同加热到焊接温度,焊料熔化而焊件不熔化;

(3) 连接的形式是由熔化的焊料润湿焊件的焊接面产生冶金、化学反应形成结合层而实现的。

锡焊的主要优点如下：

（1）铅锡焊料熔点低于200℃,适合半导体等电子材料的连接；

（2）只需简单的加热工具和材料即可加工；

（3）焊点有足够强度和电气性能；

（4）锡焊过程可逆,易于拆焊。

2. 锡焊的机理

（1）扩散:金属之间的扩散不是任何情况下都会发生,而是有条件的。两个基本条件是距离（足够小）和温度（一定温度下金属分子才具有动能）。锡焊就其本质上说,是焊料与焊件在其界面上的扩散,焊件表面的清洁、焊件的加热是达到其扩散的基本条件。

（2）润湿:润湿是发生在固体表面和液体之间的一种物理现象。锡焊过程中,熔化的锡铅焊料和焊件之间的作用正是这种润湿现象,如果焊料能润湿焊件,则说它们之间可以焊接,观测润湿角是锡焊检测的方法之一,润湿角越小,焊接质量越好。

（3）结合层:焊料润湿焊件的过程中,符合金属扩散的条件,所以焊料和焊件的界面有扩散现象发生。这种扩散的结果,使得焊料和焊件界面上形成一种新的金属合金层,称之为结合层,厚度可达 $1.2 \sim 10\mu m$。理想的结合层厚度是 $1.2 \sim 3.5\mu m$,此时强度最高,导电性能好。

3. 锡焊的基本条件

（1）焊件可焊性:焊件可焊性是指在适当的温度下,被焊金属材料与焊锡能形成良好结合的合金的性能。并不是所有的材料都可以用锡焊实现连接的,只有一部分金属有较好可焊性才能用锡焊连接。一般铜及其合金、金、银、锌、镍等具有较好可焊性,而铝、不锈钢、铸铁等可焊性很差,一般需采用特殊焊剂及方法才能锡焊。

（2）焊料合格:锡铅焊料成分不合规格或杂质超标都会影响焊锡质量,特别是某些杂质含量,例如锌、铝、镉等,即使是0.001%的含量也会明显影响焊料润湿性和流动性,降低焊接质量。

（3）助焊剂合适:焊接不同的材料要选用不同的助焊剂,即使是同种材料,当采用焊接工艺不同时也往往要用不同的助焊剂,例如手工烙铁焊接和浸焊,焊后清洗与不清洗就需采用不同的助焊剂。对手工锡焊而言,采用松香和活性松香能满足大部分电子产品装配要求。还要指出的是助焊剂的量也是必须注意的,过多和过少都不利于锡焊。

（4）焊点设计合理:以下几个要点是由锡焊机理引出并被实际经验证明具有手工锡焊普遍适用性。

1）掌握好加热时间:锡焊时可以采用不同的加热速度,例如烙铁头形状不良,用小烙铁焊大焊件时不得不延长时间以满足锡料温度的要求。在大多数情况下延长加热时间对电子产品装配都是有害的,这是因为焊点的结合层由于长时间加热而超过合适的厚度会引起焊点性能劣化;印制板、塑料等材料受热过多会变形变质;元器件受热后性能会变化甚至失效;焊点表面由于焊剂挥发,失去保护而氧化。所以在保证焊料润湿焊件的前提下时间越短越好。

2）保持合适的温度:如果为了缩短加热时间而采用高温烙铁,则焊锡丝中的助焊剂由于没有足够的时间在被焊面上漫流而过早挥发失效,焊料熔化速度过快也会影响到助焊剂作用的发挥,当然由于温度过高虽加热时间短也会造成过热现象。所以需保持烙铁头在合理的温度范围内,一般是烙铁头温度比焊料熔化温度高50℃较为合适。理想的状态是较低的温度下缩短加热时间,尽管这是矛盾的,但在实际操作中可以通过某些操作手法来实现。

3)用烙铁头对焊点施力是有害的:烙铁头把热量传给焊点主要靠增加接触面积,用烙铁头对焊点加力对加热是徒劳的,很多情况下会造成烙铁头受损变形或损坏元器件甚至损坏电路板焊盘。

4. 锡焊操作要领

(1)为了使焊锡和焊件达到良好的结合,焊接表面一定要保持清洁与干燥,去除掉焊接面上的锈迹、油污、灰尘等影响焊接质量的杂质。在手工操作中常使用机械刮磨、乙醇和丙酮擦洗等简单易行的方法。

(2)预焊:预焊就是将要锡焊的元器件引线或导电的焊接部位预先用焊锡润湿,一般也称为镀锡、上锡、搪锡等。预焊并非锡焊不可缺少的操作,但对手工烙铁焊接特别是维修,调试等工序是必不可少的。

(3)采用正确的加热方法:要靠增加接触面积加快传热,而不要用烙铁对焊件加力。正确的方法是根据焊件形状选用不同的烙铁头,或自己修整烙铁头,让烙铁头与焊件形成面接触而不是点或线接触,这就能大大提高效率。还要注意,加热时应让焊件上需要焊锡浸润的各部分均匀受热,而不是仅加热焊件的一部分。当然,对于热容量相差较多的两个部分焊件,加热应偏向需热较多的部分。

(4)不要用过量的焊剂:适量的焊剂是必不可缺的,但不要认为越多越好。过量的松香不仅造成焊后焊点周围需要进一步清洗,而且延长了加热时间(松香融化,挥发带走热量),降低工作效率,而当加热时间不足时又容易夹杂到焊锡中形成"夹渣"缺陷。合适的焊剂量应该是松香水仅能浸湿将要形成的焊点,不要让松香水透过印制板流到组件面或插座孔里。对使用松香芯的焊丝来说,基本不需要再涂焊剂。

(5)保持烙铁头的清洁:因为焊接时烙铁头长期处于高温状态,又接触焊剂等受热分解的物质,其表面很容易氧化而形成一层黑色杂质,这些杂质几乎形成隔热层,使烙铁头失去加热作用。因此要随时在烙铁架上蹭去杂质,用一块湿布或湿海绵随时擦烙铁头,也是常用的方法。

(6)焊锡量要合适:过量的焊锡不但毫无必要地消耗了较贵的锡,而且增加了焊接时间,相应降低了工作速度。更为严重的是在高密度的电路中,过量的锡很容易造成不易察觉的短路。但是焊锡过少不能形成牢固结合,降低焊点强度,特别是在印制板上焊导线时,焊锡不足往往造成导线脱落。

(7)焊件要牢固:在焊锡凝固之前不要使焊件移动或振动,特别是使用镊子夹住焊件时一定要等焊锡凝固再移去镊子。这是因为焊锡凝固过程是结晶过程,根据结晶理论,在结晶期间受到外力会改变结晶条件,导致晶体粗大,造成所谓"冷焊"。此时外观现象是表面无光泽呈豆渣状,而焊点内部结构疏松,易有气隙和裂隙,会造成焊点强度降低,导电性能差。因此,在焊锡凝固前一定要保持焊件静止,使用可靠的夹持措施将焊件固定。

(8)烙铁撤离有讲究:烙铁撤离要及时,而且撤离时的角度和方向对焊点形成有一定关系。撤烙铁时轻轻旋转一下,可保持焊点适当的焊料,这需要在实际操作中体会。

(9)不要用烙铁头作为运载焊料的工具:用烙铁沾上焊锡去焊接,这样很容易造成焊料的氧化,焊剂的挥发。因为烙铁头的温度一般都在300℃左右,焊锡丝中的助焊剂在高温下容易分解失效。

知识链接

烙 铁 头

烙铁头为电烙铁的配套产品，其为一体合成，主要材料为铜，属于易耗品。基本形状有尖形、马蹄形、扁咀形及刀口形等，可根据焊接对象不同进行选择。尖形适用范围：适合一般焊接。马蹄形适用范围：适用于拉焊式焊接。扁咀形适用范围：适合需要多锡量的焊接。刀口形适用范围：使用刀形部分焊接，竖立式或拉焊式焊接均可。

（三）手工焊接的基本方法

1. 焊接操作的正确姿势

ER-2-1

**分立元器件
焊接**

（1）操作距离：助焊剂加热挥发出的化学物质对人体是有害的，如果操作时鼻子距离烙铁头太近，则很容易将有害气体吸入，一般情况下，烙铁到鼻子的距离应该不少于30cm，通常以40cm为宜。

（2）电烙铁的握法：图2-6给出了电烙铁的三种握法。

1）反握法：是用五指把电烙铁的柄握在掌内，此法动作稳定，长时间操作不易疲劳。适用于大功率电烙铁，焊接散热量大的被焊件，焊接面位于操作者下方等情况。

2）正握法：若焊点位于操作者前方的竖直面上，可以用正握法手持电烙铁进行操作。这种方法适用于中等功率电烙铁或带弯头的烙铁头。

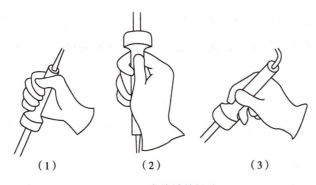

（1）　　　　　　（2）　　　　　　（3）

图2-6 电烙铁的握法
(1)反握法；(2)正握法；(3)握笔法

3）握笔法：是用握笔的方法握电烙铁，这种方法适用于小功率电烙铁，焊接散热量小的被焊件，在工作台上焊接普通电路板上的元器件等情况。

（3）焊锡丝的握拿方式：图2-7给出了焊锡丝的握拿方式。连续焊接的时候，用左手的拇指、小指和食指夹住焊锡丝，另外两个手指配合，就能把焊锡丝连续向前送进；断续焊接的时候，只用拇指和食指拿住焊丝送锡，不能连续送。

（4）电烙铁放置：使用电烙铁要配置烙铁架，一般放置在工作台右前方。电烙铁使用后一定要稳妥放于烙铁架上，并注意导线等其他杂物不要碰到烙铁头，以免烫伤导线，导致漏电。

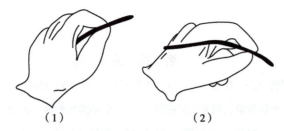

（1）　　　　　　　　　（2）

图2-7　焊锡丝的拿法

（1）连续焊接时焊锡丝的拿法；（2）断续焊接时焊锡丝的拿法

2. 焊接操作的基本步骤

（1）分立元器件的焊接步骤：图2-8所示为分立元器件的焊接步骤：

图2-8（1）准备焊接：烙铁头和焊锡丝靠近，处于随时可以焊接的状态。要求烙铁头保持干净，无焊渣等氧化物，同时认准位置。

图2-8（2）加热焊件：烙铁头放在焊件与印制板的连接处，加热整个焊件，同时掌握好烙铁头的角度，尽可能增加与被焊焊件的接触面积，时间大约为1~2秒。为了防止加热过程中焊件氧化，焊件表面必须先搪锡或涂上一层助焊剂。

图2-8（3）熔化焊锡：焊锡丝放在焊件上，熔化适量的焊锡。当焊接点达到适当温度时，焊锡会由低温向高温方向流动，所以有些情况下应将焊锡填充在焊接点上距电烙铁加热部位最远的地方。同时不要用电烙铁直接熔化焊锡，再将焊锡简单地堆附在焊接点上，这样做很可能掩盖了焊件因温度不够或氧化严重而造成的虚焊或假焊。

图2-8（4）移开焊锡：熔化适量的焊锡后迅速向左上45°方向移开焊锡丝，以免造成焊接点的锡量过大。而紧靠在焊接点上的烙铁头可根据焊点接的形状移动，以使熔化的焊锡在助焊剂的帮助下充分浸润被焊件表面，渗入被焊面的缝隙。焊接时不能用烙铁头对印制板施加太大的压力，以防止焊盘受热翘起。

图2-8（5）锡覆盖在焊接点表面形成一层薄膜时，是焊接点上温度最恰当，焊锡最光亮，流动性最强的时刻，应向右上45°方向迅速移开电烙铁。第（3）步开始到第（5）步结束，时间大约1~2秒。

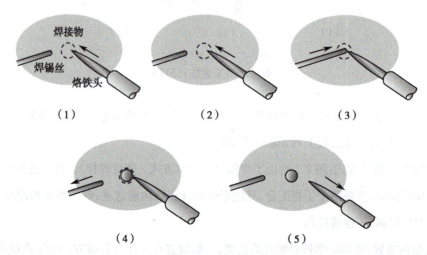

焊接物

焊锡丝

烙铁头

（1）　　　　　　　　（2）　　　　　　　　（3）

（4）　　　　　　　　（5）

图2-8　五步焊接法

（1）准备焊接；（2）加热焊件；（3）熔化焊锡；（4）移开焊锡；（5）移开烙铁

上述过程对一般焊接点而言大概耗时 2~4 秒钟。一定要一气呵成,对于通孔焊接,要求焊点成正弦波峰或圆锥状,表面圆滑光亮。

对于热容量小的焊件,如印制板与较细导线的连接,可简化为 3 步操作,即准备施焊、加热与送丝、去丝移烙铁。烙铁头放在焊件上后即放入焊锡丝。焊锡在焊接面上扩散达到预期范围后,立即拿开焊锡丝并移开烙铁,注意去丝时不得滞后于移开烙铁的时间。各步时间的控制、时序的准确掌握、动作的熟练协调,都要通过大量的训练和用心体会。

(2)贴片元器件焊接与插装元器件焊接的区别:贴片元器件焊接与插装元器件焊接有着本质的区别。插装元器件的焊接是通过引线插入通孔进行焊接的,焊接时不会移位,而且元器件与焊盘分别在印制板的两侧,焊接较容易。而贴片元器件在焊接的过程中容易移位,焊盘与元器件在印制板的同侧,焊接端子形状不一,焊盘细小,焊接技术要求高。因此焊接时必须细心谨慎,尽量提高焊接精度。

(3)贴片元器件的焊接:一般的贴片元器件如电阻器、电容器的基片,大多数采用陶瓷材料制作,这种材料受碰撞易破裂,因此在焊接、拆卸时应掌握控温、预热、轻触等。控温是指焊接温度应控制在 200~250℃左右;预热指将待焊接的组件先放在 100℃左右的环境里预热 1~2 分钟,以防止组件突然膨胀损坏;轻触是指操作时电烙铁应先对印制板的焊点加热,尽量不要撞到组件。电烙铁一般采用功率为 25W 的,最高功率不超过 40W,且功率最好是可调控的,烙铁头要尖,焊接时间控制在 3 秒左右,焊锡丝直径为 0.6~0.8mm。焊接时,先用镊子将元器件放置到印制板电路上,然后用电烙铁进行焊接,这种方法也适用于二、三极管等器件。贴片电容的焊接过程如图 2-9 所示。

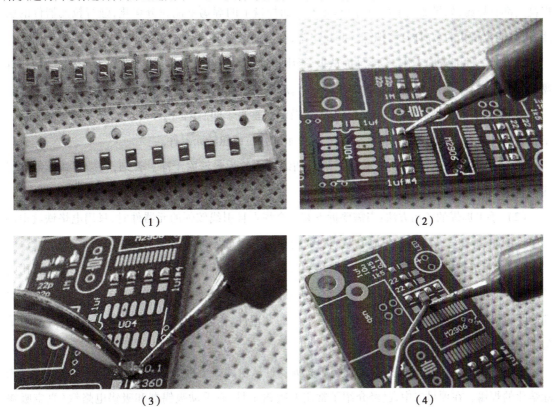

（1）　　　　　　　　　　　　　　　　　（2）

（3）　　　　　　　　　　　　　　　　　（4）

图 2-9　贴片电容的焊接过程

（1）准备焊接的器件;（2）用烙铁加热焊点;（3）用镊子夹住器件焊接;（4）器件固定后焊接另一边

对于贴片集成电路引脚的焊接,由于引脚比较多,一般情况下可以采用电烙铁拉焊。焊接前首先要检查焊盘,对焊盘进行清洁;再检查引脚,对于引脚有变形的,要用镊子谨慎调整,注意用力要轻,以免拉断引脚。必要时,也可以刷上助焊剂,然后将器件安放在焊接位置上,先焊接其中的一两个引脚将器件固定。当所有引脚与焊盘无差别时,方可进行拉焊。即用擦干净的烙铁头蘸上焊锡,一手持电烙铁由左至右对引脚进行分别焊接,另一手持焊锡丝不断加锡。拉焊时,烙铁头不可触及器件引脚根部,否则容易造成短路。烙铁头对器件引脚的压力不可过大,应浮在引脚上,利用焊锡张力,引导熔融的焊珠依次焊接,以保证每一引脚焊点形成和锡量分布比较均匀。贴片集成电路的焊接过程如图2-10所示。

CR-2-2

贴片元器件
焊接

3. 拆焊 调试和维修中常需要更换一些元器件,将已焊焊点拆除的过程称为拆焊。在实际操作中,拆焊比焊接难度高,如果拆焊不得法,就会损坏元器件及印制电路板。拆焊是焊接中一个重要的工艺手段。

(1)拆焊要点:在单面印制电路板上拆焊比较容易,对于一般电阻、电容、晶体管这样管脚不多且每个引线能够相对活动的分立插装元器件,可以用烙铁直接拆焊。方法是先将印制板竖起来固定,一边用电烙铁加热元器件的焊点至焊料充分熔化,同时用镊子或尖嘴钳夹住元器件的引线,轻轻地拉出来。

在双面或多层印制电路板上拆焊就比较困难,这是因为板上的金属化插孔内和元器件面的部分焊盘上都有焊锡,如果加热不足,孔内和元器件面焊盘上的焊锡不能充分熔化,强行拉元器件的引线,很可能拉断孔的金属内壁,把它一起拉出来,就会使电路板受到致命的损伤。

拆焊是一件细致的工作,不能马虎从事,否则将造成元器件损坏、印制导线及金属化孔断裂或焊盘脱落等不应有的损失。为保证拆焊顺利进行,应该注意以下两点:

1)烙铁头加热被拆焊点,焊料熔化后,要及时按垂直于印制电路板的方向拔出元器件的引线。不管元器件的安装位置如何,是否容易取出,都不能强拉或扭转元器件。

2)在插装新的元器件之前,必须把焊盘插线孔内的焊料清除干净。否则,在插装新元器件引线时,将造成印制电路板的焊盘翘起。

(2)手工拆焊的常用方法:当需要拆下有多个焊点且引线较硬的元器件时,只用电烙铁就很困难了。例如,拆卸多个引脚的集成电路或引线较硬的多脚元器件时,一般有以下三种方法:

1)采用拆焊专用工具:采用专用加热头等工具,可将所有焊点同时加热熔化后取出插孔内的引脚。这种方法速度快,但需要制作专用工具,并要使用较大功率的电烙铁;同时,拆焊后的焊孔容易堵死,重新焊接时还必须清理;对于不同的元器件,需要不同种类的专用工具,有时并不是很方便。

2)采用吸锡泵、吸锡烙铁或吸锡器:要把元器件从电路板上拆焊下来,还可以使用吸锡工具去除熔化的焊锡。在项目二中,已经介绍了常用的吸锡工具,有手动吸锡器和吸锡电烙铁(真空吸锡枪、真空吸锡泵)等,吸锡电烙铁对拆焊元器件是很有用的,既可以拆下待换的元器件,又能够不堵塞焊孔,并且不受元器件种类的限制。但它必须逐个焊点除锡,效率不高。同时要及时清除锡渣储

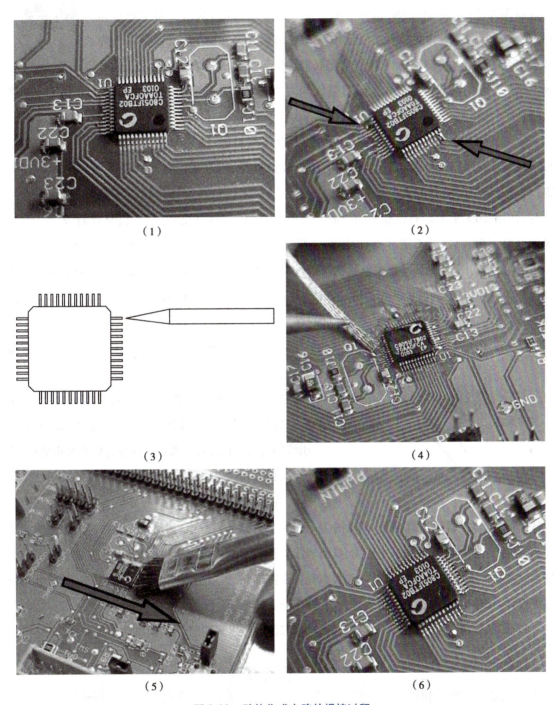

图 2-10 贴片集成电路的焊接过程

(1)使贴片集成电路与焊盘对齐;(2)焊住对角的贴片集成电路;(3)用烙铁尖接触每个贴片集成电路引脚的末端直到看见焊锡流入引脚,重复所有引脚,保持烙铁尖与被焊引脚并行;(4)用助焊剂浸湿所有引脚以便于清洗焊锡,在需要的地方吸掉多余的焊锡,以消除任何短路搭接;(5)用硬毛刷沿引脚方向刷洗;(6)贴片集成元器件引脚清洁而明亮

罐里的锡渣。

ER-2-3

分立元器件
拆焊

在对金属化孔中的元器件引线进行拆焊时,一般的手动吸锡器并不方便,有时甚至无法使用。这是因为,用一般手动吸锡器拆焊时,要用电烙铁进行加热,小功率电烙铁的热容量不足以让插线孔内的焊锡完全熔化,很容易在拆焊时损伤金属化孔。所以,在拆焊金属化孔时,应该使用真空吸锡枪(泵)或吸锡电烙铁,它们的热容量大,吸锡的空气压力也比较大,能够让孔内的焊锡完全熔化并被吸出来。

3)采用吸锡材料:可用作吸锡材料的有屏蔽线编织层、细铜网以及多股铜导线等。将吸锡材料浸上松香水贴到待焊点上,用烙铁头加热吸锡材料,通过吸锡材料将热传到焊点上熔化焊锡。由于毛细作用,熔化的锡沿着吸锡材料上升,吸锡材料将焊点上的焊锡吸附走后,焊点被拆开,如图 2-13 所示。如焊点上的焊料一次没有被吸完,则可反复进行,直至焊料吸完。当吸锡铜网吸满焊料后,就不能再用,应该把已吸满焊料的部分剪掉。这种方法简便易行,且不易烫坏印制电路板,图 2-11 贴片集成电路的焊接过程中就采用了这种方法。在没有专用工具和吸锡电烙铁的时候,是一种值得推荐的拆焊办法。其缺点是拆焊后的板面比较脏,要用酒精等溶剂擦洗干净。

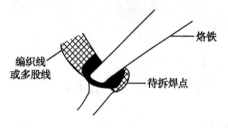

图 2-11　采用吸锡材料进行焊点拆除

除了上述三种方法,还有一些实用的方法值得注意:

1)清除焊盘插线孔内的焊料:重新焊接时,必须保证拆掉元器件的焊孔是"通"的,才能把新的元器件引线插进去进行焊接。假如在拆焊时焊孔被锡堵住,就要清除孔内的焊料。

清除焊盘插线孔内焊料的简易方法是用合适的缝衣针或钢丝做成"通针",把通针从印制电路板的元器件面插入孔内,然后用电烙铁对准焊盘插线孔加热,待焊料熔化时,通针便从中穿出,从而清除了孔内焊料。需要指出的是,这种方法不宜在一个焊点上多次使用,原因在于印制导线和焊盘经过反复加热、拆焊、补焊以后很容易脱落,印制电路板将被损坏。插入通针时也不可用力过大,否则易使金属化孔损伤。

2)断线法:在可能需要多次拆换元器件的情况下,可以采用图 2-12 所示的断线法。

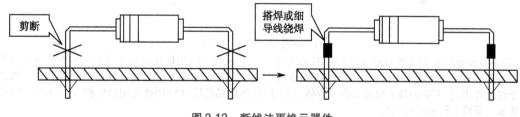

图 2-12　断线法更换元器件

(3)拆焊后重新焊接时应注意的问题:拆焊后一般都要重新焊上元器件或导线,操作时应注意以下几个问题:

1）重新焊接的元器件引脚和导线的剪截长度、离底板或印制电路板的高度、弯折形状和方向，都应尽量保持与原来的一致，使电路的分布参数不致发生大的变化，以免使电路的性能受到影响，特别对于高频电子产品更要重视这一点。

2）印制电路板拆焊后，如果焊盘孔被堵塞，应先用"通针"在加热下，从铜箔面将孔穿通，再插进元器件引脚或导线进行重焊。特别是单面板，不能用元器件引脚从印制电路板面捅穿孔，这样很容易使焊盘铜箔与基板分离，甚至使铜箔断裂。

3）拆焊点重新焊好元器件或导线后，应将因拆焊需要而弯折、移动过的元器件恢复原状。

（4）贴片元器件的拆焊：贴片元器件拆卸一般采用电烙铁拆除，图2-13给出了小型片状器件的拆卸方法。在拆卸时，先用电烙铁在贴片器件的一端加热，待焊锡熔化后，用吸锡器将焊锡吸走，如图2-13（1）所示。若无吸锡器，也可采用金属编织带等吸锡材料将焊锡吸走，如图2-13（2）所示。然后再用电烙铁加热贴片器件另一端的同时，用镊子夹着器件并上提即可将贴片器件拆卸下来，如图2-13（3）所示。

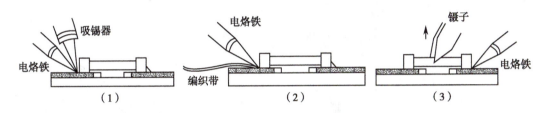

图 2-13　小型片状器件拆卸
（1）电烙铁和吸锡器配合使用；（2）电烙铁和吸锡材料配合使用；（3）片状器件拆除

图2-14给出了一种贴片集成电路的拆卸方法。拆卸时，先用小毛刷在焊点上刷涂助焊剂，去除氧化层，并给烙铁头上锡，使之能与焊点紧密接触，利用导热，加快熔化过程；将一根导线从贴片集成电路的一边引脚下面穿过；加热焊锡并同时向贴片集成元器件外侧拉动导线，拉导线时要有一个小的向上角度，从与镊子最近的引脚开始加热，当焊锡熔化时轻轻地向贴片集成元器件外侧拉动导线，同时向右逐脚移动烙铁。注意拉力不要过大，当焊锡熔化时再拉。不要在任何引脚上过分加热，加热第一个引脚所需的时间最长，当导线变热后其他引脚上的焊锡会快速熔化。当贴片集成元器件的一边完成后对贴片集成元器件的其他三边重复同样的操作过程。

ER-2-4

贴片元器件拆焊

有时为了方便拆卸，可以给电烙铁配上特殊的烙铁头，以使被拆元器件的所有焊点同时熔化，取下元器件。也可采用手持小型热风枪进行拆焊，即利用热空气来融化焊点。在这种拆焊过程中为了准确地控制引导热气流到焊盘和元器件引脚，还需要给风口与器件之间加上特殊的专用管嘴，避免影响邻近组件。热风枪还可以用于焊盘热风整平等。

在维修和维护医电产品过程中，会经常碰到贴片元器件的拆卸和贴装。但在动烙铁之前，要对贴片元器件进行分析，看器件否有特殊要求，如温度要求、装配方式要求等，焊接用的电烙铁要良好接地。同时要尽量减少元器件拆装次数，多次拆装必然会损伤元器件、焊盘、甚至印制电路板。

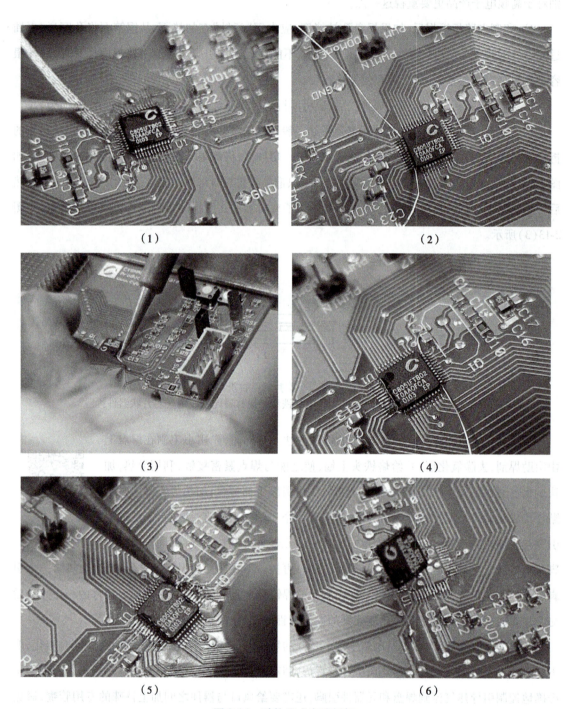

图 2-14　贴片集成电路拆卸

（1）烙铁配合吸锡材料；（2）将导线从引脚下面穿过；（3）加热焊锡同时拉导线；（4）第二边固定并等待加热；
（5）第二边接近完成；（6）贴片集成电路拆除

（四）自动组装及焊接技术

随着生产设备自动化程度越来越高,电子产品的组装技术也由原来的手工组装变为依托自动化设备来替代。目前电子产品的组装主要有两类工艺流程,一是贴片再流焊工艺,二是插装波峰焊工艺。

> **知识链接**
>
> 表面组装技术
>
> 表面组装技术是目前电子组装中最主流的一种技术和工艺。它是一种将无引脚或短引线表面组装元器件安装在印制电路板的表面,通过回流焊加以焊接组装的电路装连技术。

1. 贴片再流焊工艺 该工艺主要以表面组装技术为核心工艺,围绕贴片元器件展开,具体工艺流程大致包含焊锡膏印刷、元器件贴装、再流焊及各类检测(AOI 光学检测、X-ray 检测等)。

贴片再流焊之印刷　　　　　贴片再流焊之贴片　　　　　贴片再流焊之再流焊

2. 插装波峰焊工艺 该工艺主要以波峰焊为核心工艺,但还以分立元器件为主要生产对象,具体工艺流程大致包含卧式元器件插装、立式元器件插装、波峰焊接及检测。

立式元器件插装　　　　　　　　卧式元器件插装

（五）焊接质量检查

1. 焊点的技术要求 焊点质量的好坏直接影响整个产品的可靠工作和寿命长短。保证焊点质量最重要的一点就是避免虚焊,一个虚焊可能造成整个设备的失灵。

（1）虚焊的危害:虚焊主要是由待焊金属表面的氧化物和污垢造成的。虚焊使焊点成为有接触电阻的连接状态,导致电路工作不正常,出现连接时好时坏的不稳定现象。虚焊点的接触电阻会引起局部发热,局部温度升高又促使不完全接触的焊点情况进一步恶化,最终使焊点脱落,电路完全不能正常工作。因此,虚焊是电路可靠性的重大隐患,必须严格避免。

（2）焊点的技术要求:①可靠的电气连接。要求焊点内部焊料和焊件之间润湿良好,使电流能够可靠的通过;②足够的机械强度。要求焊点保证一定的抗拉性能,焊点的结构、焊接质量、焊料性能都对焊点的机械强度有很大的影响;③光洁整齐的外观。良好的焊点要求焊料用量恰到好处,表面光滑,有金属光泽,没有拉尖、桥接等现象,并且不伤及导线绝缘层及相邻元器件。

2. 典型焊点外观及检查

(1) 典型焊点的外观要求

图 2-15 给出了两种典型焊点的外观,其共同要求是:

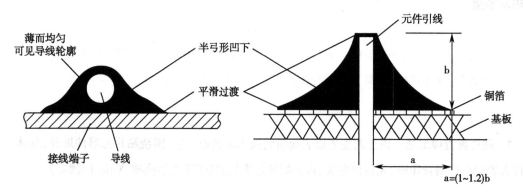

图 2-15 两种典型焊点的外观

1) 外形以焊接导线为中心,匀称,成裙形拉开;

2) 焊料的连接面呈半弓形凹面,焊料与焊件交界处平滑,接触角尽可能小;

3) 表面有金属光泽且平滑;

4) 无裂纹、针孔、夹渣。

(2) 焊点外观检查:所谓外观检查,除用目测(或借助放大镜、显微镜观测)焊点是否合乎上述标准外,还包括检查以下各点:

1) 漏焊;

2) 焊料拉尖;

3) 焊料引起导线间短路(桥接);

4) 导线及元器件绝缘的损伤;

5) 布线整形;

6) 焊料飞溅。

检查时除目测外还要用指触,镊子拨动,拉线等方法检查有无导线断线,焊盘剥离等缺陷。

(3) 通电检查:通电检查必须是在外观检查及连线检查无误后才可进行的工作,也是检验电路性能的关键步骤。如果不经过严格的外观检查,通电检查不仅困难较多而且有损坏设备仪器,造成安全事故的危险。通电检查可以发现许多微小的缺陷,例如用目测观察不到的电路桥接,但对于内部虚焊的隐患就不容易觉察。所以根本的问题还是要提高焊接操作的技艺水平,不能把问题留给检查工作去完成。表 2-7 列出了通电检查时可能的故障与焊接缺陷的关系。

(4) 常见焊点缺陷及质量分析:造成焊接缺陷的原因很多,在材料(焊料与助焊剂)与工具(烙铁、夹具)一定的情况下,采用什么方式方法操作是决定性的因素。表 2-8 列出了一些印制电路板焊点缺陷的外观特点、危害及产生原因。

表2-7 通电故障与焊接缺陷的对应关系

通电检查		原因分析
元器件损坏	失效	过热损坏
	性能降低	烙铁漏电
导通不良	短路	桥接、焊料飞溅、错焊、印制电路板短路等
	断路	焊点开焊、焊盘脱落、漏焊、印制电路板导线断、导线断、插座接触不良等
	时通时断	虚焊、松香焊、导线断丝、焊盘剥落等

表2-8 常见焊点缺陷及分析

焊点缺陷	外观特点	危害	原因分析
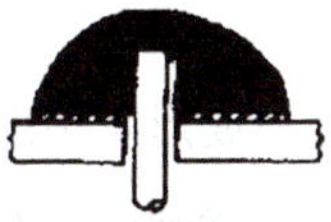 焊料过多	焊料面呈凸形	浪费焊料,且可能包藏缺陷	焊丝撤离过迟
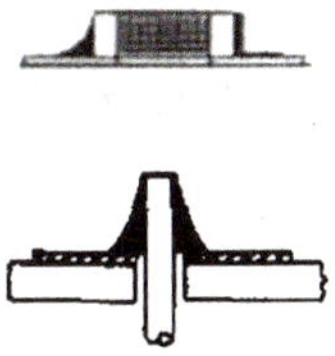 焊料过少	焊料未形成平滑面	机械强度不足	1. 焊丝撤离过早 2. 焊接时间太短
 松香焊	焊点中夹有松香渣	强度不足,导通不良,有可能时通时断	1. 加焊剂过多或已失效 2. 焊接时间不足,加热不足 3. 表面氧化膜未去除
 桥接	相邻导线搭接	电气短路	1. 焊锡过多 2. 烙铁撤离角度不当
 冷焊	表面呈豆腐渣状颗粒,有时可有裂纹	强度低,导电性不好	焊料未凝固时焊件抖动
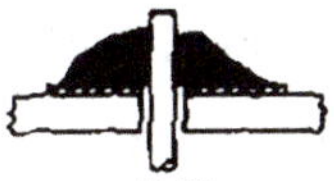 虚焊	焊料与焊件交界面接触角过大,不平滑	强度低,不通或时通时断	1. 焊件清理不干净 2. 助焊剂不足或质量差 3. 焊件未充分加热
 拉尖	出现尖端	外观不佳,容易造成桥接现象	1. 助焊剂过少而加热时间过长 2. 烙铁撤离角度不当
 松动	导线或元器件引线可移动	导通不良或不导通	1. 焊锡未凝固前引线移动造成空隙 2. 引线未处理好

（六）印制电路板组装工艺

印制电路板的组装在整个电子产品生产中处于核心地位,其质量对整机产品的影响非常大,所以掌握印制电路板组装的工艺流程是十分重要的。

1. 印制电路板和元器件的检查

（1）印制电路板的检查:主要包括图形、孔位及孔径是否符合图纸要求,是否有开断线、缺孔等,表面处理是否合格,有无污染或变质等。

（2）元器件的检查:主要包括品种、规格与外封装是否与图纸要求吻合,元器件引线有无氧化、锈蚀,电参数性能是否符合要求等。详细内容在第一节中有介绍,此处不再赘述。

对于要求较高的产品,还应注意操作时的条件,如手汗会影响锡焊性能;使用的工具碰上印制电路板会划伤铜箔;橡胶板中的硫化物会使金属变质等。

2. 元器件加工 元器件装配到印制电路板之前,一般都要进行加工处理,良好的成形及装配工艺不仅能使产品性能稳定、防振、减少损坏,而且还能达到产品内部整齐美观的效果。详细内容在第二节中也有介绍,可具体参考。

3. 元器件安装 电子元器件种类繁多,外形不同,引出线也多种多样。所以,印制电路板的安装方法也有差异,必须根据产品的结构特点、装配密度、产品的使用方法和要求来决定。

（1）元器件的安装方法

1）贴板安装:图2-16给出了元器件贴紧印制基板面且安装间隙小于1mm的安装方法。当元器件为金属外壳,安装面又有印制导线时,应加垫绝缘衬垫或绝缘套管。该方法适用于防振要求高的产品,稳定性好,插装简单,但不利于散热,且对某些安装位置不适应。

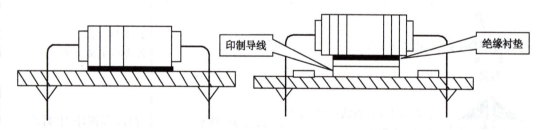

图2-16 贴板安装形式

2）悬空安装:图2-17出了元器件距印制板面有一定高度且安装距离一般在3~8mm范围内的安装方法。该方法适应范围广,有利于散热,但插装较复杂,需控制一定高度以保持美观一致。

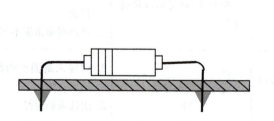
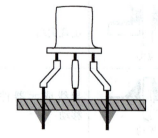

图2-17 悬空安装形式

3）垂直安装：图 2-18 给出了元器件垂直于印制基板面的安装方法。该方法适用于安装密度较高的场合,但对重量大且引线较细的元器件不宜采用这种形式。

4）埋头安装：图 2-19 给出了元器件的壳体埋于印制基板的嵌入孔内的安装方法,因此又称为嵌入式安装。该方法可提高元器件防振能力,降低安装高度。

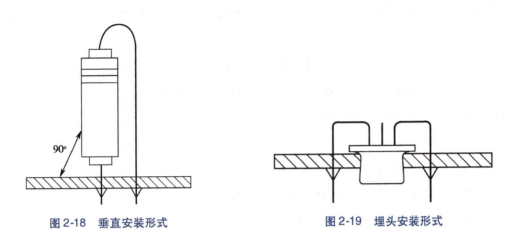

图 2-18　垂直安装形式　　　　　　　图 2-19　埋头安装形式

5）有高度限制时的安装：图 2-20 给出了垂直插入后,再朝水平方向弯曲的安装方法。对于大型元器件为了保证足够的机械强度,以经得起振动和冲击,常采用该方法。

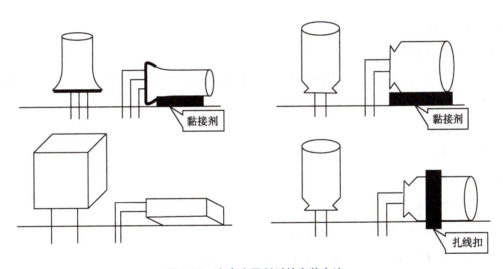

图 2-20　有高度限制时的安装方法

6）支架固定安装：图 2-21 给出了用金属支架在印制基板上将元器件固定的安装方法。该方法适用于重量较大的元器件,如小型继电器、变压器、扼流圈等。

7）功率器件的安装：由于功率器件的发热量高,在安装时需加散热器。如果器件自身能支持散热器重量,可采用立式安装,如果不能则采用卧式安装。

（2）元器件安装的技术要求

1）元器件的标志方向应按照图纸规定的要求,安装后能看清元器件上的标志。若装配图上没有指明方向,则应使标记向外易于辨认,并按从左到右、从下到上的顺序读出;

2）元器件的极性不得装错,安装前应套上相应的套管;

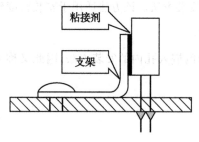

图2-21 支架固定安装形式

3）安装高度应符合规定要求，同一规格的元器件应尽量安装在同一高度上；

4）安装顺序一般为先低后高，先轻后重，先易后难，先一般元器件后特殊元器件；

5）要根据元器件所消耗的功率大小充分考虑散热问题，工作时发热的元器件安装时不宜紧贴在印制板上，这样不但有利于元器件的散热，同时热量也不易传到印制板上，延长了电路板的使用寿命，较大的元器件的安装应采取绑扎、黏固等措施；

6）元器件在印制电路板上的分布应尽量均匀、疏密一致，排列整齐美观。不允许斜排、立体交叉和重叠排列；

7）元器件外壳和引线不得相碰，要保证1mm左右的安全间隙，无法避免时，应套绝缘套管；

8）元器件的引线直径与印制电路板焊盘孔径有0.2～0.4mm的合理间隙；

9）MOS集成电路的安装应在等电位工作台上进行，以免产生静电损坏器件。

四、任务实施

（一）手工焊接实训

1. 材料与工具

（1）焊锡丝及松香若干；

（2）印制电路练习板（空板无器件）、多参数监护仪实验系统印制电路板、元器件（直插和贴片）及导线若干；

（3）电烙铁；

（4）万用表。

2. 任务步骤

（1）电烙铁检测

1）检查电源插头，电源线和电烙铁外观；

2）用万用表检查电烙铁外壳金属部分是否有效接至保护地线。

（2）电烙铁、焊料和助焊剂的认识

1）将电烙铁的温度设在300～360℃之间；

2）烙铁头蘸上松香，观察状态；

3）用电烙铁熔化一小块焊锡，观察液态焊锡形态；

4）在液态焊锡上熔化少量松香，观察变化。

（3）用印制电路练习板练习手工焊接，注意烙铁头的清洁、烙铁头的形状、加热时间和焊锡量的控制。

（4）在熟练掌握手工焊接技能的基础上，焊接多参数监护仪实验系统的心电板、血压板、血氧板。

（二）焊接质量检查

将实训中焊好的印制电路板进行质量检查,根据焊点的外观(如光滑性)和元器件的安装效果给出评价分析。

（三）手工拆焊实训

1. 材料与工具

（1）焊锡丝及松香若干;

（2）焊有元器件的印制电路练习板若干;

（3）电烙铁;

（4）热风拆焊台;

（5）镊子和拆焊用"通针"。

2. 任务步骤

（1）在印制电路练习板上用电烙铁拆焊两只引脚的元器件;

（2）在印制电路练习板上用电烙铁和"通针"配合,拆焊多引脚元器件;

（3）在印制电路练习板上用热风拆焊台拆卸集成电路或贴片器件。

点滴积累 ╲╱

1. 医电产品装配需要掌握焊接的基本原理、焊接条件、焊接操作要领等,掌握常见分立元件和贴片元件的焊接方法及质量判断标准。

2. 印制电路板组装工艺是生产前重要的准备工作,是后期装配工作的指导性文件,要学会独立编排印制电路板组装工艺及方法。

第四节　任务四：电路板清洗

一、任务导入

造成印制电路板污染的是一些特定的污垢,主要来源于组装工艺过程,特别是焊接工艺过程,如使用的助焊剂残留物,焊剂与焊料的反应副产物,胶黏剂、润滑油等残留,易造成电路板绝缘性变差和接触不良等故障,也是造成印制电路板腐蚀和引起焊点、导体松动的原因。通过对电路板的清洗,熟悉焊接后的这一重要工序。

二、任务分析

印制电路板清洗的过程就是残留物的溶解过程。由于印制电路板是由耐腐蚀性差的金属和耐溶剂性差的塑料制成,所以清洗时要避免使用强酸、强碱和部分有机溶剂。

三、相关知识与技能

（一）清洗方法

1. 手工擦洗法是一种最简单的清洗方法，一般用毛刷和浸有甲苯、丙酮、无水乙醇等有机溶剂的棉球，在印制线路板表面刷、擦，去除助焊剂残留物。该方法效率较低，易造成印制电路板损坏，污染严重，只适用印制电路板返修工艺清洗。

2. 水洗法鉴于对环境的保护，水洗工艺较多被采用。清除有机酸或松香焊剂，极性和非极性污染物，都可以采用水洗法。水洗工艺又分为纯水清洗和水中加皂化剂两种方法，该清洗工艺对水质的纯度要求较高。也可采用半水流工艺，不同之处在于加入的清洗剂是可分离的，在采用该方法的清洗过程中，清洗剂与水形成乳化状态，清洗后的废液经放置后，清洗中添加的成分会从水中分离出来，之后可继续重复使用。

3. 溶液浸泡法是将要清洗的印制线路板放入冷热混合的溶液中浸泡，以此来达到清除表面助焊剂残余杂质的目的。它主要是通过溶液与印制线路板表面的污染物及助焊剂残余在浸泡过程中发生化学反应，以溶解的方式来达到清洗印制电路板表面的目的，选用不同的溶液来浸泡可以达到清除不同类型表面污染物的效果。单纯溶液浸泡法的清洗效果和效率比较低，所以在浸泡的同时往往辅加提高溶液温度、超声波、搅拌、循环或过滤等物理措施。

4. 喷淋清洗法可分成旋转式和输送链式两类。喷淋清洗主要是采用中、高压喷淋泵对清洗液增压，将低速的清洗液转换为高速束流冲擦清洗表面，从而达到清洗的目的，一般印制电路板清洗压力选择范围 50 ~ 300kPa。该清洗工艺相对简单，适用批量定型印制电路板清洗。

5. 超声波清洗法是印制电路板清洗中广泛应用的一种技术，该方法清洗效果好，操作简单，对于高密度复杂印制电路板也能清洗，并且对清洗表面没有损伤或只引起轻微损伤，对环境污染小，成本低，所以下面重点介绍超声波清洗法。

（1）超声波清洗原理：超声波清洗机是通过超声波发生器将高于 20kHz 频率的振荡信号进行电功率放大后经超声波换能器的逆压电效应转换成高频机械振动能量，通过清洗介质中的声辐射，使清洗液分子振动并产生无数微小气泡。这就是超声波清洗中的"空化效应"。"空化效应"作用的表现在：

1）存在于液体中的微气泡在声场的作用下振动，当声压达到一定值时，气泡迅速增长，然后突然闭合，在气泡闭合时产生冲击波，在其周围产生上千个大气压力，破坏不溶性污物而使它们分散于清洗液中。

2）空化对污层的直接反复冲击，一方面破坏污物与清洗件表面的吸附，另一方面也会引起污物层的破坏而脱离。

3）气体型气泡的振动能对固体表面进行擦洗，污层一旦有缝可钻，气泡还能"钻入"裂缝中作振动，使污层脱落。

4）对于油污包裹住的固体粒子，由于超声空化作用，两种液体在界面迅速分散而乳化。当固体粒子被油污裹着而黏附在清洗件表面时，油被乳化，固体粒子即脱离。

超声波清洗机就是基于"空化效应"的基本原理工作的,由于超声波的频率很高,在液体中所产生的空化作用可以达到 28 000 次/秒,几乎可以说是不断地在进行。在液体中由于空化现象所产生的气泡数量众多且无所不在,因此对于焊件的清洗可以非常彻底,即使是形状复杂的焊件内部,只要能够接触到溶液,就可以得到彻底的清洗。又因为每个气泡的体积非常微小,因此虽然它们的破裂能量很高,但对于焊件和液体来说,不会产生机械破坏和明显的温升。

超声波清洗主要是利用超声波在媒介流体中产生的空穴破裂时释放的能量来清洗印制线路板焊剂残杂物。当产生的空穴距离附着污物表面很近时,单个空穴的冲击波的能量是清除材料表面助焊剂黏附粒子的重要因素,并且空穴产生距离污物越近清洗效果越好,并且频率增大时,边界层将缩小,这样能量可以距离印制电路板表面间隙更近,更易清除助焊剂粒子。超声波清洗机实物外形如图 2-22 所示。

图 2-22 超声波清洗机实物外形

(2)超声波清洗的特点

1)洗得干净彻底:通过显微观察可以看到,被洗物表面的凹坑以及螺纹的根部均能洗得干干净净。

2)速度快:与浸泡式清洗相比可以提高工效 10 ~ 20 倍,与喷淋式清洗相比可以提高工效 20% ~ 50%。

3)没有死角:与喷淋式清洗相比,它没有清洗死角,因此更适用于内外结构复杂,微观不平,有狭缝,小孔,拐角,元器件密集的工件。

4)焊件不会变形和飞散:与喷淋式清洗相比,用于薄板工件和微小工件也不会变形飞散。

5)适应多种工艺:可以用于除油,去污,除锈,除氧化皮等多种工艺。

6)适用材质广:适用于钢、铸铁、不锈钢、铜、铝、玻璃、电路板、电子和光学元器件等各种零部件。

(二)相关要求

1. 常用清洗液都是易燃物品,使用时应注意防火。

2. 不论采用何种清洗方法,都要求对焊点无腐蚀作用,不能损坏焊点,不能移动电路板上的元器件及连接导线,如为清洗方便需要移动时,清洗后应及时复原。

四、任务实施

（一）超声波清洗演示

1. **频率设定**　印制电路板的清洗需采用较高频率,频率设定在 33～66kHz 之间。

2. **功率和时间确定**　由具体情况,通过实验来确定,功率不能太大,清洗时间不能太长。

3. **超声强度设定**　清洗印制电路板时,超声强度可低些。

4. **清洗溶剂用量**　清洗溶剂需超过清洗槽容积的 2/3。

5. **印制电路板的放置方式**

（1）印制电路板总的横截面积不应超过清洗槽横截面积的 70%。

（2）印制电路板不得触及槽底,可用不锈钢篮子悬挂在清洗槽内,印制电路板底部距清洗槽底部距离约 5cm 左右最好。

（3）印制电路板之间最好保持适当间隔,5cm 左右最好,以获得最佳清洗效果。印制电路板与清洗槽的槽壁最好保持约 1cm。

6. **取出**　装有印制电路板的清洗篮在放入和取出清洗槽时,最好动作缓慢,不要过分扰动清洗溶剂。

（二）清洗过程实训

1. **材料与设备**

（1）需清洗的焊接完心电板、血压板、血氧板等印制电路板若干。

（2）超声波清洗机及清洗溶剂。

2. **任务步骤**

（1）印制电路板焊接完成后,将其完全浸泡在清洗溶剂中约 5 分钟。

（2）在超声波清洗机中放入适量清洗溶剂,然后打开电源,超声振动 5～15 分钟,以排除清洗溶剂内内陷的气体。

（3）将浸泡后的印制电路板放入清洗篮内,缓慢放入清洗槽内,超声清洗 5 分钟,频率选择 50kHz,输出功率小于 30W/L。

（4）取出印制电路板,观察清洗结果,视其清洁状况再超声清洗约 1～5 分钟。

（5）缓慢取出清洗篮,漂洗后室温自然晾干。

点滴积累　∨

1. 印制电路板组装后出现一定的污染,因此需要对其进行清洗,清洗前要能根据清洗对象的不同选择正确的清洗方式。

2. 超声波清洗技术具有无死角、速度快及彻底等优势,需要重点学习并掌握其使用方法。

项目小结

一、学习内容

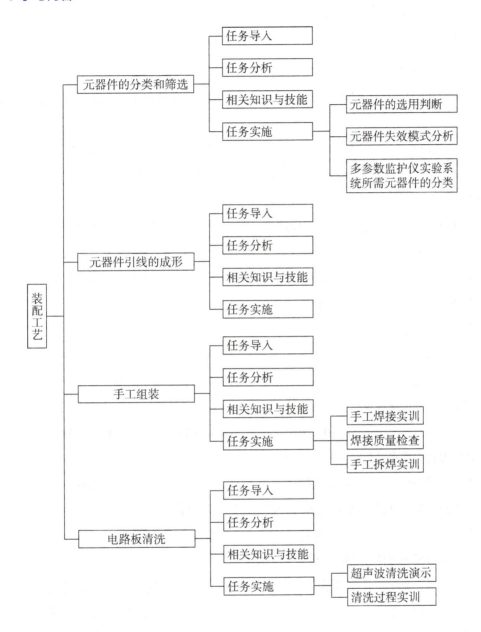

二、学习方法体会

1. 装配工艺的掌握需从技术规范要求和操作工序两方面入手,重在领会要点,实操中提高技能。难点在元器件的选用和筛选,需要一定的知识和实践积累,灵活运用到具体的应用中。

2. 医电产品手工组装技术的掌握需要从焊接知识和印制电路板组装工艺两方面入手,主要是熟悉通孔和表面贴装手工焊接的基本方法,培养医电产品组装的职业能力。

3. 必须熟练掌握焊接操作技巧,对焊接的特点、机理、基本条件要掌握清楚,对焊接的操作要领要认真掌握,并反复实操练习,熟能生巧。

4. 学会正确使用焊接工具及掌握安全操作规程和注意事项,对影响焊接质量的因素要完全了解,保证组装产品的质量。

5. 医电产品组装之后需要对所安装的产品进行清洗,要掌握相关清洗方法和相关要求以及操作注意事项。

目标检测

一、单项选择题

1. 装配前必须对所使用的电子元器件进行相关分类,同时依据工艺文件进行元器件的检验和( )

    A. 引线成形　　　　B. 筛选　　　　　　C. 测试　　　　　　D. 搪锡

2. 预焊就是将要锡焊的元器件( )或导电的焊接部位预先用焊锡润湿

    A. 引线　　　　　　B. 整体　　　　　　C. 有关部位　　　　D. 部分

3. 焊接前应清洁工件的接头,并在焊接头上涂上( ),为焊接处能被焊料充分润湿创造条件

    A. 助焊剂　　　　　B. 焊料　　　　　　C. 锡和铅　　　　　D. 锡和铜

4. ( )是手工焊接的基本工具,它的种类有外热式、内热式和恒温式的

    A. 镊子　　　　　　B. 焊料　　　　　　C. 焊接机　　　　　D. 电烙铁

5. 良好的焊点是( )

    A. 焊点大　　　　　　　　　　　　　B. 焊点小

    C. 焊点平滑　　　　　　　　　　　　D. 焊点适中形成合金

6. 焊接时间一般掌握在( )

    A. 5~10s　　　　　B. 10~20s　　　　C. 15~20s　　　　D. 2~4s

7. 悬空安装的优点是( )

    A. 插装简单　　　　B. 利于散热　　　　C. 利于防振　　　　D. 适用于大的元器件

8. 对于短接线、三极管、电阻、电容等元器件插装时先插装( )

    A. 电阻　　　　　　B. 三极管　　　　　C. 电容　　　　　　D. 短接线

9. 印制电路板元器件插装应遵循( )的原则

    A. 先大后小、先轻后重、先高后低　　B. 先小后大、先重后轻、先高后低

    C. 先小后大、先轻后重、先低后高　　D. 先大后小、先重后轻、先高后低

10. 根据工艺要求进行元器件的分类,不仅可以避免元器件装错,而且还能提高( )的速度和质量

    A. 整机装配　　　　B. 整机调整　　　　C. 整机测试　　　　D. 整机检验

11. 印制电路板元器件的安装依据不包括( )

    A. 产品的结构特点　　　　　　　　　B. 产品的装配密度

    C. 产品的使用方法和要求　　　　　　D. 产品的性能指标

12. 对于焊点之间距离较近的多脚元器件拆焊时采用( )

    A. 集中拆焊法　　　　　　　　　　　B. 分点拆焊法

C. 拆一半再拆一半　　　　　　　　　D. 用烙铁撬

13. 目前国内使用的元器件筛选方法中,不包括(　　　)

    A. 外观检查　　　　B. 高温寿命　　　　C. 电参数测试　　　　D. 绝缘测试

14. 焊接时烙铁头的温度一般在(　　　)

    A. 600℃左右　　　　　　　　　　B. 300℃左右

    C. 800℃左右　　　　　　　　　　D. 200℃左右

15. 虚焊是由于焊锡与被焊金属(　　　)造成的

    A. 没形成合金层　　　　　　　　　B. 形成合金层

    C. 焊料过多　　　　　　　　　　　D. 加热时间过长

二、简答题

1. 以实际焊接操作过程为例,说明手工焊接五步操作法基本步骤?

2. 写出六种以上手工焊接常见的缺陷及原因分析?

3. 结合生产实际需要,简述印制电路板的清洗方法?

三、实例分析

1. 以多参数监护仪实验系统印制电路板为例,编制该印制电路板元器件安装技术要求。

2. 发现印制电路板出现焊接缺陷,需要拆除,请给出不同类型元器件的解决方案。

项目二习题

项目三

医电产品整机装配

项目三PPT

项目目标

学习目的

通过学习整机装配工艺、整机装配的技术要求和装配图的识别、以多参数监护仪为代表的典型医电产品的装配工艺流程，培养进行医电产品整机装配的相关技能。 为后续章节如医电产品整机调试和检验，同时也为医电设备装配技能的提高奠定基础。

知识要求

1. 掌握医电产品整机装配工艺所包括的装配内容、装配特点与方法、装配要求以及整机装配的工艺流程、多参数监护仪的装配方法；

2. 熟悉整机装配图的识读方法；

3. 了解医电产品装配过程中的技术要求。

能力要求

1. 熟练应用相关的装配工艺的理论知识，按照装配的工艺流程进行组装操作；

2. 熟练掌握通过相关工具和设备，将单元电路组装成多参数监护仪整机；

3. 学会以合理的结构安排和工艺实现，有效地制造出稳定可靠的医电产品。

第一节　整机装配工艺

医电产品的整机装配是指将组成整机的各零部件、组件，经过单元调试、检验合格后，按照设计要求进行装配、连接，再经过整机调试、检验形成一个合格产品的过程，简称总装。整机装配的连接方式有两种：一种是可拆卸分解的方式，即拆卸时操作方便，不易损坏零部件，如通过螺接、销接、卡扣等连接；另一种是不可拆卸的连接方式，即拆卸会损坏零部件或材料，如通过粘接的连接。总装就是把半成品装配成合格产品的过程，是医电产品生产过程中的一个极为重要的环节。

总装过程要根据整机的结构情况、生产规模和工艺装备等，采用合理的装配工艺，使产品在功能、技术指标等方面满足设计要求。医电产品的总装主要包括电气装配和机械装配两个部分。电气装配是从电气性能要求出发，根据元器件和部件的布局，通过引线将它们连接起来；机械装配是根据产品设计的技术要求，将零部件按位置精度、表面配合精度和运动精度装合起来。本章主要介绍医电产品的电气装配。

一、整机装配的工艺原则

整机装配的一般原则是先轻后重、先小后大、先铆后装、先装后焊、先里后外、先下后上、先低后高、易损坏后装、上道工序不影响下道工序,注意前后工序的衔接,以便于操作。

医电产品的整机装配是严格按照设计要求,将各个零部件(如各元器件、印制电路板、连接线、面板、机箱等)按照设计要求,安装在不同的位置上,在结构上组合成一个整体,在完成各部分之间的电气连接后,形成一个具有一定功能的整机,以便进行整机调试、检验和测试等。

(一) 整机装配的顺序

医电产品的整机装配需要经过多道工序,安装顺序是否合理直接影响到整机的装配质量、生产效率和劳动强度。

按组装级别来分,整机组装按元件级、插件级、插箱板级和箱、柜级顺序进行,如图 3-1 所示。元件级组装是指电路元器件和集成电路的组装,是组装中的最低级别,其特点是结构不可分割;插件级组装是指组装和互连装有元器件的印制电路板或插件板等;插箱板级组装是用于安装互连的插件或印制电路板部件;箱、柜级组装是通过电缆及连接器互连插件和插箱,并通过电源电缆送电构成独立的有一定功能的电子仪器、设备和系统。

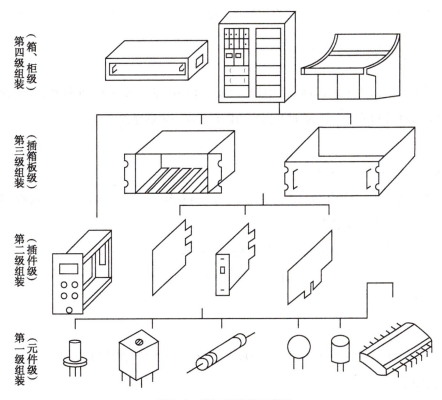

图 3-1　整机组装级示意图

(二) 整机装配的基本要求

1. 总装的有关零部件或组件必须经过调试、检验,检验合格的装配件必须保持清洁。

2. 总装过程要应用合理的安装工艺,用经济、高效、先进的装配技术,使产品达到预期的效果。

3. 严格遵守总装的顺序要求,注意前后工序的衔接。

4. 总装过程中,不损伤元器件和零部件,不破坏整机的绝缘性,保证产品的电性能稳定以及足够的机械强度和稳定度。

5. 小型机大批量生产的产品,其总装在流水线上安排的工位进行。

6. 严格执行自检、互检与专职调试检验的"三检"原则。

(三) 产品接线工艺要求

导线在整机电路中是起到信号和电能传输的作用,接线合理与否对整机性能影响较大。如果接线不符合工艺要求,轻则影响信号的传输质量,重则会使整机无法正常工作,甚至会发生整机毁坏。所以,总装接线应满足以下要求:

1. 接线要整齐、美观。在电气性能允许的情况下,对低频、低增益的同向接线尽量平行靠拢,使分散的接线整齐靠拢形成线束,减小布线面积。

2. 接线的放置要安全、可靠和稳固。

3. 连接线要避开整机内锋利的锐角、毛边,以防被破坏后漏电或短路。

4. 交流电源应采用绞合布线,以减小对外界干扰。

5. 整机内导线敷设要避开元器件密集区,为检修提供方便。

6. 传输信号线尽量采用屏蔽线,防止信号对外界产生干扰,或外界对信号产生影响。

二、整机装配的特点及方法

医电产品的组装在电气上是以印制电路板为支撑主体的电子元器件的电路连接,在结构上是以组成产品的钣金硬件和模型壳体,通过紧固件由内到外按一定顺序的安装。

(一) 整机装配的主要特点

1. 组装工作是由多种基本技术构成的。

2. 在多种情况下,组装操作难以进行量的分析,如焊接质量的好坏通常以目测判断,刻度盘、旋钮等的装配质量多以手感鉴定等。

3. 进行组装工作的人员必须进行训练和挑选,不可随便上岗。

组装在生产过程中要占去大量时间,对于给定的应用和生产条件,应研究几种可能的方案,并在其中选取最佳方案。

(二) 整机装配的主要方法

1. **功能法**　这种方法是将产品的一部分放在一个完整的结构部件内,该部件能完成变换或形成信号的局部任务。

2. **组件法**　这种方法是制造出一些外形尺寸和安装尺寸上都统一的部件,这时不强调部件的功能完整性。

3. **功能组件法**　兼顾功能法和组件法的特点,制造出既有功能完整性又有规范化的结构尺寸的组件,如插件式多参数监护仪的装配。

三、整机装配的工艺流程

整机装配的工艺流程为整机的装接工序安排,就是以设计文件为依据,按照工艺文件的工艺规程和具体要求,把各种电子元器件、机电元件及结构件装联在印制电路板、机壳、面板等指定位置上,构成具有一定功能的完整的电子产品的过程。

整机装配的工艺流程根据产品的复杂程度、产量大小等方面的不同而有所区别。但总体来看,有组装准备、部件组装、整机调试、整机检验、包装入库等几个环节,如图 3-2 所示。

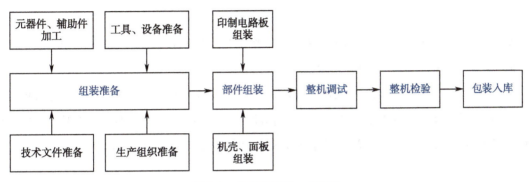

图 3-2 整机装配的工艺流程

四、整机装配的质量检查

质量检查是保证产品质量的重要手段。医电产品整机装配完成后,应按照配套的工艺和技术文件的要求进行质量检查。检查遵循"三检"原则,即先自检,再互检,最后由专职检验人员检验。具体来讲,整机质量检查包括外观检查、装联的正确性检查、安全性检查等。

(一)外观检查

装配好的整机应该有可靠的总体结构和牢固的机箱外壳;整机表面无损伤,涂层无划痕、脱落,金属结构无开裂、脱焊现象,导线无损伤、元器件安装牢固且符合产品设计文件的规定;整机的活动部分活动自如;机内无多余物。

(二)装联的正确性检查

装联的正确性检查主要是指对整机电气性能方面的检查。检查的内容包括各装配件(印制电路板、电气连接线)是否安装正确,是否符合电原理图和接线图的要求,导电性能是否良好等。

(三)安全性检查

安全性检查主要有两个方面,即绝缘电阻和绝缘强度。

(1)绝缘电阻的检查:整机的绝缘电阻是指电路的导电部分与整机外壳之间的电阻值。在相对湿度不大于80%、温度为250℃±50℃的条件下,绝缘电阻应不小于10MΩ;在相对湿度为25%±5%、温度为250℃±50℃的条件下,绝缘电阻应不小于2MΩ。一般使用兆欧表测量整机的绝缘电阻。

(2)绝缘强度的检查:整机的绝缘强度是指电路的导电部分与外壳之间所能承受的外加电压的大小。一般要求电子设备的耐压应大于电子设备最高工作电压的两倍以上。

绝　缘　强　度

　　电力设备的绝缘强度用击穿电压表示；而绝缘材料的绝缘强度则用平均击穿电场强度，简称击穿场强来表示。击穿场强是指在规定的试验条件下，发生击穿的电压除以施加电压的两电极之间的距离。绝缘强度通常以试验来确定。

五、装配图

　　整机装配时须使用各种装配图，装配图是设计者对产品性能、技术要求等以图形语言表达的一种方式，是指导操作、组织生产、确保质量、提高效益、安全生产的文件。

　　装配图是用规定的"工程语言"描述电路装配的内容、表达工程设计思想、指导生产过程的工程图，它用各种图形、符号及记号表示相关的规则、标准，用连线表示导线所形成的具有特定功能或用途的电子电路，同时包含电路组成、元器件型号参数、具备的功能和性能指标等。

装配图的作用

　　在产品或部件的设计过程中，一般是先设计画出装配图，然后再根据装配图进行零件设计，画出零件图；在产品或部件的制造过程中，先根据零件图进行零件加工和检验，再按照依据装配图所制定的装配工艺规程将零件装配成机器或部件；在产品或部件的使用、维护及维修过程中，也经常要通过装配图来了解产品或部件的工作原理及构造。

（一）装配图的基本要求

　　1. 根据国家标准《电气简图用图形符号（GB/T 4728.1~13）》的规定，在研制电路、设计产品、绘制装配图时要注意元器件图形、符号等符合规范要求，使用国家规定的标准图形、符号、标志及代号。

　　2. 装配图主要描述元器件、部件和各部分电路之间的电气连接及相互关系，应力求简化。

　　3. 随着集成电路以及微组装混合电路等技术的发展，传统的象形符号已不足以表达其结构与功能，象征符号被大量采用。

（二）装配图的种类

　　根据产品设计、研制及小批量生产中所必需的图纸及说明，通常的电子产品整套产品图纸组成如表3-1所示，医电产品也不例外。其中，方框图、电路原理图和逻辑图主要表明工作原理，而接线图（表）、装配图主要表明工艺内容。除此之外，还有与产品设计相关的机壳图、底板图、面板图、元器件材料表和说明书等。

表 3-1 医电产品整套产品图纸

		方框图
原理图	功能图	电路原理图
	电气原理图	
	逻辑图	
	说明书	
	明细表	结构件表
		元器件材料表
工艺图	印制电路板图	
	装配图	印制电路板装配图
		实物装配图
		安装图
	布线图	接线图
		接线表
	机壳、底板图	
	面板图	机械加工图
		制板图

其中,装配图包括印制电路板装配图、实物装配图和安装图,以提供各种元器件和结构件与印制板、印制板与系统连接关系的图样,用于指导电路板焊接和整机装配。

点滴积累 ∨

1. 整机的装配顺序按元件级,插件级,插箱板级和箱、柜级顺序进行。

2. 整机装配的主要方法包括功能法、组件法和功能组件法。

3. 整机装配的质量检查遵循"三检"原则,即先自检,再互检,最后由专职检验人员检验。

4. 装配图是设计者对产品性能、技术要求等以图形语言表达的一种方式。

第二节 任务:多参数监护仪装配实例

一、任务导入

装配工作是产品制造过程中的重要工序,装配工作的好坏,对产品的质量起着决定性的作用。根据多参数监护仪的装配工艺,以多参数监护仪实验系统为装配对象,按照技术要求的规定,将合格的零部件以各种形式连接起来,成为组件、部件,最终装配成一台整机。这在很大程度上有益于产品维修维护能力的提高。

二、任务分析

(一) 多参数监护仪

多参数监护仪的核心功能模块为五参数模块,先对其进行部件装配,再进行主机的总装,包括主机连接部分、开关电源、监护仪后盖和整体安装。

这里介绍的装配任务是已完成印制电路板的组件及装配,在此基础上进行各部件的组装,进而完成多参数监护仪的整机装配。

(二) 多参数监护仪实验系统

多参数监护仪实验系统可分为主箱体、显示部分、心电板、血压板、血氧板、按键板(含主控制器)、电气连接部分等。

在印制电路板的基础上进行显示、电源、接口、主控单元等部件组装,进而完成多参数监护仪实验系统的整机装配。

三、相关知识与技能

(一) 装配前的准备工作

1. 研究和熟悉产品装配图及有关的技术资料,了解产品的结构,各零部件的作用,相互关系及连接方法。

2. 确定装配方法。

3. 确定装配顺序。

4. 准备装配时所需的工具。

5. 对照装配图清点原材料。

6. 对某些零部件进行必要的加工和清理。

(二) 装配工艺规程

规定产品或零部件装配工艺过程和操作方法等的工艺文件,称为装配工艺规程。执行工艺规程,能使生产有条理地进行;能合理使用劳动资源和设备,降低成本;能提高产品质量和劳动效率。

装配工艺规程是装配工作的指导性文件,是进行装配工作的依据,它必须具备下列内容:

①规定所有的零部件装配顺序;

②对所有的装配单元和零部件规定出最佳的装配方法;

③划分工序,决定工序内容;

④决定必需的工时定额;

⑤选择完成装配工作所必需的工具及设备;

⑥确定验收方法和装配技术条件。

(三) 装配流程

1. **部件装配** 是指根据设计图纸将一个部分的所有零部件装配成一体,成为一个完整结构的功能模块的过程。

按照组装工序先部件,后总装的原则,以多参数监护仪的装配为例,首先介绍五参数模块的装配。部件装配前首先填写表3-2,记录部件装配的对象。

表 3-2 部件装配名称

适用产品	货品编码	品名规格
X-X 型	XX	五参数模块

(1) 装配工具和设备确认:准备剪刀、镊子、大"一"字和"十"字螺丝刀、电烙铁、热熔胶枪、万用表等。

(2) 料单确认:确定表3-3所示需要的材料,并向仓库提出领用申请。

表 3-3 五参数模块装配物料需求

序号	货品编码	品名规格	数量	单位
1	XX-XX	气泵气阀	1	套
2	XX-XX	气管	43	cm
3	XX-XX	外机壳及配件	1	套
4	XX-XX	气阀连接线	1	套
5	XX-XX	LED 连接线	1	套
6	XX-XX	体温连接线	1	套
7	XX-XX	血氧连接线	1	套
8	XX-XX	心电连接线	1	套
9	XX-XX	电源线	1	套
10	XX-XX	插件式监护仪五参数模块指示灯板	1	块
11	XX-XX	金属血压头	1	个
12	XX-XX	五参数转接板	1	块
13	XX-XX	插件式监护仪五参数板	1	套
14	XX-XX	紧固件	若干	个

(3) 装配步骤:先检查相关外壳及配件外观是否符合要求,根据组装工艺要求,装配步骤如图3-3所示。

1) 制作气管连接管,并在血压板上安装气泵及气阀,气泵的方向与气阀的方向一致,方向确定后用扎带将其固定,将气管连接管套入气泵和气阀中。将五参数板与已安装了连接立柱的转接板连接在一起。

2) 将体温插座固定在指示灯线路板上,如图3-4所示。

3) 将已经焊接好的血氧连接线固定在模块的前面板上,如图3-5所示。

4）心电连接线固定在模块的前面板上，然后安装血压插座，如图 3-6 所示。

5）安装五参数指示灯板，如图 3-7 所示。

6）体温插座、血氧插座、心电插座、血压插座、气阀连接线分别与五参数控制板相应接插件连接，LED 连接线、通讯线、电源线分别与五参数转接板相应接插件连接。将五参数模块前面板与五参数控制板一起装入外机壳中，如图 3-8 所示。

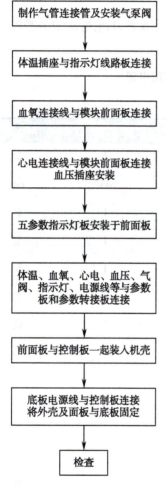

图 3-3　五参数模块装配步骤

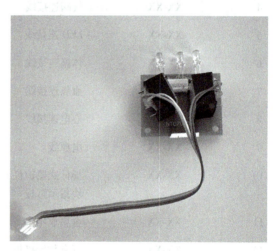

图 3-4　体温插座与指示灯线路板连接

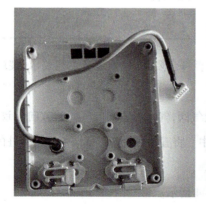

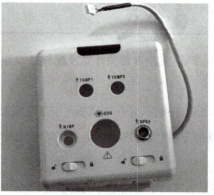

图 3-5　血氧连接线与模块前面板连接

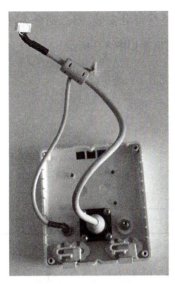

图 3-6 心电连接线与模块前面板连接

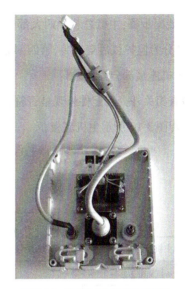

图 3-7 安装五参数指示灯板

7）将五参数底板的电源线连接在五参数的控制板上，并将底板与控制板固定好。用不锈钢长螺杆将外壳及面板与底板固定好，同时安装透明窗。

8）检查是否安装完好，装好外壳。自检合格后，完成装配。

2. 总装配 是指将组件、部件连接成一台整体设备的过程。下面进行多参数监护仪主机总装配。

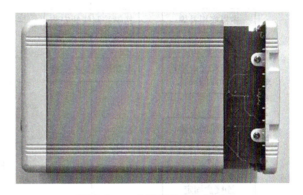

图 3-8 五参数模块装入机壳

（1）装配工具确认：准备尖嘴钳、剪刀、镊子、大"一"字和"十"字螺丝刀、电烙铁等。

（2）料单确认：确定表 3-4 所示需要的材料，并向仓库提出领用申请。

表 3-4 多参数监护仪主机总装配物料需求

序号	货品编码	品名规格	数量	单位
1	XX-XX	220V 开关电源	1	块
2	XX-XX	上外机壳	1	个
3	XX-XX	下外机壳	1	个
4	XX-XX	后盖及连接线	1	套
5	XX-XX	开关按键及连接线	1	套
6	XX-XX	滚轮键及连接线	1	套
7	XX-XX	网口及通讯线	1	套
8	XX-XX	VGA 接头及连接线	1	套
9	XX-XX	电源控制线	1	根
10	XX-XX	插件式模块主机部分连接盒	1	个
11	XX-XX	模块式用框架电源电极	4	个
12	XX-XX	监护仪主机底板	1	块
13	XX-XX	插件式监护仪主板	1	块
14	XX-XX	插件式监护仪按键板	1	块

（3）装配步骤：主机总装分四大部分，第一部分为主机连接部分安装，第二部分为开关电源安装，第三部分为监护仪后盖安装，第四部分为整体安装。装配步骤如图3-9所示。

　1）主机连接部分安装

①检查相关外壳及配件外观是否符合要求；

②补焊图3-10所示主机底板；

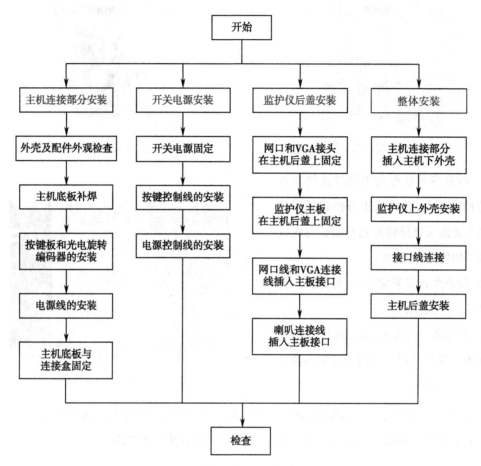

图3-9　监护仪主机总装装配步骤

图3-10　主机底板

③将插件式监护仪按键板和光电旋转编码器安装在连接盒上，按键板固定。安装完毕后，按一下相关按键是否灵活。光电旋转编码器用配套螺丝进行固定，并用旋钮连接线将按键板和光电旋转

编码器连接起来,如图 3-11 所示;

④在连接盒外壳上安装模块式多参数电源电极,共有四对电极孔位置。把主机底板安装固定在连接盒上,如图 3-12 所示。

2）开关电源安装

①固定 220V 开关电源,并将开关按键控制线插在开关电源的接口处,如图 3-13 所示;

②将电源控制线固定在监护仪主机下外壳上,如图 3-14 所示。

图 3-11　多参数监护仪按键板安装

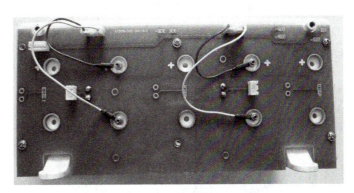

图 3-12　主机底板与连接盒固定

图 3-13　开关电源和按键控制线

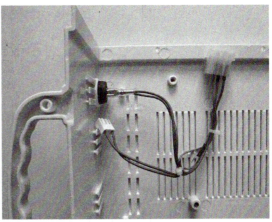

图 3-14　电源控制线的安装

3）监护仪后盖安装:将网口和 VGA 接头、监护仪主板固定在监护仪主机后盖上,并将网口线和 VGA 连接线分别插入主板上的相应接口处,同时将喇叭连接线插入主板接口处。具体连接如图 3-15 所示。

4）整体安装:将组装好的主机连接部分插入监护仪主机下外壳上,并将其固定好,如图 3-16 所示。

安装监护仪的上外壳。将连接盒上的线路板接口和主板上的接口用五参数通讯线连接起来,将开关按键连接线分别插入主板上的"POWER"端口和"KEY"端口。装配主机后盖,整机效果图如图 3-17 所示。

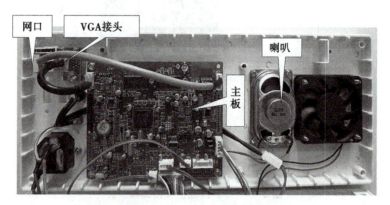

图 3-15　监护仪主板接口连接

图 3-16　主机连接部分与下外壳连接

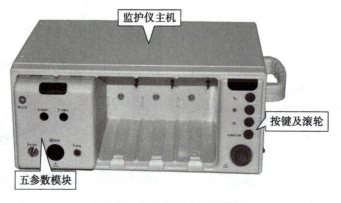

图 3-17　装配好的主机效果图

5）整机通电自检,检测数据是否正确。

四、任务实施

1. **多参数监护仪实验系统装配前的准备**

（1）准备装配工具。

（2）按照材料清单领取物料。

2. **多参数监护仪实验系统装配工艺流程** 多参数监护仪实验系统的具体装配流程如图3-18所示。完成准备工作后,先进行液晶、电源和 ARM 板的安装,再完成心电、血压、血氧、按键等印制电路板的装配。

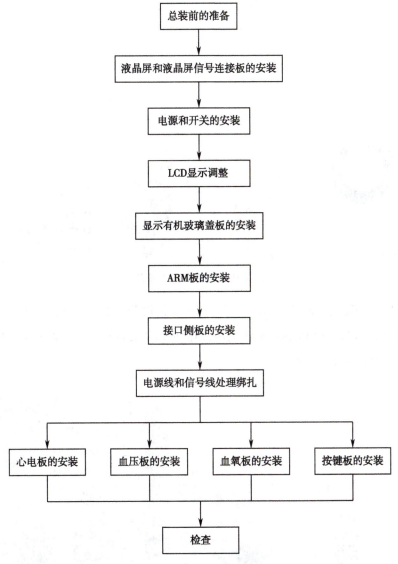

图3-18 多参数监护仪实验系统整机装配的工艺流程

3. **多参数监护仪实验系统装配步骤**

（1）安装固定液晶屏和液晶屏信号连接板:如图3-19所示,将液晶屏按孔位用螺丝固定,并将三块液晶屏信号连接板安装在指定位置。

（2）安装电源和开关：如图 3-20 所示，将电源插口和开关分别安装在指定位置，并将医用开关电源模块固定在箱体底板上。

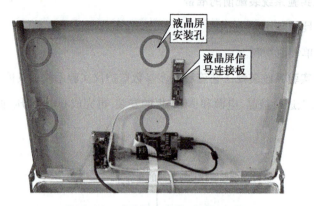

图 3-19　液晶屏和信号连接板安装

 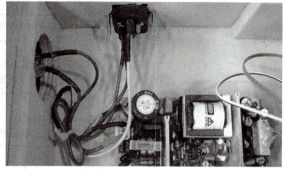

图 3-20　电源和开关安装

按照图 3-21 上的连接方式将电源连接线一端插在医用开关电源的接插口上。开关电源是将 220V 交流电压变换为 12V 和 5V 两种输出电压，即图中箭头方向由上往下的六个插针定义依次是 +5V、−5V、GND、GND、+12V、−12V。

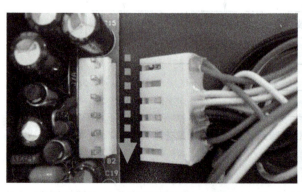 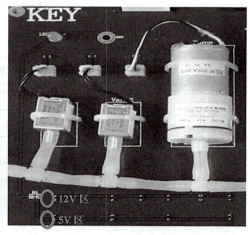

图 3-21　医用开关电源输出接线　　　　　　　图 3-22　5V 和 12V 电压接线

按照输出定义取出电源连接线另一端中+5V和+12V两种电压,分别接到按键板上的12V区底部插口和5V区底部插口,如图3-22所示。

(3) 液晶屏显示调整:电源安装完毕后,给液晶屏通电并安装液晶调试板。显示调整完毕后取下液晶调试板,合上上箱体的有机玻璃盖板,完成上箱体的安装。

(4) 安装ARM板:将ARM板固定在按键板上。

(5) 安装心电、体温、血压、血氧接口侧板,并整理连接线。

(6) 安装心电板:如图3-23所示有四个连接端口,焊接在电路板的背面。体温探头和心电电极接口连接到侧板,串口线连接到ARM板,电源口连接到按键板。

(7) 安装血压板:如图3-24所示有五个连接端口,焊接在电路板的背面。气泵连接到按键板的气泵插口上(注意正负),两个气阀分别连接到按键板的气阀插口上,串口线连接到ARM板,电源口连接到按键板。

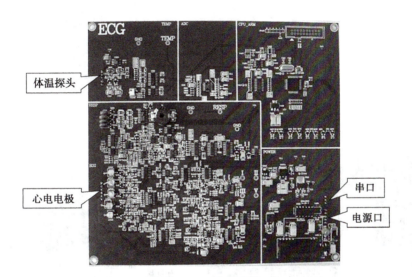

图 3-23 心电板安装

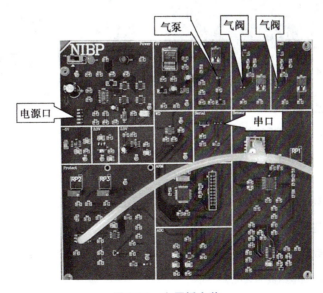

图 3-24 血压板安装

（8）安装血氧板：如图 3-25 所示有三个连接端口，焊接在电路板的背面。血氧探头接口连接到侧板，串口线连接到 ARM 板，电源口连接到按键板。

（9）安装按键板：如图 3-26 所示。

（10）整机装配完成，如图 3-27 所示。通电自检，检测数据是否正确。

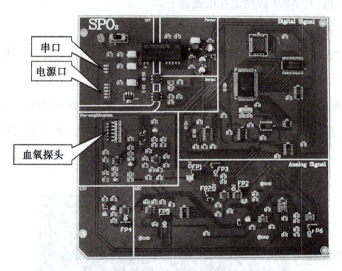

图 3-25　血氧板安装

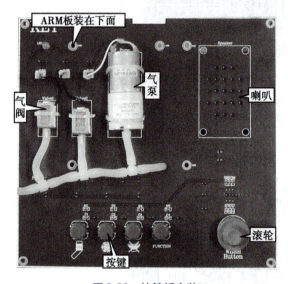

图 3-26　按键板安装

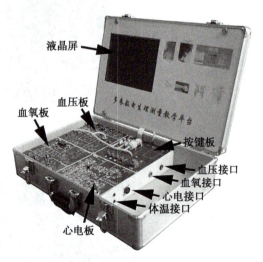

图 3-27　装配完成后的多参数监护仪实验系统

点滴积累 ∨

1. 多参数监护仪的主机总装分四大部分：主机连接部分安装，开关电源安装，监护仪后盖安装，整体安装。

2. 多参数监护仪实验系统先进行液晶、电源和 ARM 板的安装，再完成心电、血压、血氧、按键等印制电路板的装配。

项目小结

一、学习内容

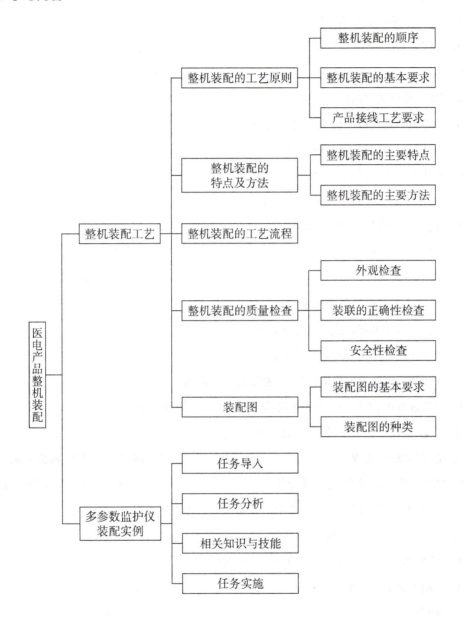

二、学习方法体会

医电产品整机装配技术的掌握需要从整机装配工艺和装配图识图两方面入手,主要是熟悉部件和整机的装配工艺。同时要对所组装产品的特点有详细的了解,掌握整机的构成,诸如整机中有哪些装配前需提前组装完成的部件,以及整机安装的顺序、安装的技术条件等。

若条件允许,可参观医电产品生产线,了解医电产品装配的工艺过程。

目标检测

一、单项选择题

1. 下列不属于整机装配的原则是(　　)
   A. 先轻后重　　　　　　　　　　　B. 先小后大
   C. 先里后外　　　　　　　　　　　D. 先上后下

2. 下列关于整机装配的顺序正确的是(　　)
   A. 元件级→插件级→插箱板级→箱、柜级
   B. 箱、柜级→插箱板级→插件级→元件级
   C. 元件级→插箱板级→插件级→箱、柜级
   D. 箱、柜级→插件级→插箱板级→元件级

3. 下列属于元件级组装的特点是(　　)
   A. 通过电缆连接　　　　　　　　　B. 组装电路板
   C. 互连插件　　　　　　　　　　　D. 结构不可分割

4. 以下关于整机装配的基本要求说法错误的是(　　)
   A. 总装的有关零部件或组件必须经过调试、检验
   B. 总装过程要应用合理的安装工艺
   C. 总装的顺序要求不严格,只需注意前后工序的衔接
   D. 总装过程中,不损伤元器件和零部件,不破坏整机的绝缘性

5. 关于产品接线工艺要求说法错误的是(　　)
   A. 接线要整齐、美观　　　　　　　B. 接线要尽量短,减少衰减
   C. 接线的放置要安全、可靠和稳固　D. 传输信号线尽量采用屏蔽线

6. 一般要求电子设备的耐压应大于电子设备最高工作电压的(　　)倍以上
   A. 2　　　　　　B. 3　　　　　　C. 4　　　　　　D. 5

7. 下列装配图中主要表明工艺内容的图纸的是(　　)
   A. 印制电路板装配图　　　　　　　B. 逻辑图
   C. 方框图　　　　　　　　　　　　D. 电路图

8. 下列关于装配图的基本要求说法错误的是(　　)
   A. 绘制装配图时要注意元器件图形、符号等符合规范要求
   B. 装配图主要描述元器件、部件和各部分电路之间的电气连接及相互关系
   C. 为描述清楚相关连接关系,装配图应力求详细
   D. 装配图中象征符号被大量采用

9. 下列整机装配的连接方式中不属于可拆卸分解的方式是(　　)
   A. 螺接　　　　　　　　　　　　　B. 销接
   C. 卡扣　　　　　　　　　　　　　D. 粘接

10. 医电产品的总装主要包括(　　)

    A. 结构装配、机械装配　　　　　　　　B. 电气装配、机械装配

    C. 机械装配、整机装配　　　　　　　　D. 电气装配、整机装配

11. "三检"原则不包括(　　)

    A. 年检　　　　　　　　　　　　　　　B. 自检

    C. 互检　　　　　　　　　　　　　　　D. 专职调试检验

12. 整机装配的主要方法不包括(　　)

    A. 功能法　　　　　　　　　　　　　　B. 组件法

    C. 插件法　　　　　　　　　　　　　　D. 功能组件法

13. 整机质量检查不包括(　　)

    A. 外观检查　　　　　　　　　　　　　B. 功能检查

    C. 装联的正确性检查　　　　　　　　　D. 安全性检查

14. 下列图纸中属于工艺图的有(　　)

    A. 电路原理图、制板图　　　　　　　　B. 接线图、制板图

    C. 电路原理图、逻辑图　　　　　　　　D. 制板图、逻辑图

15. 整机质量检查的安全性检查主要包括(　　)

    A. 电气性能检查　　　　　　　　　　　B. 导电性能是否良好

    C. 绝缘强度的检查　　　　　　　　　　D. 绝缘电阻和绝缘强度的检查

二、简答题

1. 什么是装配图？装配图有哪些要求和种类？

2. 举例说明整机装配前的准备工作有哪些？

3. 举例说明医电产品整机组装的工艺原则、特点及方法。

三、实例分析

1. 以多参数监护仪实验系统的装配为例,编制相关的装配流程、装配内容、装配要求、装配方法等工艺文件。

2. 以多参数监护仪为例,简单分析装配过程中的注意事项。

项目三习题

项目四

医电产品整机调试

项目目标 ∨

学习目的

通过学习调试的含义和目的、调试环境的搭建、调试内容与测试方案拟定、调试的工艺流程、故障排除的基本方法、呼吸机的故障分析、多参数监护仪的整机调试，掌握典型医电产品调试的关键工艺，同时通过典型电生理测量电路的调试演练，培养调试操作和排故技能。为后续章节如医电产品整机检验的学习奠定基础，也为医用设备整机制造、技术支持、维修维护等岗位的技能提高打下基础。

知识要求

1. 掌握医电产品整机调试工艺所包括的调试方案拟定、调试前的准备工作、调试的工艺流程，以及多参数监护仪各组成部分调试；
2. 熟悉常用调试设备的组成及其使用方法；
3. 了解调试中常见故障产生原因和排除故障方法。

能力要求

1. 熟练应用医电产品调试的理论知识，按照工艺流程进行调试操作；
2. 熟练掌握通过相关的仪器设备，对多参数监护仪中需要调整的元器件和电路属性进行调试，使其能够满足设计要求的技能；
3. 学会调试环境的搭建，医电产品整机调试的程序和方法，以及常见故障的排除。

第一节　调试目的及需要的基本技能

一、调试的含义和目的

由于元器件参数的分散性、分布参数的影响、装配工艺的影响、干扰等因素的影响，使得装配完毕的医电产品不能达到预期的使用要求，需要通过调整和测试来发现、纠正、弥补生产装配中的错误和不足，使其达到设计文件所规定的技术指标和功能，这就是医电产品的调试。

从广义上讲，电子产品的调试包括调整和测试两部分，可分为单元电路调试和整机调试，其含义是按照有关技术文件和工艺规程，对原材料、元器件、零部件、整机进行调整，确保电子产品符合设计指标和要求，这些概念同样适用于医电产品。

知识链接

调整、测试、单元电路、整机调试的定义

调整是对电路参数而言，即对电路中的可调元器件、机械部分等做必要的调整，使之达到设计的指标和功能要求。

测试是对装配的检查和设计的验收，工艺缺陷可在测试中发现并改进完善。

单元电路调试是对具有一定功能的单块印制板或局部电路进行初步调试，使其达到相应的技术指标。

整机调试是使各单元电路的电气性能更合理的衔接，确保整机技术指标达到设计要求。

医电产品调试的目的是使产品的性能指标达到预定要求，它是对产品中的部件、元器件或单元电路的工作状态测试、分析、调整、再测试的反复过程。同时，调试还能发现产品设计和工艺及原材料缺陷与不足等问题。所以，调试工作是保证并实现产品功能和质量的重要工序，直接决定了医电产品整机的质量。

所要调试的产品对象有多种，复杂程度也不同。首先是新设计的系统，由于没有在实际应用中接受一定的考验，在设计上可能还有不完善的地方，调试难度最大；其次是旧设备的维修，需要利用相关的调试方法确定故障点，通过改变参数或更换器件使系统性能恢复到正常状态，调试难度居中；最后是定型的产品生产，由于电路和结构设计已经过试验验证，元器件和焊接质量有保证，调试相对简单，本章将以此为技能训练的重点，通过可操作性的实例介绍调试的工艺流程和基本技能。

二、识图技能

识图技能的掌握是调试正常进行的基础，只有根据电路原理图、印制板图、产品安装图等技术资料，才能按照调试工艺连接、调整、测试电路。

（一）医电产品整机电路原理图的识读

对整机电路原理图的识读，是对医电产品电路结构和信号处理原理的了解。只有读懂了电路原理图，才能掌握产品原理，了解整机性能指标和测试条件，为调试操作打下理论基础。

（二）电路原理图中元器件和电路符号的识别

电路原理图中只是原理性的介绍，具体产品中要由相应的元器件来实现，所以需要在电路原理图中的电路符号和实际产品中的元器件之间进行比较识别，如图4-1所示。

（三）电路板元器件和印制板焊点的对应识别

在调试中需要对元器件进行测量，承载元器件的载体是印制板，通过附着于元器件之间的焊点和覆铜导线，实现电量传递。通过印制板上的丝印层信息，可识别出元器件的位置，找到对应焊点，确定元器件之间的连接关系,以进行测试。

图 4-2 给出了脑电信号测量电路放大板元器件和印制板焊点之间对应关系的示意。

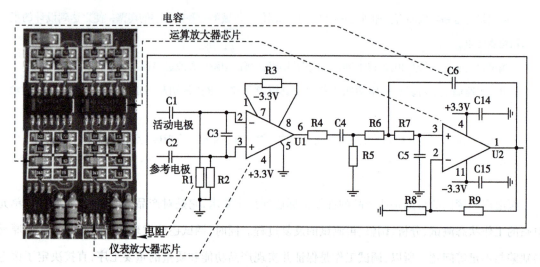

图 4-1　电路符号和元器件之间的对应

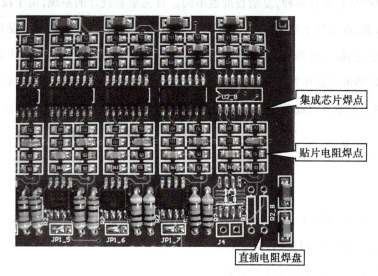

图 4-2　脑电信号测量电路板元器件和印制板焊点之间的对应

(四) 典型电路单元功能的掌握

在掌握单个元器件识别技能的基础上,还应了解医电产品中典型电路单元的功能,如电源电路单元、前置放大电路单元、滤波电路单元、A/D 及数字电路单元等,熟悉和了解这些重要电路单元的功能结构和工作原理,为学习电路单元的调试技能打下基础,如图 4-3 所示为脑电信号测量电路放大板的原理框图及单元电路图。

脑电放大板由前置差分放大电路、时间常数电路、有源低通滤波电路和多路开关组成,如图 4-3 (1) 所示。

前置差分放大电路如图 4-3(2)所示。在一般信号放大的应用中,通常只需通过差动放大电路

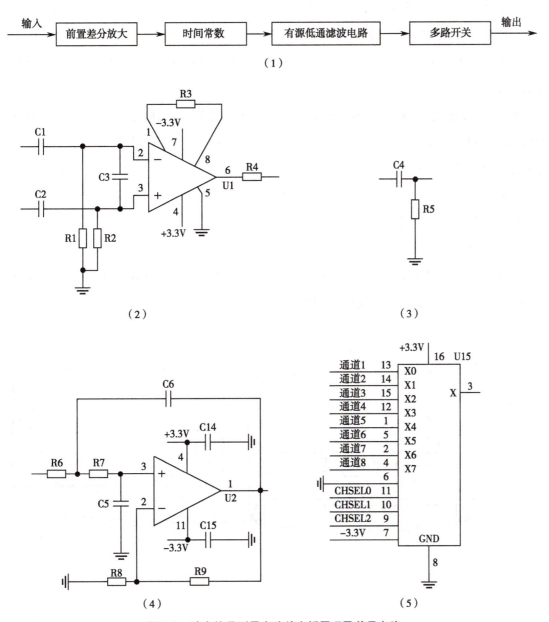

图 4-3　脑电信号测量电路放大板原理及单元电路

（1）脑电放大板原理；（2）前置差分放大电路；（3）时间常数电路；（4）滤波放大电路；（5）通道切换电路

即可满足需求，然而基本的差动放大电路精密度较差，且差动放大电路变更放大增益时，必须调整两个电阻，影响整个信号放大精确度的原因就更加复杂。仪表放大电路则无上述的缺点，且具有抑制高共模电压的能力，广泛应用于医用仪器领域，如此处采用的 AD620 电路。一般而言，只需外接一电阻即可调整所需的放大倍数，即 1、8 脚跨接的电阻 R_3 用来调整放大倍率；4、7 脚需提供正负相等的工作电压，由 2、3 脚输入的放大的电压即可从脚 6 输出放大后的电压值；脚 5 则是参考基准，如果接地则脚 6 的输出即为相对于地的电压。AD620 的放大增益关系如式（4-1）所示，可推算出各种增益所要使用的电阻值 R_3。

$$G = \frac{49.4\text{k}\Omega}{R_3} + 1 \tag{4-1}$$

在测量过程中,极化电压是缓慢变化的,表现为很低频的噪声信号。消除极化电压最常用的方法就是使用隔直电容,即时间常数电路,如图4-3(3)所示。时间常数是决定充放电进行快慢的一个重要物理量,通常为阻容电路,即 $\tau = RC$,τ 等于充电电压 U 以起始点的充电速度等速地充到稳态值所需的时间。

滤波放大是脑电放大板的核心部分,采用二阶低通滤波器原理(同相输入),通过一片运算放大器实现四级八阶放大滤波,图4-3(4)给出了其中一级的滤波电路。滤数阶数越高,则通带和阻带的分界越陡,因而滤波效果越好。

通道切换采用多路开关实现多导脑电信号的切换,其中多路开关芯片通过三条控制线实现八路信号切换,如图4-3(5)所示。

(五) 医电产品安装图的识读

在进行医电产品调试时,参照电路原理图,需要清楚整机安装图中各种连接线的作用,如导联线、电源线、软排线等,如图4-4所示为脑电图仪整机安装图。

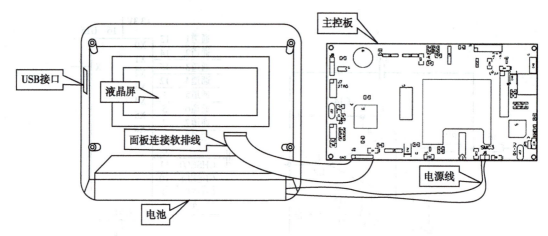

图4-4　脑电图仪整机安装图

三、调试操作技能

调试是一项需要很强的动手能力的工序,操作技能包括调试设备的使用及连接、常用元器件和信号的测量、单元电路调试、整机调试等。

ER-4-1

脑电图仪整机安装图

(一) 调试设备的使用及连接

在调试过程中,需要熟悉各种测量设备的性能和使用环境,并能够根据医电产品的特点选择合适的测量设备,进行连接和使用操作。如图4-5所示为一个医电产品调试工作台的基本配置。

图4-5 医电产品调试中常用的设备

（二）信号的测量

信号的测量是指对电路中某些元器件的电压、电流和信号波形进行检测，检测后通过与设计文件的正常值比较来判断是否正常。如果检测的电压或波形与设计值不符，则说明可能有故障。

ER-4-2

医电产品调试环境

（三）单元电路的调试

医电产品的单元电路一般由各种分立器件和集成电路组成，能够完成电生理信号的采集和处理，多个单元电路可构成具有某种功能的产品。

1. 单元电路基本的调试项目 在印制板焊接质量检查后，进入调试程序。为了满足匹配的需要，有些元器件在印制板组装中并未焊接在相应位置，主要是电阻、电容等器件，这些调整器件需要在调试中焊接，并要测量对应位置信号输出的准确性，主要是测试频率、幅度和时限等是否在规定误差范围内。由于电生理信号比较微弱，差模放大倍数、幅频特性、共模抑制比、精度校准等指标是医电产品调试的重点。

2. 单元电路的调试方法

（1）静态调试：主要是调整各级电路无输入信号时的工作状态，测量其直流工作电压或电流是否符合设计要求。

（2）测试点电量和波形的检测及调整：单元电路连入信号输入设备，进行电量和波形的测试，主要是测量电量值有无偏差，波形有无失真等。

（3）电路幅频特性的测试及调整：单元电路接入幅度恒定信号，测试电路的输出电压幅度与输入信号频率的变化关系，看是否满足指标要求。

（4）单元电路的综合测试：对于一些大型医电产品流水线上的生产，单元电路经上述关键项目的调试后，还应进行性能指标的综合测试，以保证单元电路的质量。

（四）整机调试

整机调试是在各单元电路调整测试合格后进行的操作，也是调试阶段的最后一道工序。

知识链接

医电产品机械部分

调试过程中，除了电路板可调器件的调整外，有些医电产品还有机械部分，如图4-6所示的传动机构。这部分的安装调试也非常重要，需要对其进行调整，以达到最佳工作状态。

图4-6　药剂设备的传动机械部分

四、调试中的注意事项

医电产品调试过程中要接触到各种调试设备和供电设备，为了保证人身安全和调试的效果，必须严格遵守操作规程和工艺要求，提高调试结果的正确性。

（一）调试的安全措施

1. **调试环境的安全措施**　调试环境要保持适当的温度和湿度，场地周围不应有振动和电磁干扰。调试工作台应铺设绝缘橡胶垫，使调试人员与地绝缘。调试场地应备有不会腐蚀仪器设备且适用于灭电气火灾的消防设备。

2. **供电设备的安全措施**　调试场地内安装漏电保护开关和过载保护装置，所用电气材料不允许有裸露的带电导体，其工作电压和电流不能超过额定值，同时注意调试人员与带电部分的隔离。

3. **调试设备的安全措施**　调试设备外壳易接触部分不应带电，电源线应采用三芯插头。带有风扇的设备，如通电后风扇有故障，应停止使用。信号源和稳压电源在工作时，其输出端不能短路。输出端所接负载不能长时间过载。对于示波器等指示类仪器，其输入信号的幅度不能超过其量程。

4. **操作安全措施**　在接通被调试电路前，应检查其电路及连线有无短路等不正常现象。接通电源后，应观察电路有无冒烟、异常发热等情况。如有异常现象，应立即切断电源，查找故障原因。禁止调试人员带电操作，调试人员一般要佩戴防静电环或防静电手套。调试过程中至少两人在场，调试工作结束后,应关断相关设备电源。

（二） 调试前要熟悉各种仪器设备的使用方法

同时要注意仔细检查,避免由于调试设备使用不当或出现故障而做出错误判断。

（三） 正确使用调试仪器的接地端

凡是使用接地端接机壳的仪器进行测量,仪器的接地端应和电路接地端连接在一起,这样可建立一个公共参考点,保证测量结果的正确。

（四） 测量电压所用仪器的输入阻抗应远大于被测处的等效阻抗

若测量仪器的输入阻抗小,则在测量时会引起分流,给测量结果带来误差。

（五） 调试仪器的带宽应大于被测电路的带宽

这一点与放大器的幅频特性有关,否则调试结果将不能反映放大器的真实情况。

（六） 调试方法要方便可行

需要测量电路的电流时,尽可能测电压,这样可以不必改动被测电路,测量方便。例如,通过测取该支路上串联的电阻两端的电压,经过换算可知电流大小。

（七） 调试中要有严谨的作风和认真的态度

只有在查找和分析故障原因中,理论分析能力和动手操作能力才会提高。

点滴积累

1. 医电产品调试的目的是使产品的性能指标达到预定要求,它是对产品中的部件、元器件或单元电路的工作状态测试、分析、调整、再测试的反复过程。
2. 调试技能包括调试设备的使用及连接、常用元器件和信号的测量、单元电路调试、整机调试等。

第二节　调试环境的搭建

一、调试设备的选择

要完成医电产品的调试,需要一个由检测设备、供电设备、焊接设备、辅助设备等组成的调试设备系统。而调试设备的选择对调试质量有重要影响,为保证调试设备正常工作和调试结果的准确,在调试设备布置、连接和使用时应注意:

（一） 调试设备应满足计量和检测要求,设备的精度应高于测试所要求的精度。

（二） 调试设备量程的选择应满足测试精度的要求,一般要求选用的调试设备工作误差小于被测参数误差的10%以下。原则是根据被测参数的数值大小选择设备量程,例如选用数字式仪表的量程,应使其所指示的数字位数尽量等于被测值的有效数字位数。

（三） 应根据需要选用调试设备的测量范围和灵敏度,并符合被测参数的数值范围。例如,低频信号发生器的频率范围为20Hz～1MHz,输出信号幅度为几十毫伏至几伏;高频信号发生器的频率范围为$100kHz \sim 30MHz$,输出信号幅度为$1\mu V \sim 1V$。调试设备的频率响应也应符合被测电量的要求。例如,一般示波器的频响为直流至几十兆赫,超低频示波器可测量低于$0.1Hz$的信号,宽带示波器可测$100MHz$左右的信号,取样示波器可测$1000MHz$以上的信号。电生理测量仪器类产品应用对象多为低频信号,在调试时要根据电路的适用范围选择相应的信号源和检测设备。

（四）正确选择调试设备的输入阻抗,使设备接入电路后产生的测量误差在允许范围内,或不改变被测电路的工作状态,或对电路产生的测量误差极小。例如,测电压时应选择输入阻抗高的电压表,测电流时应选择内阻小的电流表。

（五）使用调试设备时应先选择好量程,调整好零点。测量时应先接地,后接信号,测完后按相反顺序取下,以免人体感应的影响。

（六）调试设备应按照下重、上轻的放置原则,整齐地放置在工作台上,常用的设备应放在便于观察和调节的位置上。所有调试设备应统一接地,并与被调电路的地线相连,以确保测试波形稳定,数据精确。

知识链接

精度、灵敏度、阻抗的定义

精度是指设备对测量结果区分程度的一种度量,用它可以表示出在相同条件下,用同一种方法多次测量所得数值的接近程度。

灵敏度是指输出变化量与引起它变化的输入变化量之比,当输入为单位输入量时,输出量的大小即为灵敏度的数值。当输入变化一定时,灵敏度高的设备对弱输入信号反应的能力强。

阻抗是电路或设备对交流电流的阻力,输入阻抗是在入口处测得的阻抗。如图4-7所示数字电压表输入阻抗的测量方法。

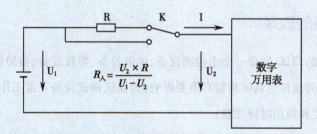

图4-7　数字电压表输入阻抗的测量

二、调试中设备的使用方法

在医电产品调试过程中会使用到检测设备、供电设备、焊接设备和辅助设备,通过这些设备可将单元电路和整机产品的性能调试到最佳状态。常用检测设备有万用表、示波器、信号发生器,供电设备的典型代表是稳压直流电源,焊接设备包括电烙铁、热风拆焊台,辅助设备包括程序烧写器、电生理测量仪器配件、防静电及测试工具、螺丝刀等手工组装工具、带灯放大镜等。

这些设备在调试中能否正确地使用是非常重要的,有些设备已在前面的章节中进行了相关的介绍,这里就不再详述。下面以调试脑电信号测量电路放大板为例,介绍一些基本的调试设备连接和使用方法。

(一) 检测设备的使用

1. **万用表** 万用表是用来检测电阻、电压、电流等值的测试仪表,常用万用表主要为指针式万用表和数字式万用表两种。指针式万用表是由表头指针指示测量的数值,响应速度快,内阻小,但测量精度低;数字式万用表是以数字显示测量的数值,具有读数直观方便,内阻大,测量精度高的特点,但其响应速度较慢。本节主要采用数字式万用表,如图 4-8 所示为台式数字万用表的实物外形。

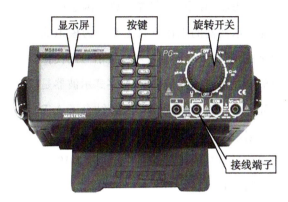

图 4-8 台式数字万用表的实物外形

此类万用表的前面板一般包括除电流测量外的"VΩHz"端子(用红色表笔连接)、公共输入端"COM"端子(用黑色表笔连接)、测量电流的"μA/mA"端子和"A"端子(用红色表笔连接)、挡位旋转开关、显示屏、按键等。

(1) 电阻/二极管测量:将旋转开关切换至"Ω"挡,红色、黑色测试线分别插入"VΩHz"端和"COM"端,按功能键选择测量模式。测量电阻时,将红色、黑色探头接到电阻两端,如图 4-9(1)所示。测量二极管时,将红色探头接二极管正极、黑色探头接二极管负极,如图 4-9(2)所示,显示屏将显示二极管的正向电压降。将旋转开关切换至"╂┣"挡,红色、黑色测试线分别插入"VΩHz"端和"COM"端,将红色、黑色探头接到电容两端,如图 4-9(3)所示。

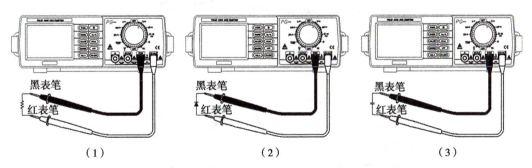

黑表笔 红表笔

(1)   (2)   (3)

图 4-9 万用表检测脑电测量电路板上电阻、二极管、电容的值
(1)电阻测量;(2)二极管测量;(3)电容测量

(2) 直流/交流电压测量:将旋转开关切换至"V∼"位置,红色、黑色测试线分别插入"VΩHz"端和"COM"端,从显示屏上读取测量值。测量直流/交流电流时,将旋转开关切换至"A∼"位置,红色测试线插入"A"端,黑色测试线插入"COM"端,按功能键选择交直流,关闭被测电路的电源,以串

联方式将红色探头和黑色探头接到被测电路,再打开被测电路电源。

除上述功能外,还可实现逻辑频率/占空比测量、温度测量等。

2. 示波器 示波器是用示波管显示信号波形的设备,常用于检测电子设备中的各种信号的波形,如电压波形、电流波形。可根据检测的波形形状、频率、周期等参数来测定电路的功能。示波器的工作方式主要分为模拟式和数字式,模拟示波器直接对连续信号用模拟电路的方式进行处理和显示;数字式示波器是以微处理器为核心实现多样功能,结合了 A/D 转换数据采集、波形保存和处理等技术。本节主要采用数字/模拟混合示波器,如图 4-10 所示的实物外形。

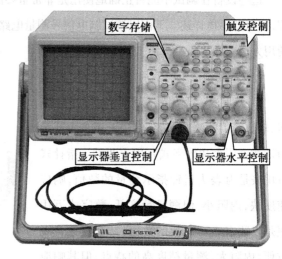

图 4-10 数字/模拟混合示波器的实物外形

此类示波器的前面板一般包括显示器控制、水平控制、垂直控制、触发控制、数字储存功能等。

(1) 示波器使用前的检查:在开机前有几个旋钮的位置要检查。例如水平位置调整钮和垂直位置调整钮置于中心位置,触发模式置于自动位置,触发信源选择内部,触发电平钮置于中间位置,如图 4-11 所示。

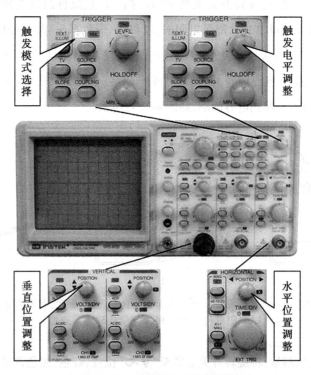

图 4-11 示波器使用前的设置

（2）示波器的校正：使用示波器检测信号之前，先使示波器进入测量准备状态。示波器开机后一段时间，屏幕上会出现一条水平亮线，这条线就是扫描线，此线可能处于任意位置。通过微调聚焦旋钮，可使扫描线清晰，如图 4-12 所示。

扫描线亮度调整后，将示波器的探头连接在校正信号输出端（CAL. 5V），这时示波器内部电路会产生一个标准信号，一般为频率 1kHz、幅度 $0.5V_{p-p}$ 的方波信号，连接方法如图 4-13 所示。

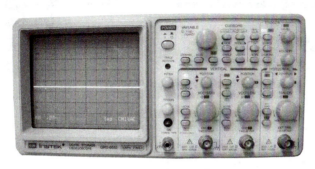

图 4-12　扫描线调整

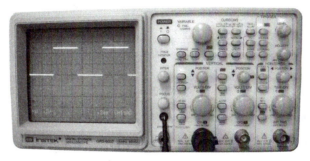

图 4-13　示波器方波输出

调整垂直位置调整旋钮使扫描线位于显示屏坐标轴的中心位置，再微调聚焦旋钮，使扫描线清晰，完成示波器的初始准备。

（3）用示波器检测信号：示波器调整完毕后，对电路板输出的脑电信号进行测试。将接地夹连接被测电路接地端，探头连接信号输出端，查看显示屏的波形是否正常，检测方法如图 4-14 所示，还可通过数字储存功能，保存波形以做分析用。若波形不正常，应检查相关被测电路或调整相关元器件，使其达到最佳状态。

3. **信号发生器**　信号发生器是在测试、研究、调整、测量电子电路的电参量时提供符合一定技术要求的电信号的仪器。医电产品中需要低频信号发生器、多参数信号模拟仪。

（1）低频信号发生器：低频信号发生器可以产生频率和幅度可调的正弦波和方波，可用于生物电放大器的测试分析，如差模放大倍数、幅频特性、共模抑制比等。其实物外形及脑电信号放大器调试用输出信号波形如图 4-15 所示。

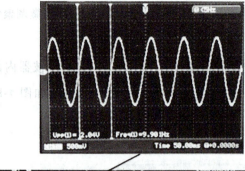

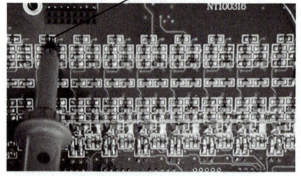

图 4-14　示波器对脑电信号的检测方法

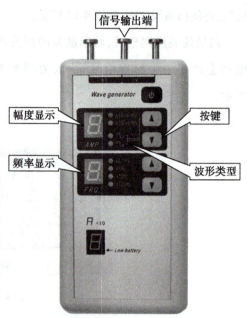

图 4-15　低频信号发生器的外形及输出
信号波形

知识链接

共模抑制比

　　共模抑制比（Common Mode Rejection Ratio，*CMRR*）是衡量诸如心电、脑电等生物电放大器对共模干扰抑制能力的一个重要指标。 生物电放大器的 *CMRR* 值一般要求为 60 ~80dB，高性能放大器的 *CMRR* 值达 100dB。 *CMRR* 的具体计算可由式（4-2）表示：

$$CMRR = \frac{A_d}{A_c} \tag{4-2}$$

　　A_d 为差模增益，A_c 为共模增益。 *CMRR* 主要由电路的对称程度决定，也是克服温度漂移的重要因素，为了提高 *CMRR*，电路须采用差动放大形式。

　　（2）多参数信号模拟仪：在调试多参数监护仪时，需要提供心电、血压、血氧等电生理信号的输入。多参数信号模拟仪可以模拟这些电生理信号，为各测量模块电路的主要性能指标提供定性和定量的测试。如图 4-16 所示为多参数信号模拟仪的实物外形。

　　多参数信号模拟仪是一个综合信号源，心电部分可以产生心电波、正弦波和方波信号，用来测试监护仪的心电部分性能；血压部分设置为高低压范围可调，用来测试监护仪血压测量部分的性能；血氧部分设置为血氧饱和度可调节，可以通过改变光强来模拟人手表皮的状况，用来测试人体的血氧饱和度。

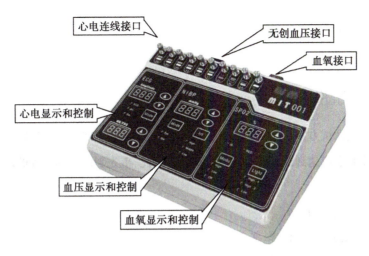

图 4-16 多参数信号模拟仪的外形

（二）供电设备的使用

供电设备的典型代表是稳压直流电源，稳压直流电源的作用是将交流电变换为直流电，并提供一定的功率输出，为电路调试做供电准备。如图 4-17 所示为多路稳压直流电源的实物外形。

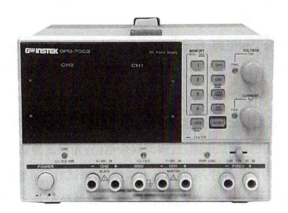

图 4-17 多路稳压直流电源的实物外形

此类电源可提供一到两组相同、独立、可调整的输出以及一些固定直流电压输出，以方便调试。

（三）焊接设备的使用

在脑电信号测量电路调试中，出现电路板上的元器件焊接不牢、引脚错位、缺少匹配元器件等情况，需要使用焊接设备进行补焊，重要设备是电烙铁和热风拆焊台。

点滴积累 ∨

1. 要完成医电产品的调试，需要一个由检测设备、供电设备、焊接设备、辅助设备等组成的调试设备系统。

2. 常用设备有万用表、示波器、信号发生器、稳压直流电源、电烙铁、热风拆焊台。

第三节　调试内容和方法

一、调试方案的拟定

如何正确地拟定调试方案,直接关系到医电产品的调试质量和效率,关系到各级电路和结构能否达到最佳的工作状态或达到预定的各项性能指标。因此,事先制定一套合理的调试方案是非常必要的。

(一)　调试方案的具体内容

一般情况下,调试方案的内容包括:

1. 明确调试目的、项目和条件要求。

2. 确定调试所需的设备和工具。

3. 确定调试的具体实施步骤,例如对单元电路或整机进行调整和测试的方法。测试完毕,可用封蜡、点漆等方法紧固元器件的调整部位。

4. 对故障和调试数据进行分析和处理,做好记录和总结。

5. 调试说明和调试工艺文件的编写。

(二)　调试方案拟定的一般原则

1. 首先必须熟悉整机的工作原理、技术条件及有关指标。如果不清楚技术条件及有关指标,调试方案的确定就无从下手。在调试说明中,一般均有调试电路的主要技术指标。

2. 简单的医电产品,在装配完毕之后,可直接进行整机调试。复杂的产品,调试一般从后级逐步到前级进行,一般要遵循:先调试单元电路,后调试整机;先调试内部器件,后调试外部部分;先调试机械部分,后调试电气部分;先调试电源,后调试其余电路;先调试静态指标,后调试动态指标;先调试独立部件,后调试相互影响的部件;先调试基本指标,后调试对质量影响较大的指标。

3. 调试的条件一般包括气候条件、测试房间的要求和设备的配置。一般的医电产品可以在正常气候下进行调试,有特殊规定的除外。有些电路调试应在屏蔽室内进行,以防止外界信号的干扰及整机本身对其他仪器的影响。

4. 调试用的设备是调试人员的耳目,配备必需的、具有一定精度的仪器,才能使整机的性能达到最佳。在熟悉设备性能及使用的基础上,根据产品所需测试的性能指标,确定调试所需的各种设备及工具。调试设备的选配原则是要考虑现有的能使用的设备、技术水平和调试精度。

5. 应编写好调试工艺文件。调试工艺文件是为产品生产而制定的一套适合于某一产品调试的具体内容和步骤,它是调试的技术依据,一般包括以下内容:

(1) 调试目的、步骤和方法。

(2) 调试所需的仪器设备、工具的型号和数量。

(3) 调试所需的图表和有关数据。

(4) 调试工位和所需人数。

（5）测试条件和有关注意事项。

（6）调试安全操作规程。

调试工艺文件编写的原则如下：

（1）技术要求：根据产品规格和等级等设计文件确定单元电路的技术指标，并能保证单元电路的功能符合整机要求；整机调试部分应根据整机性能的设计要求提出整机调试技术指标，从而使调试好的整机性能符合规定要求。

（2）生产效率要求：调试方法和步骤力求简单明了，调试内容具体清晰；考虑调试设备的通用性、可靠性、操作复杂性；考虑调试人员的技能水平、维修方便、使用安全等。调试尽量使用专用设备，以简化操作，提高效率。

（3）经济要求：能保证产品成本最低的工艺过程是最经济的，它涉及人工费支出、材料消耗等。要从操作水平、设备通用性、维修方便性等方面综合考虑。

（4）质量要求：充分考虑调试中产品元件间、部件间的相互影响，考虑调试工艺的合理性，尽量采用新技术和新工艺，保证调试顺利，减少故障，提高可靠性。

二、调试前的准备工作

（一）技术文件的准备

技术文件是医电产品调试工作的依据。调试之前应准备的技术文件主要指产品技术文件、工艺文件、质量管理文件，具体包括电路原理图、方框图、装配图、印制电路板图、印制电路板装配图、零部件图、调试工艺（参数表和程序）、质检程序与标准等，如图4-18所示。通过这些技术文件，可以了解电路的基本工作原理、主要技术性能指标、各参数的调试方法和步骤等，进一步明确调试目的。

图4-18 调试中所需的技术文件

（二）调试设备的准备

按照技术条件的规定，准备好调试所需的各类仪器设备。调试过程中使用的仪器设备应经过计量并在有效期内，处于良好的工作状态。在使用前仍需进行检查，看其是否符合技术文件规定的要求，如设备的功能选择开关、量程挡位是否处于正确的位置，尤其是能否满足测试精度的需要。调试前，仪器应整齐地放置在工作台或专用仪器车上，放置应符合调试工作的要求。

（三）被调试产品的准备

产品装配完毕并经检查符合要求后,方可送交调试。根据产品的不同,有的可直接进行整机调试,有的则需要先进行单元电路调试,然后再进行总装总调。在通电前,应检查被调试电路是否按照设计要求正确安装连接,有无虚焊、脱焊、漏焊等现象,电路的电源输入端有无短路现象,检查无误后方可按照操作规程进行调试。

（四）调试场地的准备

调试场地应按要求布置整洁,调试人员应按照安全操作规程做好准备,调试用的图纸、文件、工具、备件等都应放在适当的位置上。

三、调试的工艺流程

医电产品调试的工艺流程随产品的结构、组成、功能及使用环境的不同而有所不同,但都可以按照一个基本的调试程序进行。调试的工艺流程包括:通电前检查→调试设备的连接→电源部分的调试→单元电路的调试→整机性能指标的测试→工艺环境试验→整机通电老练→参数复调。下面以调试脑电信号测量电路为例,介绍调试工艺流程的具体内容。

（一）通电前检查

医电产品装配完毕,通常不宜急于通电,先要认真检查一下,检查内容如下:

1. 连线是否正确 先要认真检查电路连线是否正确,包括错线、少线和多线。多线一般是因为接线时看错引脚,或者改接线时忘记去掉原来的旧线造成的,在调试中时常发生,而查线时又不易发现,通常采用两种检查方法:

（1）按照电路图检查线路:根据电路图连线,按照一定顺序逐一对应检查装配好的线路,由此可比较容易查出错线和少线。

（2）按照实际线路对照电路原理进行查线:这是一种以元件为中心进行查线的方法,把每个元件引脚的连线一次查清,检查每个引脚的去处在电路图上是否存在。这种方法不但可以查出错线和少线,还容易查出多线。

不论采用什么方法查线,为了防止出错,对于已查过的线通常应在电路图上做出标记,并且还要检查每个元件的引脚使用端数是否与图纸相符。例如,可以使用数字万用表"Ω"挡的蜂鸣器来测量,而且要直接测量元器件的引脚,这样可以同时发现接触不良的地方。

2. 元器件安装情况 检查元器件引脚之间有无短路;焊接质量是否过关;连接处有无接触不良;二极管、三极管、集成电路和电解电容极性是否连接有误,尤其是匹配元器件有无漏焊。如图4-19所示脑电信号测量电路放大板调试中的检查工序。

首先用万用表匹配 $10M\Omega$ 电阻和 $0.1\mu F$ 电容,要求一对 $10M\Omega$ 的匹配电阻阻值相同,一对 $0.1\mu F$ 的匹配电容容值相同,分别将匹配电阻和电容焊接在脑电放大板上前置放大电路输入级的相应位置;然后检查每导联脑电信号处理电路输出端的电容是否短接或焊错位置,标注电阻阻值是否为 $10k\Omega$;其次进行信号插头 JP1 及信号转接 JP2 焊点短接,短接 JP1(导联信号输入)的中间和左侧焊点,短接 JP2(多路选择输出)的第二组焊点。

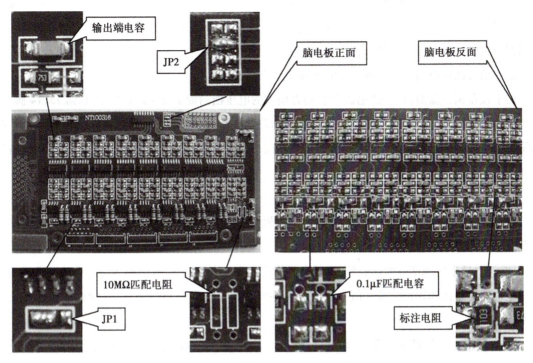

图 4-19 脑电信号测量电路放大板的检查

3. 电源与信号源连线是否正确 检查直流电源极性是否正确,信号线是否连接正确。

4. 电源端对地是否存在短路 在通电前,用万用表检查电源端对地是否存在短路。

(二) 调试设备的连接

根据测试项目,选用合适的调试仪器设备,并进行连接。如图 4-20 所示脑电信号测量电路放大板调试中的调试设备连接工序。

把脑电放大板连接到设备调试盒上,再将设备调试盒连接到电脑上。把脑电放大板的信号调试线插入接口处,信号调试线的信号输入端接在信号发生器的信号输出端,参考端和地接在信号发生器的"输出地"上。打开信号发生器,将正弦波输出频率调整为 $10Hz$,输出幅度调节到 $200\mu V$。

(三) 电源部分的调试

较复杂的医电产品都有独立的电源电路,它给其他单元电路和整机提供电源,有的单元电路上也有自己的电源部分。只有在电源电路调试正常后,再进行其他项目的调试。电源部分通常是一个独立的单元

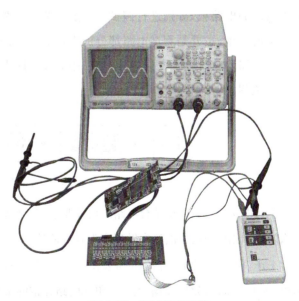

图 4-20 调试设备连接

电路,在通电前应检查电源变换开关是否在相应的挡位;输入电压是否正常;是否按要求装入熔断器

等。通电后,不要急于测量数据和观察结果,首先要观察有无异常情况,有无放电、打火、冒烟等现象,有无异常气味,手摸元件有无超温等。如果出现异常,应立即切断电源,待排除故障后才能通电。然后测量电路电源电压和元件引脚的电源电压,以保证元件正常工作。

脑电信号测量电路放大板调试中的电源部分测试过程如下:

按下设备调试盒面板上的"电源"键,用万用表的电压挡测量 J1 的第 11、12 脚和第 13、14 脚,以及第 15、16 脚和第 13,14 脚之间的电压。第 11、12 脚和第 13、14 脚之间电压为+3.3V,第 15、16 脚和第 13,14 脚之间电压为−3.3V。测量±3.3V 电压时如出现电压过高或过低的情况,应关闭设备调试盒。

一般来讲,电源部分调试通常分为两个步骤:

1. 电源空载　电源电路的调试通常先在空载状态下进行,目的是避免因电源电路未经调试而加载,引起部分元器件的损坏。

调试时,插上电源部分的印制板,测量有无稳定的支流电压输出,其值是否符合设计要求或调节取样电位器使之达到预定的设计值。测量电源各级的支流工作点和电压波形,检查工作状态是否正常。

2. 加载时电源的细调　在初调正常的情况下,加上额定负载,再测量各项性能指标,观察是否符合额定的设计要求。当达到最佳值时,选定有关元器件,锁定有关电位器等调整元器件,使电源电路具有加载时所需的最佳功能状态。

有时为了确保负载电路的安全,在加载调试前,先在等效负载下对电源电路进行调试,以防止匆忙接入负载电路可能受到的冲击。

(四) 单元电路的调试

电源电路调试好后,可进行其他电路的调试,有的单元电路调试可用直流稳压电源供电。这些电路通常按单元电路的顺序,根据调试的需要及方便,由前到后或从后到前依次地装入各部件或印制电路板,分别进行调试。一般流程是首先调整和测试静态工作点,然后进行其他动态指标的调整,主要是测试电路部分的电压、信号波形是否正常,结构部分是否稳定牢靠,直到各部分电路均符合技术文件规定的各项技术指标为止。如图 4-21 所示各单元电路基本的调试工艺流程。

图 4-21　各单元电路基本的调试工艺流程

单元电路的调试需要结合电路的设计要求,对调试时应测量什么,采用什么方法步骤,可能出现什么问题和相应解决办法等应做到事先有所估计。宜先分级调试,再整个电路总调;先粗调,使电路正常工作,再细调,使电路指标符合要求。分级调试一般可按照信号流向进行,可以从输入级调向输出级,也可以从输出级调向输入级。单元电路异常的常见原因有电源电压不合适,焊点虚焊或接插部分接触不良,器件参数取值不当或损坏,信号源参数与电路参数匹配不好等。

知识链接

静态调试、动态调试的定义

　　静态调试即不接入输入信号使电路处于稳态，测量有关点的电位和波形，和估算的正常状态比较，通过调节相应元器件参数，使该单元静态状态处于正常范围内。模拟电路的静态测量可用来判别管子的工作状态，数字电路的静态测量可判别各逻辑单元的电平是否正常和检查各单元间的逻辑关系。

　　动态调试即输入端加上信号后测量有关点的状态，主要有波形、频率、频率特性等调试。对动态测量结果要结合电路设计要求进行分析比较，通过调整有关参数使实际测量结果满足要求。

　　下面给出脑电信号测量电路放大板调试中的动态调试过程，具体如下：

　　1. 正弦波信号接入电路，打开脑电测量软件，进行信号监测，此时软件界面应有波形显示。短接脑电放大板上运算放大器的负反馈端和输出端（即图4-3（4）所示芯片的第1、2脚），检查相对应的导联信号波形幅度是否变小，如有其他导联的波形幅度变小，则说明脑电放大板有窜导现象。

　　2. 将陷波调到50Hz，滤波器调到None，高通调到0.3秒状态，先记录输入频率为10Hz，输入幅度为200μV的输出信号，一分钟后"回放"，如图4-22所示。

　　3. 选择其中任意一导信号，选中波形的一段，显示出信号的频率、幅度和时限，如图4-23所示。

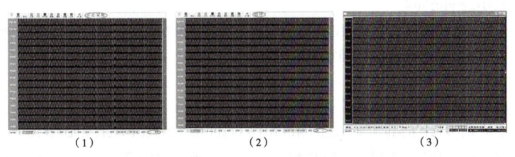

（1）　　　　　　　　　　（2）　　　　　　　　　　（3）

图4-22　信号记录
（1）信号采集；（2）采集暂停；（3）信号回放

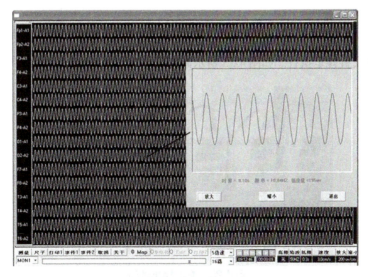

图4-23　某段信号参数的获取

4. 测量所有导联信号的频率和幅度值,且所有导联的幅度值误差不大于10%。

5. 测量所有导联信号30Hz、10Hz、5Hz、2Hz四个频率的信号波形。且频率为30Hz的信号幅度值为10Hz的信号幅度值的70%~100%,频率为5Hz和2Hz的信号幅度值为10Hz的信号幅度值的70%~105%之间。如果30Hz的幅度值过大,将C26,C6,C7,C9四个82nF电容逐个更换成容量为68nF的电容,如果30Hz过小则将82nF电容更换成100nF电容,如图4-24所示。每更换一个电容应记录30Hz、10Hz、5Hz、2Hz四个频率的信号波幅,测量结果符合标准即可。

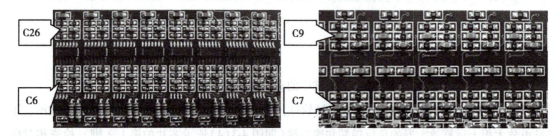

图4-24　滤波器电容更换

6. 将信号发生器的信号频率调整为10Hz,脑电放大板信号调试线的信号输入端和参考端接在信号发生器的2V信号输出端,将地接在信号发生器的"输出地"上。

7. 调节匹配电容,使其共模信号的幅度值小于差模信号的幅度值,其共模信号的幅度值应小于差模信号幅度值的70%。

8. 调整好共模信号后,应再次重述步骤2~5,以防止因调整共模造成上述四个频率的幅度有所变化。

9. 调试完毕,贴上标签,同时填写调试记录表。

10. 调试后电路板清洗和烘干。

(五)　整机性能指标的测试

各单元电路调整和测试好之后,把所有的部件及印制电路板全部装上,进行整机调整,检查各部分之间有无影响以及结构对电气性能的影响。之后,对产品进行全参数测试,测试结果应符合技术文件规定的各项技术指标。

(六)　工艺环境试验

考验在相应环境下产品正常工作的能力。环境实验有温度、湿度、气压、振动、冲击和其他环境试验,应按照技术文件规定执行。如图4-25所示高温拷机试验现场(高温、通电,不低于48小时)。

图4-25　高温拷机试验

（七）整机通电老练

目的是提高医电产品工作的可靠性,老练试验应按产品技术文件的规定进行。

（八）参数复调

经整机通电老练后,整机各项技术性能指标会有一定程度的变化,通常还需进行参数复调,使产品具有最佳的技术状态。例如脑电信号测量电路拷机完成后,调试人员需对所调试的脑电放大板进行差模放大倍数(动态调试步骤 2~5)、幅频特性(动态调试步骤 5)、共模抑制比(动态调试步骤 6~7)的自检。

四、故障排除的基本方法

在医电产品调试过程中,难免会碰到一些故障,使得整机的指标达不到要求或整机根本不工作。为了能迅速准确地判断和排除故障,需要运用一些基本的方法,遵循科学的逻辑程序,通过观察、分析和检查,确定故障位置后进行排除。宜先外后内、先粗后细、先易后难、先常见现象后罕见现象。

（一）故障出现的常见原因

产生故障的原因有很多,下面列出一些常见原因:

1. 元器件筛选检查不合格或由于使用不当造成失效。

2. 环境变化引起的元器件受潮或绝缘性能下降。

3. 可调元件的调整端接触不良,造成开路或噪声增加。

4. 开关或接插件接触不良。

5. 焊接工艺不完善,虚焊、假焊造成焊点接触不良。

6. 连接导线接错、漏焊或由于机械损伤、化学腐蚀而断路。

7. 由于布线不当,元器件相碰而短路;焊点连接导线时剥皮过多或因受热后缩短,与其他元器件或机壳相碰引起短路。

8. 电路设计不完善,元器件参数变化范围过窄,以致元器件参数稍有变化,电路工作就不正常。

（二）排除故障的一般程序

在实际排除故障中,应按照一定的程序,逐步缩小故障范围,根据电路原理进行分段检测,使故障点局限在某一部分电路中,再进行详细的测试,最后排除故障。

1. **初检** 初检是被调单元电路、整机出现故障后,首先要了解故障现象、故障发生的经过,并做好记录。从装配工序处可以了解到有助于分析和排除故障的情况。

2. **外观检查** 打开机壳后,检查电源线、信号线是否开路,面板接线是否松动,开关和旋钮是否损坏,机械部分是否卡住,熔断器是否完好,观察有无开焊、断线,元器件有无变色、烧焦、相碰,电解电容有无膨胀变形、流液等故障痕迹,这些都是外观检查的重要内容。

3. **通电观察** 将调试好的产品通电,以观察故障现象,判断故障的大致范围。通电时,要做到眼观现象,耳听声音,鼻闻气味,手摸元件。特别注意有无冒烟、焦味、发烫、异常响声等,并准备随时切断电源,以防止故障扩大。若通电时不致引起故障扩大,可让其工作一段时间,转动调节部件,轻轻拨动有怀疑的元器件,观察故障现象的变化。

4. 故障分析　根据电路原理分析判断故障的大致位置,对故障级电路按顺序逐点、逐线、逐个元器件的检测,观察波形和电量值。若发现某点的信号不对,则断开此点重新测量,若仍不正常,则故障在此点之前,若正常则故障在此点之后。依此类推可确定故障级。需要注意的是,对可疑元器件的检测要在断开电源的情况下,测量其值。

有些医电产品的故障会出现在临床的参数匹配上,下面就分别介绍脑电信号测量电路放大板调试及呼吸机临床应用的故障分析过程。

(1) 脑电信号测量电路放大板调试的故障分析

1) 故障1:如图4-26(1)所示有一导信号成直线的故障现象。根据如图4-26(3)所示原理图,断开电阻 R4 并将其一端焊接在左侧焊盘上,如图4-28(2)所示;将相邻的一导上的 R4 电阻也断开,与上一步相同,但要保证该导信号正常,以做对比分析用;用短接线将有信号的导联上的 R4 电阻另外一端与无信号的 R4 上的未焊焊盘相连,以检测出现问题的地方;如无信号,则运放 U2 及附属电路有问题,用示波器测量该芯片 1,7,8,14 脚的波形;如有信号,则前级芯片 AD620 及附属电路有问题。

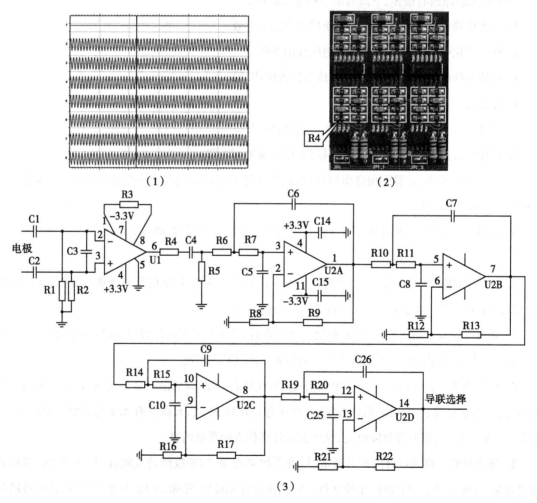

图 4-26　故障 1 分析
(1)故障现象;(2)放大板电路;(3)电路原理图

2）故障2:如图4-27(1)所示波形有干扰的故障现象。根据如图4-26(3)所示原理图,检测电容C5、C6、C7、C8、C9、C10、C25、C26 等有无损坏,如图4-27(2)所示进行逐个更换,更换一个检测一次。

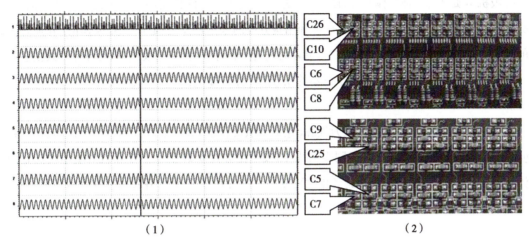

（1）　　　　　　　　　　　　　　　　　　　　　　　　（2）

图4-27　故障2分析
(1)故障现象;(2)放大板电路

3）故障3:如图4-28(1)所示波形幅度小的故障现象。根据如图4-26(3)所示原理图,检测电容C4、C6、C7、C9、C26 等有无损坏,如图4-28(2)所示进行逐个更换,更换一个检测一次。

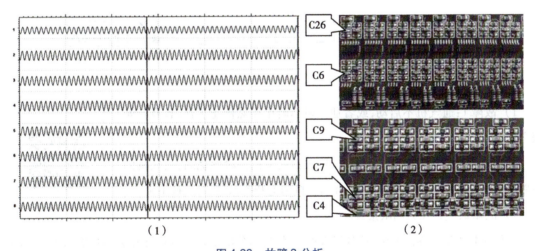

（1）　　　　　　　　　　　　　　　　　　　　　　　　（2）

图4-28　故障3分析
(1)故障现象;(2)放大板电路

故障1的特点是无信号输出,分析思路是由信号处理的后级到前级逐级查找故障点,断开通路上的关键点,用正常的信号输出作参考测试,经比较排除故障。故障2和故障3的特点是有信号输出,但不正常,分析思路是重点查找滤波环节,这部分的关键元器件是电容,逐个电容进行检测,进而排除故障。

（2）呼吸机临床应用的故障分析:呼吸机属于临床常见的急救治疗设备,属Ⅲ类医疗器械管理。人体正常的呼吸由吸气时间和吸气动力所产生的大气-肺泡压力差决定吸气潮气量,由吸气潮气量和呼吸频率决定分钟通气量。由于人体病理情况造成自主分钟通气量不能满足肌体供氧和排除二氧化碳的需要时,就需要人工辅助或控制呼吸。呼吸机即为在人体呼吸系统解剖和生理功能不正常的情况下完成通气的医疗设备。

呼吸机本质上是一种气体开关,控制系统通过对气体流向的控制而完成辅助人体通气的功能。呼吸机采用不同的控制方法会导致其性能和结构方面的根本差异,但是呼吸机的基本工作原理是相似的,即:打开吸气阀、关闭呼气阀完成向患者的送气过程,然后再关闭吸气阀、打开呼气阀使患者完成呼气过程。另外,呼吸机还要进行必要的安全性监测,如气道压力和漏气监测、气源和窒息报警等。

呼吸机由四大部分组成:内部压力气源(包括空氧混合器)、吸气/呼气阀及呼吸回路、控制系统(包括控制面板、监测和报警)、人机同步系统,组成框图如图4-29所示。呼吸机的基本功能是协助肌体完成通气,简单的呼吸机只要具备提供可变通气压力或容积;调节呼吸频率或呼吸周期;调节吸气流速或吸、呼时间比功能,即可正常工作。

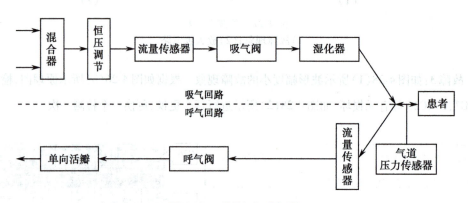

图 4-29 呼吸机组成框图

1) 故障1:通气机不启动,或者通气机运转中突然停止工作,且有音响报警。

原因是电源插头和插座接触不良,稳压器或主机保险丝烧断;通气机的电路故障。处理方法为更换保险丝,开启主机的电开关,必要时更换主机。

呼吸机样图

2) 故障2:气道压力高限报警。

原因一是气道内黏液潴留,长时间未吸痰;气道内分泌物黏稠不易吸出或吸痰管插的深度不足,吸痰不充分。处理方法为充分湿化,及时正确吸引,加强翻身,叩背,行体位引流;应用祛痰剂,配合理疗等。

原因二是气管套管的位置不当。气管切开患者,气管套管受牵拉后从气管中滑出,重新插入时未恢复原位,而是顶在气管壁上或套管扭转致使气道压力明显升高,插入吸引导管困难。处理方法为校正套管位置,及时调整套管于正确位置。

原因三是患者肌张力增加,刺激性咳嗽或肺部出现新合并症,如肺炎、肺水肿、张力性气胸等。处理方法为对症处理,如考虑给予止痛、止咳、镇静的药物;合理调整通气机的有关参数,如吸氧浓度、PEEP等。并发气胸者,应行胸腔水封瓶闭式引流,及时引渡流出胸腔内的气体。

原因四是气道压力高报警的报警限设置过低。处理方法为合理设置报警上限,即吸气峰压高

1.0kPa。吸气压力的低压报警通常设定在0.5~1.0kPa,低于患者的平均气道压力。如果气道压力下降,低于该值,呼吸机则报警。

3）故障3:通气机的气源报警。

原因一是空气压缩机的压力不足,长期使用的部件老化和磨损。处理方法为更换空气压缩机。

原因二是空气压缩机过高或过热保护,压缩机停止工作。处理方法为使过高压或过热保护按钮复原,更换分保险丝或更换空气压缩机。

原因三是空气压缩机出气口与管道之间未连接好,气路管道漏气,连接不紧或脱开,管道打折或受压。处理方法为正确连接各个管道,保证不打折不受压。

原因四是气路管自进水,常发生在贮水瓶的水满后未及时倒掉,空气湿度大而空气压缩机的过滤功能不良等。处理方法为使气路管道保持正确的角度,及时倒掉贮水瓶的积水,选择功能较好的空气压缩机。

原因五是空气—氧气器的推敲或混合器与主机的气源入口处未接好。处理方法为更换空气-氧气混合器,使混合器与主机正确连接。

原因六是空气—氧气压力不足或已用空,氧气瓶的总开关或双头氧气表的节流阀未开启。处理方法为打开总开关或节流阀,氧气瓶的压力保证在30kg/cm²以上。

原因七是设置的氧气压力未达到通气机所需的要求。处理方法为保证双头氧气表的低压表压力在2.5kg/cm²以上方能带动通气机。

原因八是供气中心发生问题,或各分流开关开得太小,未达到所需压力。处理方法为开大分流开关,使之达所需压力。

原因九是通气机内部的安装不正确或部件破损漏气。处理方法为正确安装机内部件,及时更换破损部件。

4）故障4:氧浓度报警。

原因是人为设置氧浓度报警的上、下限度有误,空气—氧气混合器失灵,氧电池耗尽。处理方法为正确设置报警限度,更换混合器,更换电池。

5）故障5:每分钟呼气量低限报警。

原因一是从机器至患者的每一个环节均可发生漏气,较常见的是气管套管的气囊未注气或注气量不足,也可能是气囊破裂;湿化器密封不严或未拧紧,呼吸管道破裂或脱开。处理方法为将气管套管气囊内的气体抽出后重新注气,注气量以能保证机械通气所需的潮气量为准,若套囊破裂,应及时更换套管。若湿化器的问题,可重新拧紧或更换新的,要及时更换破损的部件。呼吸管道接好,破裂及时更换。

原因二是应用压力支持通气(PSV)、同步间歇指令通气(SIMV)、或 SIMV+PSV 模式通气时,患者呼吸频率过慢,每分钟呼出气量可有间断报警。处理方法:更换通气模式,将辅助或支持通气模式改为控制通气。

原因三是每分钟呼出气量低限限度设置过高。处理方法为将报警限度设置至合适的位置。

6）故障6:每分钟呼气量高限报警。

原因一是患者的呼吸频率(次数)增快,即患者的自主呼吸频率比预设的呼吸频率增设,常见的原因有缺氧、通气不足、气管内吸引后体温升高、疼痛刺激、烦躁不安,通气机的触发度过高。处理方法为增加吸氧浓度,加大通气量,应用退热药、止痛镇静药等,降低氧耗,合理调整灵敏度。

原因二是呼气流量传感器进水或堵塞,每分钟呼出气量表的指针达到最高值。处理方法为及时清除传感器内的积水和堵塞物。注意平时要及时倒掉积水瓶内的积水,呼气量传感器的清洁,消毒要仔细、认真、彻底。

原因三是吸气量设定过高或吸气次数设定过多。处理方法为调整吸气量或吸气次数,若病情需要可调整报警上限。

原因四是每分钟呼出气量高限警报的位置设置过低。处理方法为合理设置报警限度。

原因五是通气机面板上的小儿或成人开关调节不当,如成人机械通气时将此放到小儿的位置。处理方法为根据机械通气的对象,合理调用此开关。

7)故障7:呼吸机工作时工作压力表指针摆动角度较大,工作压力不稳定。

原因是机器漏气。处理方法为供给呼吸机的压缩空气或氧气的供气压力不稳定或低于0.3MPa;空氧混合器堵塞,长期使用时要确保气源干燥干净,并及时排水除污;机内储气袋破裂也会造成这种故障现象的发生,发现后及时更换储气袋;外接管路漏气,使用时需注意检查气路接口处;安全阀连接不牢固,保养过程中需把拆下的各部件等安装完好。

8)故障8:呼气分量通气量高于吸气分钟通气量。

原因是流量传感器故障。处理方法为取下流量传感器,放入浓度为75%的酒精溶液中浸泡大概2~3h,至干净为止,然后晾干,装上传感器,做完校准后故障消失。上述情况是由于流量传感器主通道被污垢堵塞,导致流量传感器的主通道对气流的阻力增加,同时流过测量通道的气流增加,结果监测到的每分钟呼气量就增大;此外,呼气流量传感器失灵也会出现这种现象,更换流量传感器后必须进行校准才能使用。

9)故障9:机械通气不足

原因是吸气阀故障及空氧混合器堵塞。处理方法为检查气源压力及病人外接管路,均没发现异常,进一步检查发现,吸气阀在设置较高潮气量时,吸气阀打开的角度很小,送气量明显达不到设定量,故产生通气不足;按照900C的校准程序进行校准后,故障未能排除,怀疑是吸气阀的问题,采用替代法,拆下吸气阀更换后再次校准,潮气量在误差允许范围内,故障排除,可见上述故障系吸气阀故障导致。

(三)一般故障的排除方法

电路部分的故障主要包括元器件故障和工艺性故障,工艺性故障是指漏焊、虚焊、装配错误等,元器件故障主要用仪表检查。可以总结如下的一般故障排除方法:

1. **直观检查法** 通过视觉、嗅觉、听觉、触觉来查找故障范围和有故障的元器件,这种方法适用于检查由于装配等工艺问题而造成的整机故障,但要注意在整机交流供电的情况下,严禁用手接触电源进线部分的元件,以免造成事故。

2. **仪器检查法** 借助仪器测量电阻、电压、电压和波形来判断故障部位和元器件。如用万用表测量通路阻值、电阻值、电压值、电流值等,同正常值进行比较,来判断排除故障点。

3. 替代法 当怀疑某个元器件或单元出现故障时,可用同型号的元器件或单元去替换,若故障消失,说明判断正确。

4. 验证法 当怀疑某个元器件短路或开路时,可先将其短路或开路,若故障无变化,说明判断正确。

5. 信号注入法 在电路中加入一些外加信号后,通过观察判断故障产生原因的方法。信号注入的顺序一般是由后级向前级进行,这种方法在检查信号失真或信号通路故障时很有效。

6. 对比法 在资料不全或对产品不熟悉时,可用同一型号的好的设备对比测取对应的参数,从而发现故障点。

7. 临床调试法 根据临床现象,调整匹配参数。

以上的故障分析和排除方法仅仅是基本的介绍,要具体故障具体分析,灵活运用排除故障的方法,不可死搬硬套。

点滴积累 ╲

1. 调试方案的内容包括调试目的、调试设备和工具、调试步骤、调试数据总结、调试文件编写。
2. 排除故障的一般程序包括初检、外观检查、通电观察、故障分析。

第四节 任务:多参数监护仪调试实例

一、任务导入

根据医电产品调试的工艺流程,利用多参数监护仪实验板,在调试条件模拟系统实际工作条件的情况下,掌握多参数监护仪各模块电路和整机的调试步骤和方法。内容包括心电、呼吸、体温、无创血压、血氧饱和度等单元电路的调试和故障分析,以及整机联调。在调试操作过程中,会涉及调试技能的综合运用。

二、任务分析

围绕电路功能实现情况,按照调试工艺流程以及专业技术要求,使多参数监护仪电路各项技术指标达到产品实际要求。

(一)单元电路调试

首先在没有外加生物电模拟信号的条件下测试电路板各点的静态工作情况,然后加入生物电模拟信号,测量信号处理环节的动态工作情况,以及有关波形、电生理物理量、精度等,期间会涉及程序烧录。具体调试步骤如下:

1. 心电测量模块电路　如图 4-30 所示心电测量模块电路调试步骤,适用于心电板的调整与测试。

2. 无创血压测量模块电路　如图 4-31 所示无创血压测量模块电路调试步骤,适用于血压板的调整与测试。

3. 血氧饱和度测量模块电路　如图 4-32 所示血氧饱和度测量模块电路调试步骤,适用于血氧板的调整与测试。

（二）整机调试

多参数监护仪整机调试是在各模块电路调试完成之后,对整机性能的调试。主要包括初调和细调。初调是对整机的故障进行排除以及外观检查和内部结构的调整,细调是对电路性能指标进行复检调试,检查整机性能是否符合设计要求。

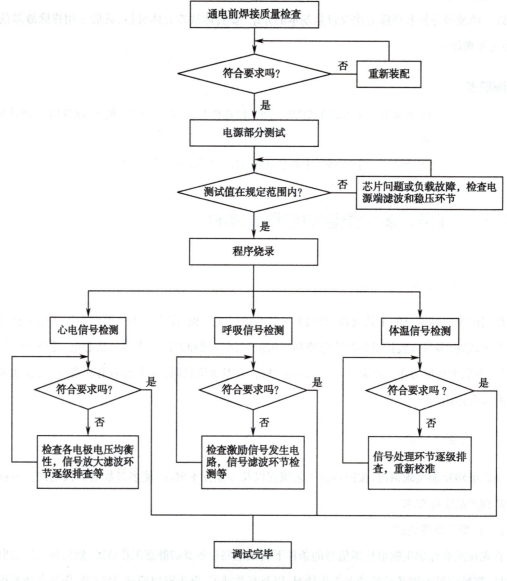

图 4-30　心电测量模块电路调试步骤

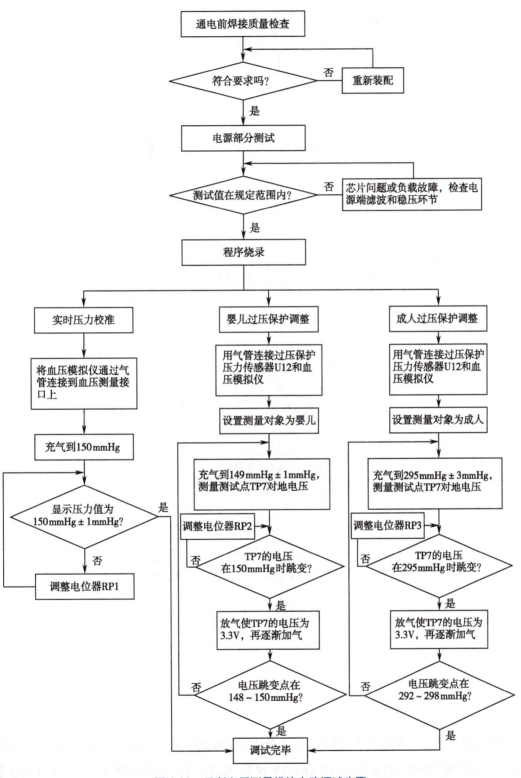

图 4-31　无创血压测量模块电路调试步骤

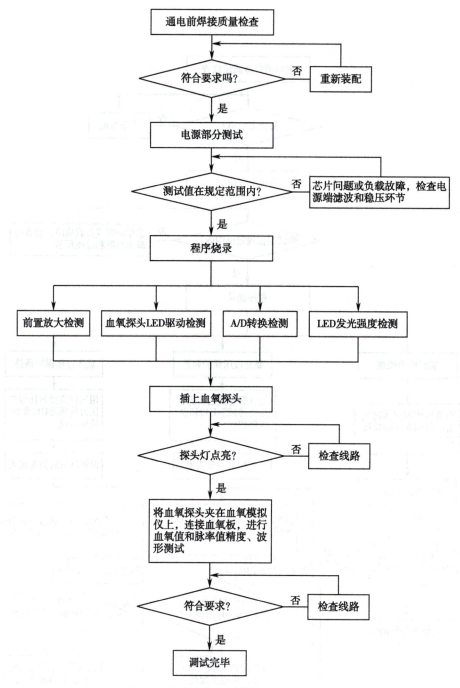

图 4-32 血氧饱和度测量模块电路调试步骤

三、相关知识与技能

多参数监护仪是一种用来对人体的重要生命体征参数进行实时、自动、长时间、连续监测,并经分析处理后实现多类别的自动报警、记录的监护仪器,是现今医学临床诊断必不可少的医疗仪器。监护的参数包括心电(ECG)、呼吸(RESP)、体温(TEMP)、无创血压(NIBP)和血氧饱和度(SpO$_2$)等。

随着心脏的搏动,产生先后有序电兴奋的传播,可经人体组织传到体表,产生一系列的电位改变;呼吸系统随气体的吸入和排出所产生的胸腔容积变化,将会引起阻抗的改变,这种变化可用 ECG 的电极以一定间隔放在胸部检测出来;体温反映了肌体新陈代谢的结果,可从体表或体腔测量;血液在血管内流动时,对血管壁产生侧压,通过测量上臂的肱动脉压,可获得无创伤的血压值;采用红光和红外光穿过测量部位中脉动的动脉血管,可计算出脉搏血氧饱和度值。这些电生理参数可由相关的测量电路得到。

(一) 心电测量模块电路原理

该模块电路主要完成心电、呼吸和体温的检测。

1. 心电检测 心电图是从体表记录心脏电位变化的曲线,它反映出心脏兴奋的产生,传导和恢复过程中的生物电位变化。心电图由一个 P 波、一个 QRS 波群、一个 T 波、U 波组成,如图 4-33(1)所示,通过波形提取,可分析心律失常等事件。ECG 幅度一般在 $5\mu V \sim 5mV$ 之间,频率分布范围 $0.05 \sim 100Hz$,心率 HR 可由 R-R 间期计算得到。

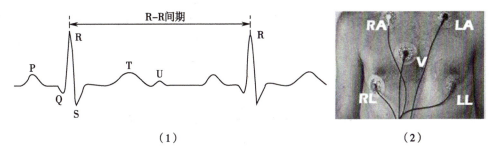

图 4-33 心电波形及电极安放位置
(1)心电波形;(2)心电电极位置

ECG 测量的是两电极之间的电位差,通过导联获取,具体电极安放位置如图 4-33(2)所示。起初定义的Ⅰ、Ⅱ、Ⅲ导联在临床上称双极标准肢体导联,后来又定义了加压单极肢体导联 aVR、aVL、aVF 和胸前导联 V1、V2、V3、V4、V5、V6,这几个导联是目前临床上采用的标准 ECG 导联。因为心脏是立体的,一个导联波形表示了心脏一个投影

ER-4-4

心电波形解析

面上的电活动,这十二个导联,将从十二个方向反映出心脏的不同投影面上的电活动,从而可综合诊断出不同部位的病变。目前,临床上使用的标准心电图机在测量 ECG 时,其肢体电极是安放在手腕和脚腕处,而作为心电监护中的电极是安放在患者的胸腹区域,临床常用导联为标准肢体导联和单极胸前导联 V,共五个电极。虽然安放位置不同,但它们是等效的,因此监护中的心电导联与心电图仪中的导联是对应的,它们具有相同的极性和波形。

心电测量电路实现心电信号的检测与放大,并经 A/D 转换得到数字化的心电信号,然后由软件完成波形检测和心率值等计算,测量原理如图 4-34 所示。

对由电极采集到的心电信号,经输入保护和电压跟随后,由多路选择开关构成标准的Ⅰ、Ⅱ、Ⅲ导联和胸导联V的输入,同时采用右腿驱动法,消除人体引入的共模干扰。选中的那一路ECG,经过高精度运放构成的前置放大器放大后,耦合到后级,并通过带通滤波器滤除干扰,后进行A/D转换进入主控制器。

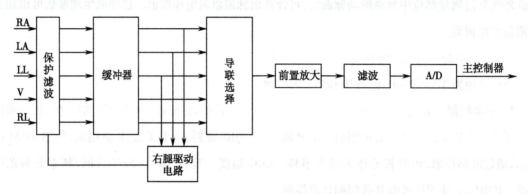

图 4-34　心电测量电路原理

（1）保护和滤波电路:在临床上,心电电路除了单独用于检查心电以外,经常要与其他医疗设备同时使用,例如高频电刀、除颤器等,其输出均为高电压,为了保证电路安全正常运行,在前级采用过压保护,如图4-35所示。

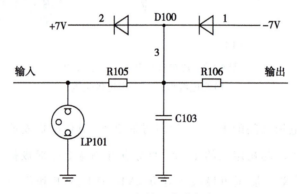

图 4-35　保护和滤波电路

图中,放电管LP101组成高压保护单元,当其两端的电压高过其保护规定值时,其内部会出现短路现象,并"吸收掉"输入的过高压,从而保护后级电路和使用者的安全。

双开关二极管D100内部由两个二极管组成,D100的2端和1端分别加上±7V电压,当3端的电压大于+7V或者小于-7V时,其中一个二极管将会导通近似短路,电压被钳位。相反,当3端电压在-7~+7V之间时,两个二极管均截止近似开路,电压通过R106到后级。所以,双开关二极管D100的作用是将3端的电压钳位在-7~+7V之间。

C103为抗高频干扰电容,容值为330pF,心电信号中心频率在10Hz时,电容C103的容抗$X_c=\frac{1}{2\pi fc}=\frac{1}{2\times3.14\times10\times330\times10^{-12}}=48\text{M}\Omega$,此时电容容抗大大高于心电电路的输入阻抗,相当于开路。而有高频(如1MHz)干扰时,X_c同理计算只有48Ω,远远低于心电电路的输入阻抗,此时相当于将高频干扰信号对地短路,从而滤除高频干扰信号。

（2）缓冲器电路:输入缓冲器采用电压跟随器电路,其作用是使人体与导联电路高度隔离。在图4-36中,心电信号输入到由U101A构成的其中一路缓冲放大器,它具有高输入阻抗,低输出阻抗,增益为"1"的特性。

设置缓冲放大器一方面是为了提高放大器的输入阻抗,克服电极与皮肤接触电阻引起的信号衰减,提高做ECG时的共模抑制比和心电描记幅度,另一方面,较低的输出阻抗可确保有效地驱动后级导联电路工作。

（3）心电导联电路:导联联接采用修正的五电极导联体系。LA、RA 和 LL 三点形成一个等边三角形,即"爱氏三角",如图4-37所示,同时,假设心脏产生的电偶向量位于此等边三角形的中心。

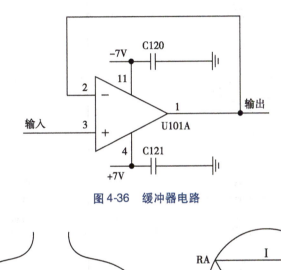

图4-36　缓冲器电路

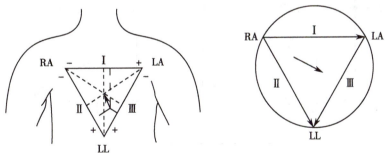

图4-37　爱氏三角示意图

在电路中,LA 和 RA 差分放大为导联 I,如图4-38（1）所示,RA 和 LL 差分放大为导联 II,如图4-38（2）所示,LL 和 LA 差分放大为导联Ⅲ,如图4-38（3）所示,RA、LA、LL 和 V 差分放大为胸导联,如图4-38（4）所示。

（4）右腿驱动电路:通过两个 20kΩ 的等值电阻取出平均交流共模电压,经过数字控制模拟开关送入右腿驱动放大器反相放大,经限流电阻 R120 加到右腿电极,电路如图4-39所示。

该电路能够降低工频干扰,提高共模抑制比,当人与地之间出现高压时,又会使运算放大器饱和,起到保护作用。图中输入信号 LLB、LAB、RAB 是经过缓冲器后的心电信号。

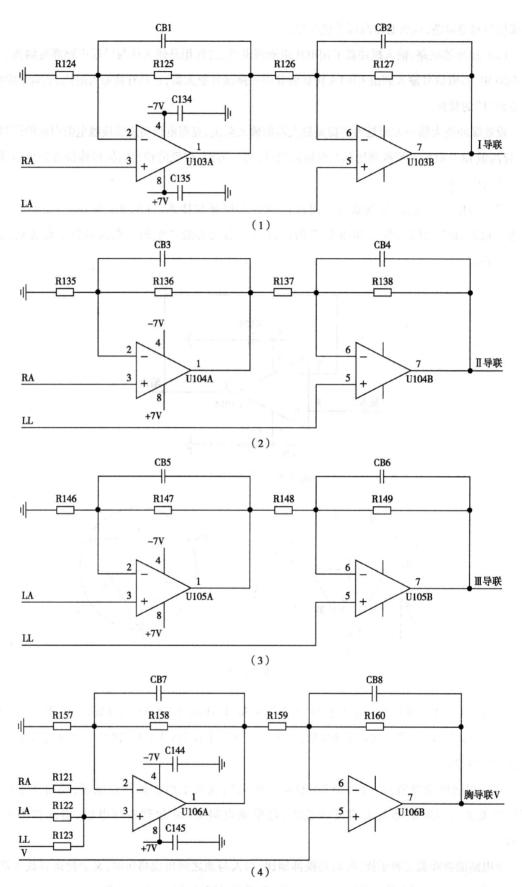

图 4-38 心电导联电路
(1) Ⅰ 导联电路;(2) Ⅱ 导联电路;(3) Ⅲ 导联电路;(4)胸导联电路

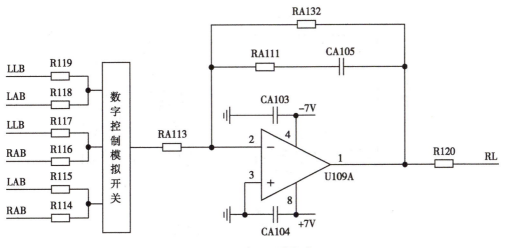

图 4-39　右腿驱动电路

（5）滤波放大电路：由于心电信号是低信噪比的周期性微弱信号，在采集过程中易受仪器、人体等方面的影响，并混有很强的工频干扰，因此为了准确采集到心电信号，需要经过滤波放大电路，经过带通滤波后得到 0.05Hz～100Hz 有用心电信号。如图 4-40 所示，差分放大后的Ⅱ导联信号，经过 R139 和 C139 组成的 RC 滤波电路后，加到带通滤波器，通频带设置在 0.05～100Hz，然后经过放大和后级缓冲器电路输出。

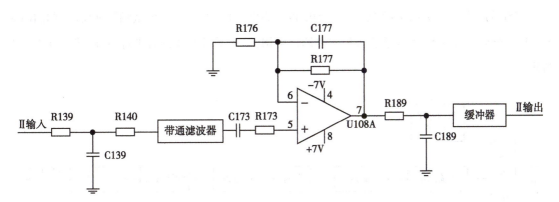

图 4-40　滤波放大电路

2. 呼吸检测　呼吸检测主要用于呼吸监护，呼吸监护可包括呼吸波形实时显示和呼吸率自动计算，一般选用生物阻抗法进行呼吸检测。当呼吸时由于胸部的扩张使胸部阻抗发生变化，且这种阻抗变化与呼吸活动呈线性关系，因此，只要通过胸阻抗变化的测量就可以间接测量呼吸活动。其原理是人体的胸部相当于一段容积导体，其阻抗包括电阻、感抗和容抗，由于人体感抗很小，一般可忽略不计，而容抗在高频电流作用下也很小，所以对高频电流来说，胸阻抗基本上就是电阻的变化。其电阻变化与容积变化的关系可由容积导体模型推导出来，如图 4-41（1）所示，即

$$dV = -\rho\left(\frac{L}{Z}\right)^2 dZ \tag{4-3}$$

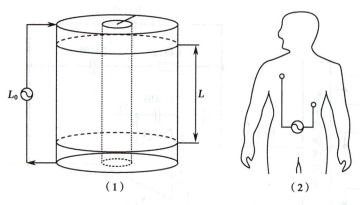

图 4-41　阻抗呼吸描记
(1)容积导体模型;(2)二电极法

其中,V 为圆柱体的体积,ρ 为电阻率,L 为长度,Z 为电阻。

阻抗法测量人体电阻主要有电桥法、恒流法、恒压法等。电桥法对皮肤处理要求较高,而且电桥平衡调节比较困难,在实际中很少用到,恒压法与恒流法本质上是一样的,最为常用的是恒流法。在呼吸测量中,一般电极的配置为二电极法,如图 4-41(2)所示,在二电极法中,交流激励电流输入和信号输出共用该电极,其最大优点是电极少,提取呼吸信号的同时可提取心电信号。

RESP 的测量原理如图 4-42 所示。检测电极为心电电极 LL 和 RA,由激励脉冲驱动,调制的输出通过差分放大器放大,然后通过同步的解调器解调,输入低通滤波器后进行 A/D 转换进入主控制器。

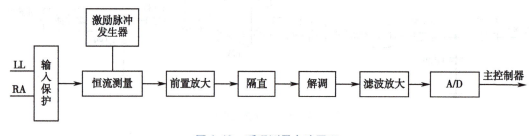

图 4-42　呼吸测量电路原理

(1)　高频激励信号发生电路:采用恒流法来测量胸部阻抗,对于恒流法,由式 $\Delta U = I \times \Delta R$ 知,当电流 I 恒定时,电压变化与阻抗变化成正比,因此只需测量胸部电极两端的电压即可测得胸部阻抗。

恒流法测量呼吸采用高频恒流,可以有效地将呼吸波的电信号和心电信号区分开,同时激励信号频率的恒定非常重要,它可以减少由皮肤阻抗变化带来的影响。

由主控制器产生调制信号 CPU_PWM,信号经过 U201B、U201C 反相器,再通过 U200A 和外围电阻电容组成的积分电路,最后加到由 RC 低通和高通网络建立的一个窄带带通滤波器,得到中心频率在 62.5KHz 的正弦波信号,电路原理图如图 4-43 所示,其中 U200B 和外围电阻电容 R251、R252、C221、C222 一起组成高通滤波器。

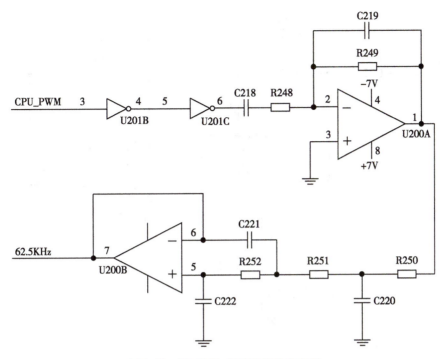

图 4-43 62.5kHz 激励信号发生电路

（2）前置放大电路：经过高频激励信号发生电路将心电两电极之间由于呼吸产生的阻抗变化所引起的电信号调制在高频激励信号之上后，由于呼吸信号非常微弱，所以在调制信号解调和滤波前应先将小信号进行放大，以便解调和滤波。

根据呼吸信号的特点，要求前置放大器应具有低噪声、低零漂、低功耗、高共模抑制比的性能，电路选用 TLC072CD 作为前置放大器，如图 4-44 所示。

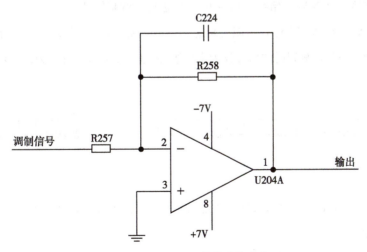

图 4-44 调制信号前置放大电路

（3）检波整流电路：前置放大输出的信号中，含有呼吸信号经调制后的信号。为了获得人体呼吸阻抗的信息，需要将该信号解调，解调电路采用经典的二极管检波整流电路，如图 4-45 所示。

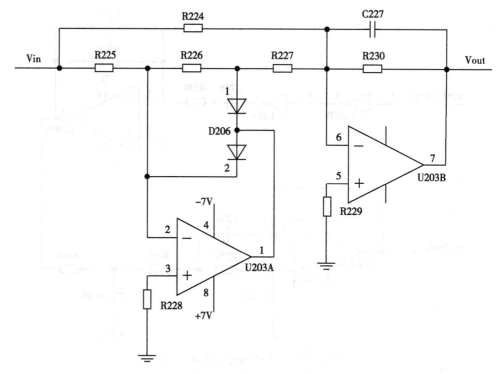

图 4-45 检波整流电路

当 Vin>0 时，D206 的 1 端二极管导通，D206 的 2 端二极管截止，经分析计算，整流电路输出电压 Vout 与 Vin 同相。

当 Vin<0 时，D206 的 1 端二极管截止，D206 的 2 端二极管导通，此时，整流过程与 U203A 无关，经分析计算，整流电路的输出电压 Vout 与 Vin 反相。

可见，该检波整流电路 Vout 始终正相输出，可单边检出调制信号。

（4）滤波放大电路：含有人体呼吸阻抗信息的信号经解调后，含有大量直流分量和高频噪声，需进行高低通滤波。同时，解调后的信号仅为毫伏级，需进一步放大处理。为此，该部分设计框图如图 4-46 所示。

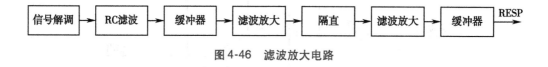

图 4-46 滤波放大电路

信号解调后先经过无源 RC 低通，然后经过缓冲器和滤波放大电路，最后由缓冲器输出，滤波放大采用了两级放大。

3. 体温检测 监护系统多采用负温度系数热敏电阻作为传感器测量体温。负温度系数热敏电阻通常由 2 种或 3 种金属氧化物组成，在高温炉内煅烧成致密的烧结陶瓷。氧连结金属往往会提供自由电子，而在理论上，当温度接近绝对零度时，热敏电阻型陶瓷通常是极好的绝缘体。但是，当温度增加至较常见的范围时，热激发会抛出越来越多的自由电子。随着许多电子载流子通过陶瓷，有效阻值则降低,也就是说温度升高,阻值减小。热敏电阻随温度的变化极为灵敏,典型变化为每摄氏度阻值减少 3% ~7%。

负温度系数热敏电阻阻值随温度变化的关系可表示为

$$R_T = R_0 \exp B\left(\frac{1}{T} - \frac{1}{T_0}\right) \tag{4-4}$$

其中,T 为被测温度,T_0 为参考温度,R_0 为 T_0 时的电阻值,B 为热敏电阻的材料系数,一般为 2000 ~6000K,在高温下使用时,B 将增大。可以看出,热敏电阻值随温度呈非线性的指数规律变化,这增加了温度信号显示与处理的复杂性,必须进行线性化处理。常用方法有两种,一种是在测量电路中进行校正补偿,另一种是通过插值计算的方法。在要求不高的一般应用中,可做出在一定的温度范围内温度与阻值成线性关系的假定,以简化计算,如

$$T = T_0 - KV_T \tag{4-5}$$

其中,T 为被测温度,T_0 为与热敏电阻特性有关的温度参数,K 为与热敏电阻特性有关的系数,V_T 为热敏电阻两端的电压。根据这一公式,如果能测得热敏电阻两端的电压,再知道参数 T_0 和 K,则可以计算出热敏电阻的环境温度,也就是被测的温度,这样就把电阻随温度的变化关系转化为电压随温度变化的关系。

图 4-47 给出了体温测量电路的原理框图,在测量电路中热敏电阻器与固定电阻器组成取样电路,其分压随温度升高而下降,通过放大滤波可换算出温度指数,从而实现体温的测量(一般有两路处理)。

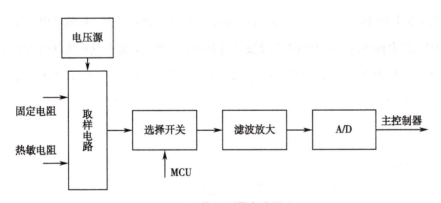

图 4-47　体温测量电路原理

(二) 无创血压测量模块电路原理

要想全面评价心脏与血液循环系统的功能,需要进行血液动力学方面的检查,其中的一个重要措施就是进行血压测量。血压是指血液对血管壁的压强,心脏射血会形成周期性的脉动波形,如图 4-48 所示,其中脉动血压 $P(t)$ 的最高值称为收缩压,最低值称为舒张压,平均压是一个周期 T 内的连续血压的均值

$$\overline{P} = \frac{1}{T}\int_0^T P(t)\ \mathrm{d}t \tag{4-6}$$

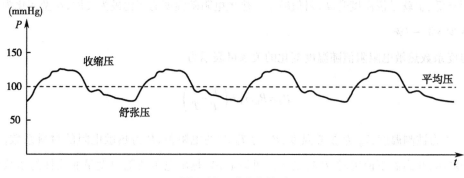

图 4-48 动脉压波形

有时为了计算简单,平均压 $=\dfrac{2\times 舒张压+收缩压}{3}$。血压通常用相对压强表示,当说血压 100mmHg 时,是指血压比大气压高 100mmHg,血压过高或偏低都是血液循环系统运行不正常的表现。

监护系统中常用无创测振法,它可以测得收缩压、舒张压和平均压。这种方法也像传统的柯氏音法那样需要用袖带阻断动脉血流,但在放气过程中,不是检测柯氏音,而是通过压力传感器检测袖内气体的振荡波,这些振荡波起源于动脉血管壁的振动。

采用振动法测量无创血压时,将压力传感器接入袖带,检测袖带的压力以及由于脉搏在袖带的压力下形成的振动信号。首先把袖带捆在手臂上,自动对袖带充气,到一定压力开始放气,当气压到一定程度,血流就能通过血管,且有一定的振荡波,振荡波通过气管传播到压力传感器,压力传感能实时检测到所测袖带内的压力及波动。随着逐渐放气,振荡波越来越大。再放气由于袖带与手臂的接触越松,因此压力传感器所检测的压力及波动越来越小。因此只要在气袖放气过程中连续测定振荡波(振荡波一般呈现近似抛物线的包络),振荡波的包络线所对应的气袖压力就间接地反映了动脉血压,如图 4-49 所示。

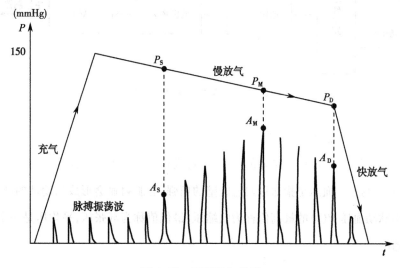

图 4-49 测振法包络线

当气袖内静压高于收缩压 P_S 时,动脉被关闭,此时因近端脉搏的冲击而呈现细小的振荡波;当气袖内压小于收缩压 P_S 时,则波幅增大;气袖压等于平均压 P_M 时,动脉管壁处于去负荷状态,波幅达到最大值 A_M;当气袖压力小于舒张压 P_D 以后,动脉管腔在舒张期已充分扩展,管壁刚性增加,因而波幅维持在较小的水平。

测压系统一般由主控制器、充气泵、电磁气阀、充气袖带、压力传感器、放大电路、数据采集电路、保护电路等构成,如图 4-50 所示。首先,主控制器控制气泵工作,气阀全部关闭,袖带快速充气。当袖带压达到一定值时,停止充气,开始放气。控制阀门使得压力均匀下降,当袖带压远大于收缩压时,血管被阻断,袖带中没有血管搏动产生的振荡波。随着袖带压力下降,振荡波开始出现。当袖带压力从高于收缩压降到收缩压以下时,振荡波会突然增大。到平均压时振荡波振幅达到最大值,然后又随着袖带压力下降而衰减。测振法血压测量正是根据振荡波幅和袖带压力之间的关系来估计血压的。与振荡波幅最大值对应的是平均压,收缩压和舒张压可以通过振荡波振幅和最大振幅的比值估算出来。因此,正确测定血压值的关键技术是能否精确找出振荡波,并确定它们的周期和峰值。

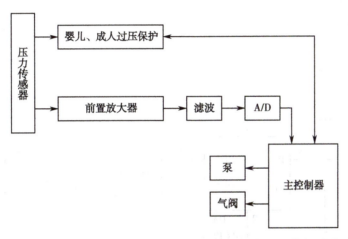

图 4-50 测振法电路原理框图

由于血压测量是针对袖带内压力的变化,而这种压力的变化是由于袖带容积的变化而产生的,导致袖带容积变化的因素有两个,一个是由测量过程中的放气造成的,由这一因素导致压力变化将是一近似斜坡的信号,另一个是袖带压迫下的动脉血管的容积波动。所以,由压力传感器得到的信号中,既包含了袖带缓慢放气的斜坡压力信号,又包含了袖带下动脉波动造成的脉搏波动信号,且脉搏波动信号是叠加于斜坡压力信号之上的。通过带通滤波技术可将此混合信号分离,抑制低频,滤除直流成分,并放大交流成分提取脉搏信号。

为了测量准确,要求袖带宽度应为手臂周长的 40%(新生儿 50%),或上臂的 2/3 充气部分应至少包绕手臂的 50% ~ 80%。袖带包绕方法如图 4-51 所示。

1. 压力传感器 压力传感器实际电路如图 4-52 所示。在 U3A 运放的同相端第 3 脚输入 +1.25V 的电压。由于压力传感器 NPC1220 将压力值转变为电信号后非常微弱,在后级需要加上前置放大器对信号进行放大,最后再进行 A/D 转换。

2. 前置放大电路 输出的压电信号采用三运算放大器放大,在图 4-53 中,U3B 和 U3D 构成输入级,U3C 构成输出级。

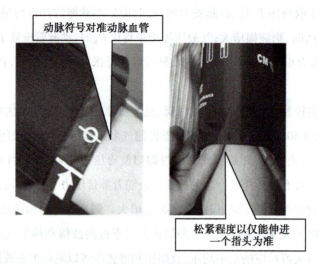

图 4-51　袖带包绕方法

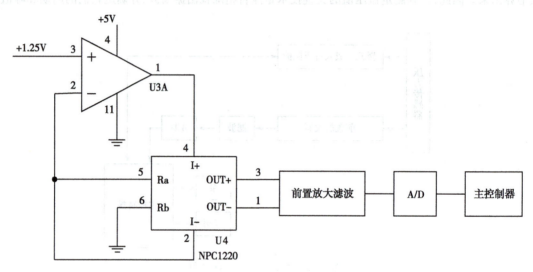

图 4-52　压力传感器外围电路

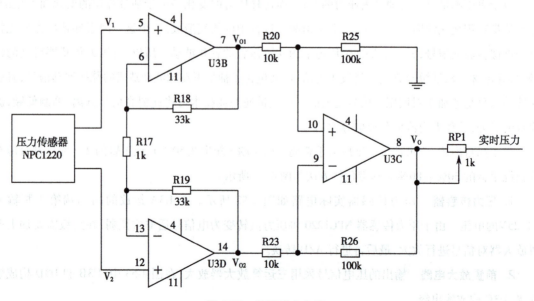

图 4-53　前置放大电路

在输入级,根据运放"虚短"和"虚断"的分析方法,跨在 R_{17} 上的电压为 $v_{01}-v_{02}$,由于流过电阻 R_{18}、R_{19} 和流过 R_{17} 为同一电流,应用欧姆定律得到

$$v_{01}-v_{02}=(R_{17}+R_{18}+R_{19})\frac{v_1-v_2}{R_{17}} \tag{4-7}$$

即 $(v_{01}-v_{02})=67(v_1-v_2)$,可得第一级增益 $A_I=67$。

在输出级,可知

$$v_0=\frac{R_{25}}{R_{20}}(v_{01}-v_{02})=\frac{R_{26}}{R_{23}}(v_{01}-v_{02})=10(v_{01}-v_{02}) \tag{4-8}$$

可得第二级增益 $A_{II}=10$。因此,总增益 $A=A_I\times A_{II}=670$。

通过分析前置放大电路,将实时压力信号放大滤波输入到后级 A/D,图 4-53 中 RP1 为最大阻值 $1k\Omega$ 的精密电位器,用于实时电压的微调校准。

3. A/D 转换电路　A/D 转换芯片采用具有双通道的 MAX144,最大采样率为 108ksps,12 位串行输出。外围电路如图 4-54 所示,实时压力信号由 MAX144 的第二脚通道 0 输入,采样时钟 SCLK 和片选信号 CS 由主控制器 ARM7 LPC2132 提供,参考电压为 2.5V,A/D 转换后的数字信号输入到 LPC2132 进行处理。

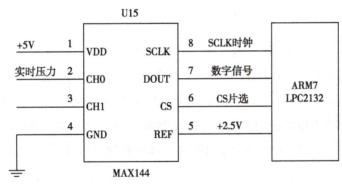

图 4-54　A/D 电路

4. 过压保护电路　在血压测量中,为了保证测量安全,特别是在对新生儿的测量过程中,必须严格保证袖带的充气压力在正常合理的范围内。如果 ARM 控制单元出错,必须及时从电路中产生复位信号使 ARM 复位,从而保证测量安全,过压保护电路就是为实现上述功能而设计的。

图 4-55 给出了过压保护电路,U12 为过压保护电路使用的压力传感器,运放 U13 作为比较器使用。

当比较器 5 脚电压高于 6 脚时,比较器 7 脚输出高电平,此时二极管 D12 截止,复位信号端输出高电平信号;当 6 脚电压高于 5 脚时,二极管 D12 导通,复位信号端被拉低,输出低电平信号,使 ARM7 控制器复位。

高低电平信号端实现成人/儿童和婴儿过压保护范围的区分,当该端输入低电平时,二极管 D11 导通,Q5 截止,这时通过调节 RP2 可实现婴儿过压保护;当输入高电平时,二极管 D11 截止,Q5 饱和导通,这时通过调节 RP3 可以调节 U13B 6 脚电压,从而实现成人/儿童过压保护。

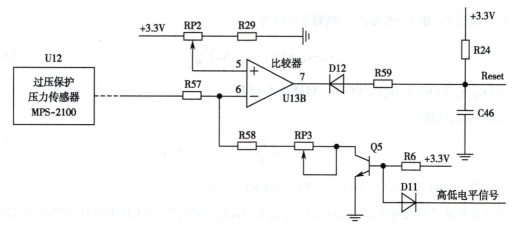

图 4-55 过压保护电路

（三）血氧饱和度测量模块电路原理

在 100ml 血液中,血红蛋白或还原血红蛋白(Hb)与氧结合而形成氧合血红蛋白(HbO$_2$)的最大量即可认为是血液的氧容量,氧合血红蛋白中的含氧量所占氧容量的百分比称为血氧饱和度(SaO$_2$),可用下式表示:

$$SaO_2 = \frac{HbO_2}{HbO_2+Hb} \times 100\% \tag{4-9}$$

根据 Lambert-Beer 定律,采用光电技术进行血氧饱和度的测量。当一束光打在某物质的溶液上时,透射光强 I 与入射光强 I_0 之间关系为 $I = I_0 10^{-KCL}$。其中 I 和 I_0 比值的对数称为吸光度 A,因此上式也可表示成 $A = KCL$,C 是溶液的浓度,L 为光穿过溶液的路径(液层厚度),K 是溶液的光吸收系数。若保持路径 L 不变,溶液的浓度便与吸光度 A 成正比。显然,若溶液中只有一种物质,其浓度 C 为未知,则可由吸光度 A 计算出浓度 C。若在血液中存在两种不同物质,如 HbO$_2$ 和 Hb,就需要用双波长的比尔定律推导了。

血液中的血红蛋白 Hb 和氧合血红蛋白 HbO$_2$ 对不同波长的光的吸收系数不一样,在波长为 600 ~ 700nm 的红光区,Hb 的吸收系数远比 HbO$_2$ 的大,但在波长为 800 ~ 1000nm 的红外光区,Hb 的吸收系数要比 HbO$_2$ 的小,在 805nm 附近是等吸收点,如图 4-56 所示。

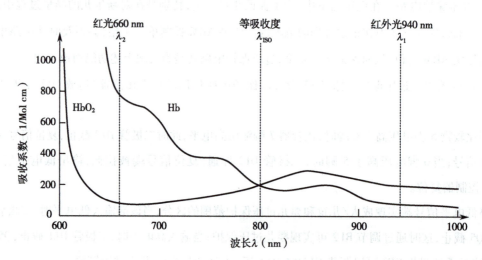

图 4-56 Hb 和 HbO$_2$ 的光吸收曲线

利用上述特点可以测量血氧饱和度。假定 Hb 和 HbO_2 在波长为 $\lambda1$ 处的吸收系数分别为 a_1 和 a_2，那么就有

$$A_{\lambda1} = a_1 C_1 L + a_2 (C - C_1) L \tag{4-10}$$

其中，C_1 为 HbO_2 的浓度，C 为全部血红蛋白的浓度，由此可计算血氧饱和度为

$$SaO_2 = \frac{C_1}{C} = \frac{A_{\lambda1}}{(a_1 - a_2) CL} - \frac{a_2}{(a_1 - a_2)} \tag{4-11}$$

同理，如以波长为 $\lambda2$ 进行测量，此时吸收系数为 b_1 和 b_2，就有

$$SaO_2 = \frac{C_1}{C} = \frac{A_{\lambda2}}{(b_1 - b_2) CL} - \frac{b_2}{(b_1 - b_2)} \tag{4-12}$$

消去 C 和 L，可得

$$SaO_2 = \frac{a_2 Q - b_2}{(a_2 - a_1) Q - (b_2 - b_1)} \tag{4-13}$$

其中，$Q = \frac{A_{\lambda2}}{A_{\lambda1}}$。取 $a_1 \approx a_2 = a$，并且令 $A = \frac{b_2}{(b_2 - b_1)}$，$B = \frac{a_2}{(b_2 - b_1)}$，则

$$SaO_2 = A + BQ \tag{4-14}$$

对于确定的波长 λ_1 和 λ_2，A 和 B 是常数，λ_1 应选在 Hb 和 HbO_2 的吸收系数相近的区段，由于考虑到发光二极管的误差，一般是选择在 814～940nm 的范围内，该区段内 HbO_2 的吸收率略大于 Hb 的吸收率，而且变化比较平坦，另一个测量波长 λ_2 选在 Hb 的吸收率大于 HbO_2 处，通常选择 660nm，因为在此附近两者之差有最大值。

脉搏血氧仪所用的探头使用时是套在手指上的，如图 4-57 所示。上壁固定了两个并列放置的发光二极管，发出波长为 660nm 的红光和 940nm 的红外光，下壁有光电检测器，将透射过手指动脉血管的红光和红外光转换成电信号。当红光穿过氧合血红蛋白时，只有少量的光被吸收，大部分光穿过；当红外光穿过氧合血红蛋白时，吸收量会多一些；当红外光穿过还原血红蛋白时，被吸收

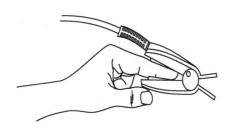

图 4-57　血氧测量所用探头使用

的部分较少而穿过的部分较多；当红光穿过还原血红蛋白时，吸收的部分较多而穿过的较少。透射光强是入射光强经过衰减得到的，这种衰减由三部分组成，首先是皮肤、肌肉、骨骼以及与之联系的其他组织引起的衰减；第二部分是由静脉微血管引起的衰减；最后是由动脉血引起的吸收，它又包含动脉血本底的吸收和由脉动成分引起的吸收两部分。如图 4-58 所示，皮肤、肌肉、脂肪、静脉血、骨骼等的光信号吸收系数是恒定的，因此只影响光电信号中的直流分量，而血液中的 Hb 和 HbO_2 浓度随着血液的脉动作周期性的改变，对光的吸收也周期变化（交流分量），引起光电检测器输出的信号强度随血液中的 Hb 和 HbO_2 浓度比周期性变化。

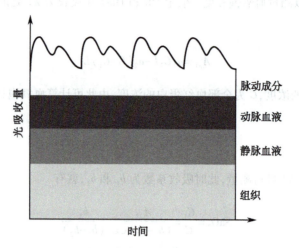

图 4-58　光电检测器获得的信号成分

光电检测器测得搏动时光强较小,两次搏动间光强较大,减少值即搏动性动脉血所吸收的光强度,这样可计算出两个波长的光吸收比率 R。即先求两种波长形成的脉动分量与直流分量的比值(AC/DC),再求红光 RD 和红外光 IR 吸收系数交流分量的比值,结果是

$$R = \frac{\Delta RD}{\Delta IR} = \frac{AC_{rd}(660)/DC_{rd}(660)}{AC_{ir}(940)/DC_{ir}(940)} \tag{4-15}$$

通过 R 值可以在 $R\text{-}SaO_2$ 表中查找对应的血氧饱和度,而 $R\text{-}SaO_2$ 表来源于正常志愿者数据库。

光电信号的脉动规律是和心脏的搏动一致的,因此检测出信号的重复周期,还能确定出脉率。习惯上将脉搏血氧仪测得的血氧饱和度称为 SpO_2,以区别于其他类型的血氧计测得的结果。

血氧测量电路原理如图 4-59 所示。探头中的光电检测器是光电管,能产生正比于透射到

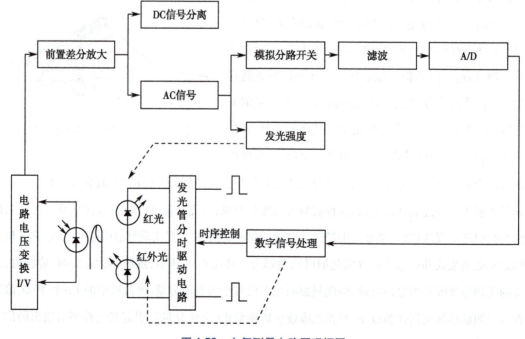

图 4-59　血氧测量电路原理框图

它上面的红光和红外光强度的电流,但是它不能区分这两种光。为此,用定时电路来控制两个发光二极管的发光次序,即红光 LED 开启→红光 LED 关闭→红外光 LED 开启→两个 LED 均关闭。两个 LED 均熄灭时,检测出环境光和干扰信号,从红光和红外光信号中减去环境光,从而增强对环境光的抑制能力。检测到的光电流信号被转换成电压信号,并经放大、滤波等信号调理过程后,由 A/D 转换器转换成数字信号进入主控制器。主控制器对数字信号进行复杂的处理,求出 SpO_2。

1. **电源保护电路** 为了保障血氧检测电路在临床使用上的安全,在电源的输入极设置了 DC-DC 电源隔离芯片 G1205D,输入电压+12V,输出电压±5V,能实现 6kV 直流隔离,电路原理图如图 4-60 所示,输入 12V 电压经过 U101 电压隔离芯片后输出±5V 电压,电路采用浮地设计,输入端和输出端的地相分离,从而确保隔离效果。

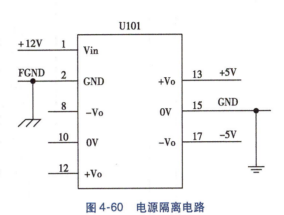

图 4-60 电源隔离电路

2. **血氧探头和前置差分放大电路** 红光 RED 和红外光 IRED 为反向并联设计,在主控制器的分时驱动下交替点亮血氧探头上壁的 LED,探头交替发出红光和红外光,探头下壁的光电检测器将透射过手指的光信号转换成电信号,经过磁珠 FB1、FB2(用于抑制信号线、电源线上的高频噪声和尖峰干扰,还具有吸收静电脉冲的能力)后分别加到滤波放大电路,经过差分放大提取信号,最后经过 C15 滤除直流分量,如图 4-61 所示。

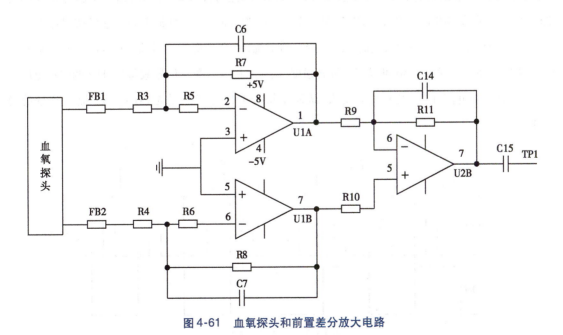

图 4-61 血氧探头和前置差分放大电路

3. 发光管分时驱动电路 9953 P 沟道 MOS 场效应管用于控制 LED 的通断,9956 N 沟道 MOS 场效应管用于提供驱动电流,控制 LED 的发光强度,驱动电路如图 4-62 所示。

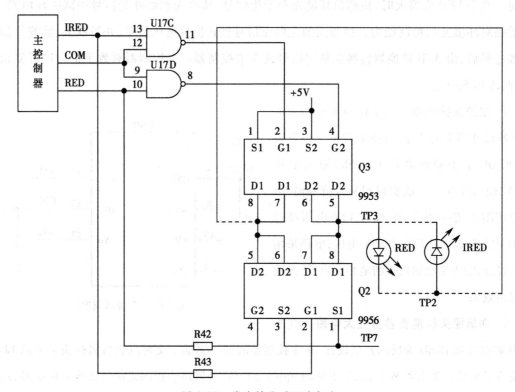

图 4-62 发光管分时驱动电路

根据主控制芯片 Z80 产生的控制信号时序,当 9953 的 2 脚 G1 输入低电平,4 脚 G2 输入高电平时,此时 8 脚 D1 输出高电平,5 脚 D2 输出低电平,IRED 灯点亮,RED 灯熄灭;相反,2 脚为高,4 脚为低时,RED 灯点亮,IRED 灯熄灭;如果 2 脚和 4 脚同时为高时,两个灯都不亮。这样按时序形成红光,红外光,暗光三个工作状态,从而消除背景光的干扰,消除误差,提高测量的准确性,驱动信号时序如图 4-63 所示。通过 9956 可以调节发光强度,当血氧探头接受光信号减弱时,TP7 的驱动电压变大,使 LED 上的电流加大,发光强大变大,从而维持光电传感器接受光强的平衡,提高测量的稳定性。

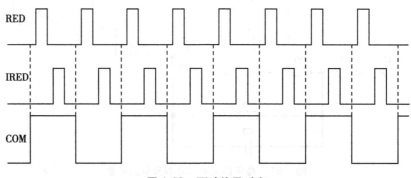

图 4-63 驱动信号时序

4. A/D 转换电路　A/D 转换芯片采用了 LTC1286,12 位 A/D 转换器,最大采样率 12.5ksps,外围电路如图 4-64 所示,2 脚 Vin 为模拟信号输入端,5 脚 CS 为 A/D 的片选端,7 脚 CP 为 A/D 的时钟,6 脚 Vout 为采样到的数字信号输出到数字电路部分。

(四) 多参数监护仪的调试方法

多参数监护仪硬件由数据采集部分和信息处理部分组成,如图 4-65 所示。

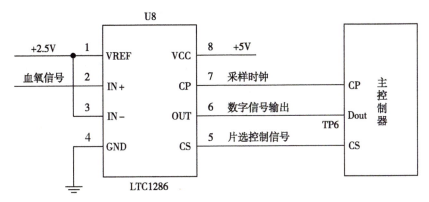

图 4-64　A/D 转换电路

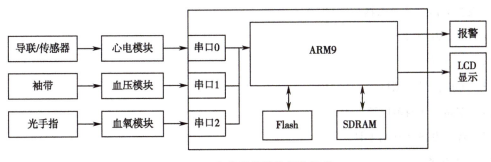

图 4-65　多参数监护仪硬件组成

数据采集部分包括心电、血压和血氧测量模块。信息处理部分采用 ARM 处理器和嵌入式 Linux 实时操作系统,有效管理系统的软件和硬件资源,充分发挥硬件设备性能,功能操作上采用图形化界面和按键相结合的方式。

针对多参数监护仪组成的特点,整机调试方法如下:

1. 将包括 ARM 处理器、配件及按键的主控板与三个调试好的测量模块电路连接;

2. 监护仪系统安装进结构中,并进行外观检查;

3. 软件环境的选择及安装,主控程序导入;

4. 各检测电路与主控板配合的功能实现测试;

5. 测试按键功能。

知识链接

嵌入式技术

为了提高监护仪的稳定可靠性，降低系统功耗，减小体积。在软硬件上要尽可能紧凑，选择具有丰富接口的处理器作为系统的核心，这样可使外围电路尽可能减少，从而提高系统的可靠性。而嵌入式系统是这一方案的最佳选择。嵌入式技术的应用，可以使多参数监护仪软件代码量减小，存储容量增大，自动化程度提高，响应速度加快，体积减小，数据采集的准确性提高，方便网络传输，特别适合于实时和多任务下的系统控制。

嵌入式系统由硬件和软件两大部分组成，常用的配置是 ARM 处理器和嵌入式 Linux 操作系统。ARM 处理器是基于精简指令集计算机（RISC）体系结构的计算机系统；嵌入式 Linux 内核精悍，运行所需资源少，适合嵌入式应用，而且是开放源代码的，软件的开发和维护成本低，具有优秀的网络功能，系统稳定。

四、任务实施

（一）心电测量模块电路调试

1. 主要调试设备与工具

（1）数字万用表。

（2）示波器。

（3）心电信号模拟仪。

（4）多路稳压直流电源。

（5）焊接设备及常用工具。

2. 调试步骤

（1）检查待调试 ECG 板的元器件，应无损伤、无错焊、无虚焊、无接触不良、焊点光亮饱满，否则重新装配。

（2）用万用表"Ω"挡检查如图 4-66 所示 TP1、TP2、TP3、TP4、TP5、TP6、TP7 等电源端对地是否短路，否则重新检查线路。

（3）确定上述所有电压测试点无短路情况后上电，用万用表"V≂"挡测量对应位置的电压值。

如电压测试值在表 4-1 所列范围内，则为正常，超出范围视为故障，重新检查线路。例如出现电压被拉低的现象，大多是芯片问题或负载故障，可以通过电源端滤波和二次稳压环节查找出问题电压点。

表 4-1　ECG 板电压测试值范围

测试点	TP1	TP2	TP3	TP4	TP5	TP6	TP7
标称值	+12.0V	−12.0V	+8.0V	−8.0V	+5.0V	−5.0V	+3.3V
最小值	+10.5V	−10.5V	+7.75V	−7.7V	+4.9V	−4.8V	+3.235V
最大值	+12.5V	−12.5V	+8.25V	−8.3V	+5.1V	−5.2V	+3.365V

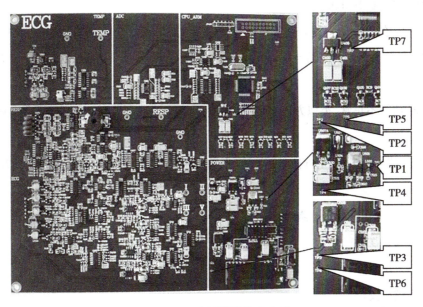

图 4-66　心电测量模块电路板

（4）信号处理程序烧录。

（5）进行电极脱落检测，以及心电波形和数据、呼吸波形和数据、体温数据检测。图 4-67 给出了 RA、LA、LL、V 四个电极在心电测量模块电路板上的测试位置，电压范围如表 4-2 所示。

如符合图 4-68 所示结果，结束 ECG 板调试，否则进行线路检查，逐一排除故障。

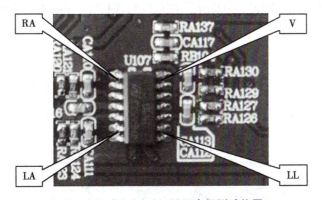

图 4-67　RA、LA、LL、V 四电极测试位置

表 4-2　电极点电压测试值

现象	RA	LA	LL	V	理想电压
导联全脱落	0.60V±0.15	0.60V±0.15	0.60V±0.15	0.60V±0.15	0.55
导联全接上	1.02V±0.15	1.02V±0.15	1.02V±0.15	1.02V±0.15	1.02

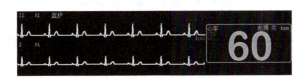

图 4-68　ECG 板波形和数据

3. 典型故障分析及解决方法

（1）电极脱落报警：重点检查与电极相连的反馈电路是否断开，例如图 4-38 中的 R120 这个点，保护电路的器件是否出现故障而导致电极脱落检测电压异常，例如图 4-34 中的二极管有问题，会出现这个故障。

（2）ECG 信号不正常，类似方波：重点检查图 4-40 中滤波环节后级处理电路的"复位"用模拟开关器件。

（3）RESP 信号不正常：重点检查图 4-43 中最后的输出是否为 62.5kHz 正弦波，C221 的容值是否正确。

（二）无创血压测量模块电路调试

1. 调试设备与工具

（1）数字万用表。

（2）血压模拟仪。

（3）多路稳压直流电源。

（4）焊接设备及常用工具。

2. 调试步骤

（1）检查待调试 NIBP 板的元器件，应无损伤、无错焊、无虚焊、无接触不良、焊点光亮饱满，否则重新装配。

（2）用万用表"Ω"挡检查如图 4-69 所示 TP1、TP3、TP4、TP5 等电源端对地是否短路，否则重新检查线路。

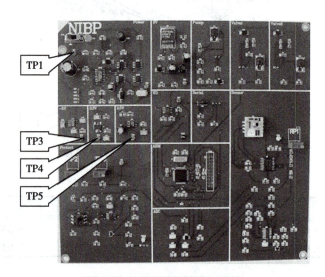

图 4-69   血压测量模块电路板

（3）确定上述所有电压测试点无短路情况后上电，用万用表"V$\approx$"挡测量对应位置的电压值。

如电压测试值在表 4-3 所列范围内，则为正常，超出范围视为故障，重新检查线路。

表 4-3　电压测试值范围

测试点	TP1	TP3	TP4	TP5
正常值	12V±0.2V	−5V±0.2V	3.3V±0.1V	2.5V±0.01V

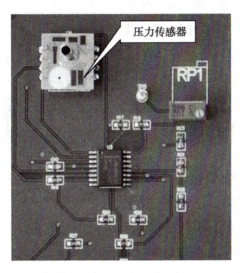

图 4-70　调整电位器 RP1

（4）信号处理程序烧录。

（5）将模拟仪通过气管连接到血压测量接口上，设置 NIBP 下的"压力校准"选项。充气到 150mmHg，用螺丝刀调整电位器 RP1，如图 4-70 所示，使显示器屏幕显示的实时压力值为 150mmHg±1mmHg。

（6）用气管连接传感器 U12 和血压模拟仪，如图 4-71 所示。

设置 NIBP 下的测量对象为婴儿，用血压模拟仪充气到 149mmHg±1mmHg，用万用表"$\mathbf{V}\approx$"挡测量测试点 TP7 的对地电压，具体位置如图 4-72 所示。

无创血压测量模块电路调试-压力校准

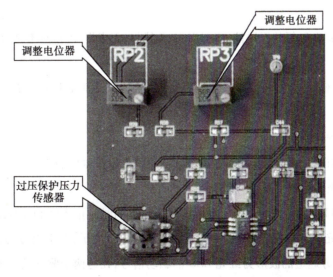

图 4-71　过压保护压力传感器及调整电位器

如果测量出 TP7 的电压为 3.3V,用螺丝刀调节电位器 RP2,具体位置如图 4-71 所示,使 TP7 的电压刚好在 150mmHg 时跳变。

(7) 调好之后,再进行验证。放气使 TP7 的电压为 3.3V,逐渐加气,测量 TP7 的电压,观察其电压跳变点(3.3V 到 0V)是否在 148 ~ 150mmHg,如果不在此范围重新返回第(6)步进行调节,直到满足要求为止。

(8) 用气管连接传感器 U12 和模拟仪,设置 NIBP 下的测量对象为成人。

用模拟仪充气到 295mmHg±3mmHg,用万用表"V〜"挡测量 TP7 对地电压,如果测量出 TP7 的电压为 3.3V,用螺丝刀调节电位器 RP3,具体位置如图 4-71 所示,使 TP7 的电压刚好在 295mmHg 时跳变。

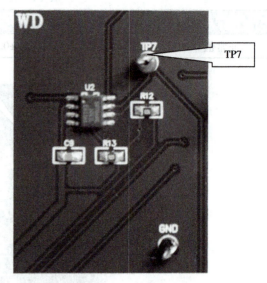

图 4-72　复位信号测试点 TP7

(9) 调好之后,再进行验证。放气使 TP7 的电压为 3.3V,再加气到大约 295mmHg,看其跳变点是否在 295mmHg±3mmHg,如果不在此范围重新返回第(8)步进行调节,直到满足要求为止。

(10) 上述过程完成结束 NIBP 板调试。

(三) 血氧饱和度测量模块电路调试

1. 调试设备与工具

(1) 数字万用表。

(2) 示波器。

(3) 血氧信号模拟仪。

(4) 多路稳压直流电源。

(5) 焊接设备及常用工具。

2. 调试步骤

(1) 检查待调试 SpO₂ 板的元器件,应无损伤、无错焊、无虚焊、无接触不良、焊点光亮饱满,否则重新装配。

(2) 用万用表"Ω"挡检查电源端对地是否短路,否则重新检查线路。确定电压测试点无短路情况后上电。

(3) 信号处理程序烧录。

(4) 血氧信号前置放大检测。用示波器测量前置放大电路输出端 TP1,正常信号波形如图 4-73 (1) 所示,故障状态波形如图 4-73(2) 所示。

(5) 血氧探头 LED 驱动检测。用示波器的两个通道同时测量 TP2 和 TP3,其中 TP2 为红外光驱动信号,TP3 为红光驱动信号,正常信号波形如图 4-74(1) 所示,图中上方通道的波形为红外光 LED 的驱动信号,下方通道的波形为红光 LED 的驱动信号,在这两个驱动信号的作用下,红光和红外光交替点亮。故障状态波形如图 4-74(2) 所示。

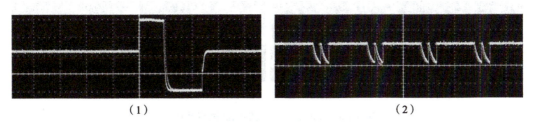

图 4-73 经前置放大后的血氧信号
(1)正常波形;(2)故障波形

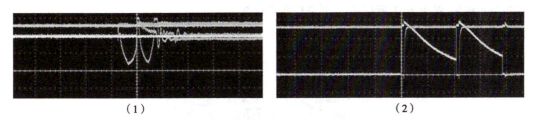

图 4-74 血氧探头 LED 驱动电压信号
(1)正常波形;(2)故障波形

(6) A/D 转换检测。用示波器测量 A/D 的数字信号输出端 TP6,正常
信号波形如图 4-75(1)所示,故障状态波形如图 4-75(2)所示。

(7) LED 发光强度控制检测。用示波器测量图 4-76(1)所示测试点
TP7,正常信号波形如图 4-76(2)所示,故障状态波形如图 4-76(3)所示。

(8) 上述信号检测完毕后,插上血氧探头进行实测。

ER-4-6

血氧探头 LED 驱
动检测

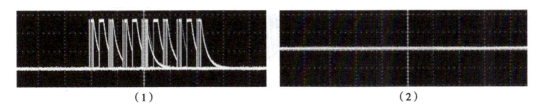

图 4-75 A/D 数字信号输出
(1)正常波形;(2)故障波形

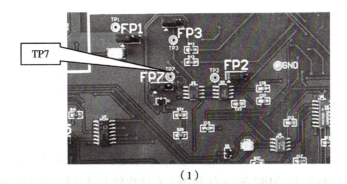

(1)

159

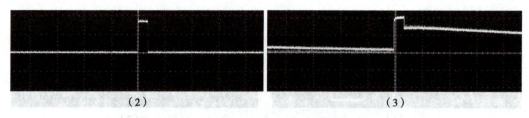

图 4-76　LED 发光强度控制测试点及信号
（1）测试点 TP7；（2）正常波形；（3）故障波形

（9）将血氧探头夹在血氧模拟仪上，连接 SpO_2 板，进行血氧值和脉率值精度、波形测试，如符合图 4-77 所示结果，结束 SpO_2 板调试，否则进行线路检查。

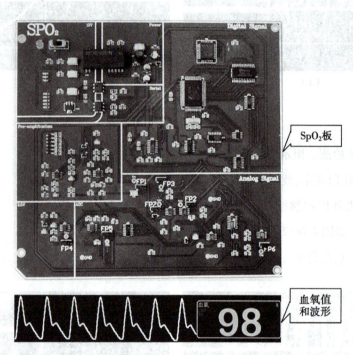

图 4-77　SpO_2 板波形和数据

（四）多参数监护仪整机联调

1. 调试设备与工具

（1）数字万用表。

（2）多路稳压直流电源。

（3）焊接设备及常用工具。

（4）ARM 开发板。

（5）宿主机及通信介质。

2. 调试步骤

（1）检查待调试主控板（其中的 ARM 程序已完成移植）的元器件应无损伤、焊错及按键装错等现象。

（2）将主控板与 ECG 板、NIBP 板、SpO_2 板组装在结构件上，协同按键功能，检测是否能正常配合工作。

ER-4-7

血氧值和波形

点滴积累 ∨

1. 多参数监护仪是一种用来对人体的重要生命体征参数进行实时、自动、长时间、连续监测，并经分析处理后实现多类别的自动报警、记录的监护仪器。
2. 监护的参数包括心电、呼吸、体温、无创血压和血氧饱和度。

项目小结

一、学习内容

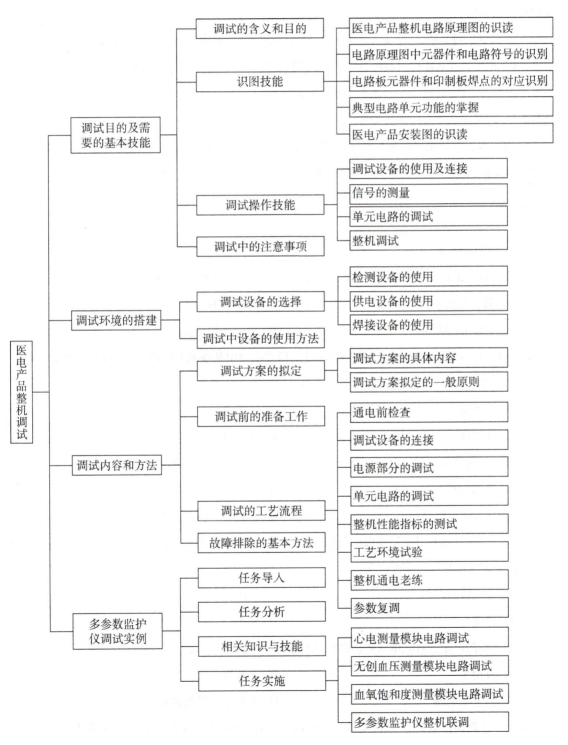

二、学习方法体会

1. 医电产品整机调试技术的掌握需要从基础技能和电路原理两方面入手,主要是熟悉电路和调试程序,培养医电产品调试的职业能力。

2. 医电产品整机调试之前需要对所调试产品的特点有详细的了解,掌握电路构成和原理,诸如电路中有哪些可调元器件,具体功能和参数是什么等基本问题要熟悉。

3. 调试中会使用到各种各样的仪器和仪表,要学会使用这些工具,同时还要注意了解安全操作规程和注意事项。

4. 在调试的过程中,一定要仔细测量各个测试点的波形和电量值,分析思考为什么会出现这个现象,这个现象是什么原因引起的,针对这个现象结合调试工艺应该怎么去解决。很重要的一点就是要不断地去尝试,针对一个问题去寻求它的最佳解决方案。当然在这个过程中要耐心细致,不要轻易放弃,调试实践能力的提高要在不断反复中实现。

5. 调试流程的理论知识要与实际操作紧密结合,在实践中理解调试工艺内容。每完成一次调试,都应对调试过程和结果进行总结、分析和对比,这是提高调试水平的关键。

目标检测

一、单项选择题

1. 所要调试的产品对象有多种,复杂程度也不同,(　　)调试难度最大

    A. 旧设备的维修　　　　　　　　　　B. 新设计的系统

    C. 定型的产品生产　　　　　　　　　D. 旧设备的调试

2. 对医电产品的调试操作中,信号的测量是指对电路中某些元器件的(　　)进行检测

    ①电压　　　　　②电流　　　　　③电阻　　　　　④信号波形

    A. ①②③　　　　　　　　　　　　　B. ②③④

    C. ①②④　　　　　　　　　　　　　D. ①③④

3. 各单元电路调整测试合格后进行的操作是(　　),也是调试阶段的最后一道工序

    A. 静态调试　　　　　　　　　　　　B. 整机调试

    C. 单元电路综合测试　　　　　　　　D. 电路幅频特性的测试及调整

4. (　　)表示设备对测量结果区分程度的一种度量,用它可以表示出在相同条件下,用同一种方法多次测量所得数值的接近程度

    A. 准确度　　　　　　　　　　　　　B. 灵敏度

    C. 精度　　　　　　　　　　　　　　D. 精确度

5. 用来检测电阻、电压、电流等值的测试仪表是(　　)

    A. 万用表　　　　　　　　　　　　　B. 示波器

    C. 信号发生器　　　　　　　　　　　D. 多参数信号模拟仪

6. (　　)是衡量诸如心电、脑电等生物电放大器对共模干扰抑制能力的一个重要指标

A. 共模增益　　　　　　　　　　B. 差模增益

C. 共模抑制比　　　　　　　　　D. 信噪比

7. 高性能放大器的共模抑制比值达(　　)

　A. 200dB　　　　　　　　　　B. 150dB

　C. 120dB　　　　　　　　　　D. 100dB

8. 排除故障的一般程序是(　　)

　①外观检查　　　②通电观察　　　③故障分析　　　④初检

　A. ④①③②　　　　　　　　　　B. ④②①③

　C. ④①②③　　　　　　　　　　D. ④③①②

9. 一般故障的排除方法中,当怀疑某个元器件短路或开路时,可先将其短路或开路,若故障无变化,说明判断正确的方法属于(　　)

　A. 对比法　　　　　　　　　　　B. 替代法

　C. 验证法　　　　　　　　　　　D. 直观检查法

10. 心电图是由(　　)组成

　A. 一个 P 波、一个 QRS 波群、一个 T 波、一个 U 波

　B. 一个 P 波、一个 QRS 波群、一个 T 波

　C. 一个 QRS 波群、一个 T 波、U 波

　D. 一个 P 波、一个 T 波、一个 U 波

11. 下图是心电测量电路中的(　　)

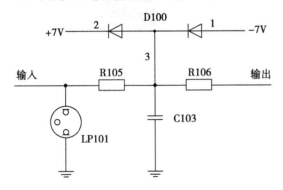

　A. 保护和滤波电路　　　　　　　B. 缓冲器电路

　C. 右腿驱动电路　　　　　　　　D. 滤放大电路

12. 心电测量电路中使人体与导联电路高度隔离,提高放大器的输入阻抗,具有增益为"1"的特性的是(　　)

　A. 保护和滤波电路　　　　　　　B. 缓冲器电路

　C. 右腿驱动电路　　　　　　　　D. 滤放大电路

13. 监护系统中常用(　　)来测量血压

　A. 无创测振法　　　　　　　　　B. 柯式音法

　C. 有创法　　　　　　　　　　　D. 以上都可以

14. 用于无创血压测量的测振法电路中不包含(　　)

    A. 压力传感器 　　　　　　　　　B. A/D 转换电路

    C. 检波整流电路 　　　　　　　　D. 过压保护电路

15. 血氧饱和度测量模块电路调试需要而无创血压测量模块电路调试不需要的设备是(　　)

    A. 数字万用表 　　　　　　　　　B. 多路稳压直流电源

    C. 示波器 　　　　　　　　　　　D. 血压模拟仪

二、简答题

1. 以监护仪为例,说明医电产品调试的目的和工艺流程?

2. 结合心电测量模块电路的调试,举例说明故障排除的常用方法?

3. 一台运行有开发软件的 PC 宿主机、通信介质和 ARM 开发板三部分如何构成一个监护仪嵌入式软件调试系统?

三、实例分析

1. 测量心电导联 Ⅰ、Ⅱ、Ⅲ、Ⅴ的信号,分别记录下示波器上的波形,找出一个心电周期的 P 波、QRS 波群、T 波和 U 波并作标记。

2. 出现如图 4-73(2)所示故障波形,试分析其原因。

项目五

医电产品整机检验

项目目标 ⋁ ....

学习目的

通过学习整机检验的工艺流程和方法、常用检验设备的原理和使用、多参数监护仪的整机检验，掌握典型医电产品检验的关键工艺，同时通过对医电产品检验工艺流程的学习，培养制作检验规范文件的能力。为后续生产管理的学习奠定基础，也为医电产品的品质检验、内部审核等岗位的技能提高打下基础。

知识要求

1. 掌握医电产品整机检验工艺流程的规划，以及多参数监护仪主要参数的检验规范标准和检验工艺方法；

2. 熟悉常用医电产品检验设备的基本原理和使用方法。

能力要求

1. 熟练掌握医电产品检验的基础知识，能够按照检验工艺流程，对产品的装调是否符合技术指标进行检验操作；

2. 熟练应用检验工艺的关键流程，设计相关检验规范文件；

3. 学会相关检验设备的使用。

第一节　产品检验工艺

产品检验是一项重要的工序，贯穿于产品生产的全过程。产品检验是指用工具、仪器或其他分析方法检查各种原材料、半成品、成品是否符合特定的技术标准、规格的工作过程。它是对产品或工序过程中的实体，进行度量、测量、检查和实验分析，并将结果与规定值进行比较和确定是否合格所进行的活动。

典型的医电产品检验流程主要包括装配准备前的检验、生产过程中的检验、产品装联前的检验和整机检验，如图 5-1 所示。

一、装配准备前的检验

在医电产品整机组装前必须对组装的各个部件进行检验，以保证各个部件达到各自性能要求，它包括了电子部件和机械部件的检验。由于元器件、材料、零部件等在包装、存放、运输

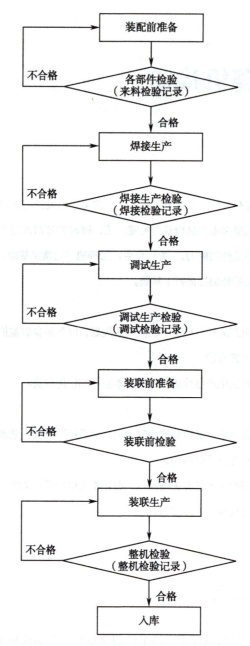

图5-1 医电产品检验流程

过程中可能会出现各种变质和损坏的情况,检验过程中不仅要按照产品的技术条件或有关协议进行外观检验,如元件表面有无损伤、变形,几何尺寸是否符合要求,型号规格是否与装配图相符,还要进行有关性能测试。在装配准备前的来料检验中,需有对应的检验文档记录,如表5-1所示。

　　装配前元器件的检验,如电阻、电容的外观和电性能等检测,在项目二中已有详述,这里重点介绍连接器(带连接线)的检验,在连接组装过程中会使用不同的连接器来进行连接,连接器质量的好坏也决定了医电产品整机的质量。连接器的性能检验基本可分为三类,即机械性能检验、电气性能检验和环境性能检验。

表 5-1 来料检验记录表样式

产品名称：			产品型号：		
供应商名称：			来料数量：	抽检数量：	
检验项目	检验规范	检测记录		不合格描述	返工再检验记录
		OK	NG		
不合格数量：			□允收	□拒收	
	检验：		日期：		
	审核：		日期：		

注明：1. 在检验结果中画"√"表示合格，"×"表示不合格。
2. 记录的是不良品的主要不良状态，给定一个判断方向。
3. 不合格产品注明数量按一定比例决定是否允收。

知识链接

连接器是指将两种或两种以上的有源器件连接到一起的媒介，用来传输信号。一般是指电连接器，如插头、插座、插孔、端子、线束等。

机械性能就连接功能而言，主要是指插拔力。插拔力分为插入力和拔出力，两者的要求是不同的。在有关标准中有最大插入力和最小拔出力规定，这就说明连接器不应有插不进或松脱现象。连接器的插拔力和机械寿命与接触件结构、接触部位镀层质量以及接触件排列尺寸精度有关。

电气性能主要包括接触电阻、绝缘电阻、抗电强度及其他电气性能。高质量的连接器应当具有低而稳定的接触电阻，连接器的接触电阻从几毫欧到数十欧不等；绝缘电阻是衡量连接器接触件之间和接触件与外壳之间的绝缘性能的指标，一般为数百至数千兆欧不等；抗电强度也称为介质耐压、耐电压，是指连接器接触件之间或接触件与外壳之间耐受额定试验电压的能力；其他电气性能指通过电磁干扰泄漏衰减来评价连接器的电磁干扰屏蔽效果。

环境性能主要包括耐温、耐湿、耐盐雾、振动和冲击等。

在连接器的检验中要严格按照性能规定进行检验，使用万用表等测量工具检验连接器的性能。有可能在一台医电产品中使用了同一种连接器数量较多，可以采用抽检的方式进行检验，并做好检验记录。只有当某种连接器在抽检中重复高频率出现不合格时，则可以将这类连接器的检验定为全检项。

二、生产过程中的检验

生产过程的检验是指物料生产成成品入库前的各阶段生产活动的品质控制。检验合格的元器件、材料、零部件以及外协件在整机装配的各道工序中，可能因操作人员的技能水平、质量意识、组装工艺、工装等因素,使组装后的部件、整机有时不能完全符合质量要求。因此要对生产过程中的各道工序都应进行检验。

生产过程检验的方式和方法主要有:自检、互检、专检相结合,过程控制与抽检、巡检相结合,多道工序集中检验,逐道工序检验,产品完成后检验,抽样与全检相结合。生产过程的检验除了检验各个生产阶段产品的性能外,还需要对各道工序和工艺进行检验,对于不符合要求的工序和工艺要及时改进,以能满足医电产品的生产要求。

在检验过程中,每一项检验都应有对应的一份检验文档的记录和不合格产品处理的记录,这样才能保证产品质量的可追溯性。不合格的产品被检验出来后要做好标记与合格产品分开,并且放置在指定的不合格产品区域。文档记录中必须写明不合格产品的问题或现象,不合格产品要及时返工维修。统计产生不合格产品的各种问题和现象的次数,对多次出现的问题或现象在《产品质量反馈》中记录并提交到设计部门查找出产生问题的原因,以提高产品的合格率。具体检验内容如表5-2所示。

表5-2 生产过程中的检验内容

工序		检验内容
准备工序	元器件准备	①元器件引线浸锡符合要求 ②元器件标记字样清楚 ③准备件的制作符合图纸要求
	导线准备	①导线尺寸、规格、型号符合图纸规定 ②导线端头处理符合要求
	线扎制作	①排线合理整齐,尺寸符合规定 ②绑扎牢固,扣距均匀,线扎松紧适当
	电缆加工	①材料尺寸、制作方法符合图纸规定 ②插头、插座进行绝缘试验
安装	紧固件的安装	①紧固件选用符合图纸要求 ②螺钉凸出螺母的长度以2~3扣为宜 ③弹簧垫圈应压平,无开裂,紧固力矩符合要求 ④紧固漆的用量和涂法符合要求
	铆装	①铆钉的形状无变形、开裂 ②铆钉头的压形符合要求
	胶接	①胶的选用符合规定,用量适当均匀 ②胶接面无缝隙、胶接后无变形
	其他	①瓷件、胶木无开裂、气泡、变形、掉块 ②镀银件无变色发黑 ③接插件接触良好,插拔力符合要求 ④传动器件转动灵活,无卡住 ⑤电感件排列符合图纸规定,屏蔽达到屏蔽要求,磁帽、磁心无开裂,可调磁心符合要求 ⑥绝缘件达到绝缘要求,减震器件起到减震作用
焊接	焊接正确性	无错焊、漏焊点
	焊点质量	①焊锡适量,焊点光滑 ②无虚焊,无毛刺、砂眼、气孔等现象 ③焊点无拉尖、搭锡和溅锡现象

　　医电产品的生产是一个精细、复杂、要求严格的生产过程,对于生产的各个阶段都要有严格的检验控制和对应的文档记录。检验依据标准主要有各种《作业指导书》、《医电产品企业标准》以及医电产品相对应的国家标准。

知识链接

《作业指导书》和《企业标准》

　　《作业指导书》是用以指导某个具体生产过程,技术性指导文件。内容应该包含有:生产工艺要求、生产步骤、生产材料清单、生产检验标准等。

　　《企业标准》是对企业范围内需要协调、统一的技术要求,管理要求和工作要求所制定的标准。企业标准由企业制定,由企业法人代表或法人代表授权的主管领导批准、发布。

　　表5-3和表5-4给出了焊接生产和调试生产的检验记录样式。

表5-3　焊接生产检验记录表样式

检验项目		检验结果	不合格描述	返工再检验记录
目测	焊接标签检验状态标识确认			
	焊接完成清洗确认			
测量	短路检查			
	漏焊检查			
	虚焊检查			
	芯片错焊检查			
最终检验结果				
检验:　　　　　　　　日期:				

表5-4　调试生产检验记录表样式

检验项目		检验结果	不合格描述	返工再检验记录
目测	调试标签检验状态标识确认			
	焊接质量确认			
	拷机记录时间确认			
测量	短路检查			
	+5V 电压检查			
	+3.3V 电压检查			
	串口数据检查			
最终检验结果				
检验:　　　　　　　　日期:				

三、产品装联前的检验

产品装联前的检验主要包括对装联所需的各单元部件进行检测,对箱体装联的布线工艺以及箱体连接线进行检测。例如,检测箱体装联中所用到的单元电路板的性能、尺寸是否符合技术要求;箱体的外形、尺寸是否符合设计规格;箱体连接线的布线设计是否达到标准;箱体连接线的尺寸、数量是否与设计文件要求一致等。产品的装联将会是医电产品的最后一道重要的生产工序,这一工序将要直接决定生产的产品质量好坏,因此在装联前要对以前的生产工序进行文档检查。对需要装联的每个部件都要有相应的生产记录文档和检验记录文档或者维修记录文档。

装联工作会使用到各种工具,要根据《装联作业指导书》的要求清点工具是否齐备,性能是否完好。核对《装联材料清单》中的各个部件是否完整,数量是否一致,每个部件上都应有合格"OK"标签,如果没有合格标签,则要查看部件的生产记录文档和检验记录文档,查清是否是合格产品,并找到记录文档上的相关人员,告知工作中出现的遗漏。

装联的工作需要有对应的《装联材料清单》《装联作业指导书》等各种工艺指导书,装联前要进行必要的培训,《装联作业指导书》的发行部门要在最早的装联现场演示和指导。要检查各个文件的版本信息是否是最新的版本,因为随着医电产品在生产线的实际生产,以前设计规划的生产流程或生产工艺可能不适应真实的生产需要,根据实际需求修改各种《作业指导书》是非常必要工作,每次的修改必须要有记录登记和对应的版本信息,还需有相应的人员进行编写、审核、批准,这样才能保证《作业指导书》的规范使用。

所有的检验都是根据《医电产品企业标准》要求进行的,《医电产品企业标准》必须根据相应的医电产品的《国家标准》和《行业标准》为基础进行编写。

四、整机检验

整机检验是在单元部件检验的基础上进行的,将各单元部件的综合检验合格后,装配成整机或系统,进行电性能参数以及性能的检验。电子产品整机检验的内容主要包括外观检验和性能检验。

(一) 外观检验

外观检验的主要内容有:产品是否整洁,面板、机壳表面的涂敷层及装饰件、标志、铭牌等是否齐全,有无损伤;产品的各种连接装置是否完好、是否符合规定的要求;产品的各种结构件是否与图纸相符,有无变形、开焊、断裂、锈斑;量程覆盖是否符合要求;转动机构是否灵活;控制开关是否操作正确、到位等。

(二) 性能检验

性能检验包括一般条件下的整机电性能和极限条件下的各项指标检验。后者称为例行试验。

电性能检验用以确定产品是否达到国家或行业的技术标准。检验一般只对主要指标进行测试,如安全性能测试、通用性能测试、使用性能测试等。

例行试验用以考核产品的质量是否稳定。例行试验的极限条件主要包括高低温、潮湿、振动、冲击、运输等。

1. **高温试验**　用以检查高温环境下对产品的影响,确定产品在高温条件下工作和储存的适应性。它包括高温负荷试验和高温储存试验。

2. **低温试验**　用以检查低温环境下对产品的影响,确定产品在低温条件下工作和储存的适应性。它包括低温负荷试验和低温储存试验。

3. **温度变化试验**　用以检查温度变化对产品的影响,确定产品在温度变化条件下工作和储存的适应性。

4. **恒定湿热试验**　用以检查湿热对产品的影响,确定产品在湿热条件下工作和储存的适应性。

5. **振动试验**　用以检查产品经受振动的稳定性。

6. **冲击试验**　用以检查产品经受非重复机械冲击的适应性。

7. **运输试验**　检查产品对包装、储存、运输条件的适应能力。

除了以上试验项目外,还有寿命试验、安全及主观评价试验。对于医电整机产品,除了进行上述必要的一些检验外,还有其特殊的检验。

点滴积累 ∨

1. 产品检验工艺贯穿整个产品生产的过程,每一个工序都有对应的检验工艺要求。
2. 不同产品的检验工艺步骤和要求都会有不同,产品检验需要按照《产品检验要求》《作业指导书》《企业标准》等文档来进行检测。

第二节　专业检验仪器和设备

一、医用接地阻抗测试仪

医用接地阻抗测试仪是一种测试被测件的接地电阻的专用仪器,广泛应用于测试各类医用仪器和设备的接地电阻。

（一）工作原理

医用接地阻抗测试仪原理框图如图 5-2 所示。220V 交流电源输入后,通过变压器和稳压电路,得到 2 组直流电源,一组 5V 供接地电阻数显用,另一组 6V 供报警电流和交流电流数字显用。另输出一个 220V 交流经调压器调至 10A 或 25A 左右,供测试接地电阻用。根据欧姆定律 $R=\dfrac{U}{I}$ 直接在数字表中得到接地电阻值。

（二）使用方法

医用接地阻抗测试仪的实物外形如图 5-3 所示。插上电源插头,打开电源开关,将按键按到"复位"位置,将两根输出线连到仪器输出插座中。红接红插座、黑接黑插座,插头插到底并

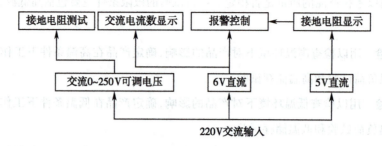

图 5-2　医用接地阻抗测试仪原理框图

用插头上的旋钮旋紧使接触牢固,输出 H(高)为一组,输出 L(低)为一组,将输出接线上的两个鳄鱼夹夹到被测件的电源线的接地处和被测件的机壳的接地处。将接地"电阻选择"置于所需位置,例如 0.5Ω 可将拨盘置于 500 处即可。然后将按键按到测试"工作"位置,调节调压器(由小到大)使电流表指示为 10A 或 25A,此时电阻数字表所显示的即为接地电阻值。当电阻超差时,仪器自动报警发出声光讯号,同时切断回路电路。测试完毕后,将按键按至"复位"位置即可取下被测件。

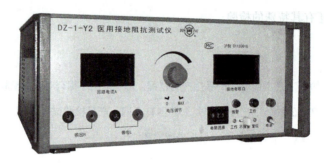

图 5-3　医用接地阻抗测试仪的实物外形

二、医用泄漏电流测试仪

医用泄漏电流测试仪是一种用于测试医用电气设备的连续漏电流和患者辅助电流的检测试验设备。

> **知识链接**
>
> ### 漏 电 流
>
> 漏电流定义:通过仪器的绝缘物与仪器功能无关的电流。
>
> 人体本身就是一个电的导体,当人体成为电路的部分时,就有电流通过人体,从而引起生理效应。引起人体生理效应和损伤的直接因素是电流而不是电压!

(一) 工作原理

医用泄漏电流测试仪主要由测试回路、量程变换、交流转换、指示装置、超限报警电路和测试电压调节装置组成,其原理框图如图5-4所示。测试回路、量程变换部分可方便用户根据实际负载大小选择合适的量程,交流转换部分将交流电压电流信号转换成直流电压电流信号,指示装置显示测试电压和实际泄漏电流以及测试时间,超限报警电路完成对不合格产品的报警和指示并自动切断高压,测试电压调节装置可以根据不同的标准需求调节合适的测试电压。

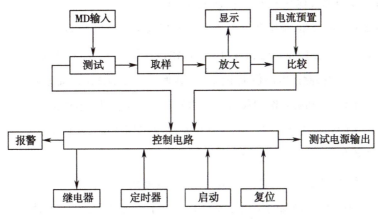

图5-4　医用泄漏电流测试仪原理框图

(二)　使用方法

医用泄漏电流测试仪的实物外形如图5-5所示。

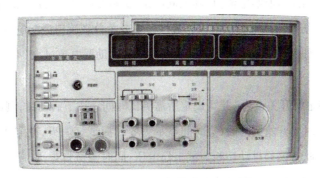

图5-5　医用泄漏电流测试仪的实物外形

1. 测试准备　接通电源后,调节泄漏测试电压调节钮,将测试电压调至最高额定电网电压的110%,然后按复位钮,切断测试电压;在复位状态下,将被测医用仪器设备电源插头与仪器的测试电源输出端连接,接通被测医用电器设备电源,根据相应标准,选择是否定时测试。

2. 对地漏电流的测试　根据相应的标准和需求设定泄漏电流报警值。调节泄漏电流按钮至所需值,此时泄漏电流显示窗口指示所设定的报警值,设定完毕后,再按一下泄漏电流预置开关使之处于被测状态。

将被测医用仪器设备保护接地与测量装置输入端连接,使测量装置输入端(接地端)接地,将正常/单一故障切换开关设置为"正常状态"。

微调泄漏测试电压调节钮,确定测试电压调至额定电网电压的110%;切换测试电源供电电路极性转换开关,分别读出泄漏电流值;调至复位钮,切断测试电压,将正常/单一故障切换开关弹出为

"单一故障状态";切换测试电源供电电路极性转换开关,分别读出泄漏电流值。

若在测试过程中报警,则被测医用仪器设备的对地漏电流过大,不合格,按复位钮使仪器复位。

3. 外壳漏电流的测试　设定泄漏电流报警值;将被测医用仪器设备与测量装置输入端连接,测量装置输入端(接地端)的接地开关按下,使该端接地;

微调泄漏测试电压调节钮,确定测试电压调至最高额定电网电压的110%;切换测试电源供电电路极性转换开关,分别读出泄漏电流值;调至复位钮,切断测试电压,将正常/单一故障切换开关弹出为"单一故障状态";切换测试电源供电电路极性转换开关分别读出泄漏电流值。

若在测试过程中报警,则被测医用仪器设备的外壳漏电流过大,不合格,按复位钮使仪器复位。若被测医用仪器设备的外壳或外壳的一部分是用绝缘材料制成的,必须将最大面积为20cm×10cm的金属箔紧贴在绝缘外壳或外壳的绝缘部分上。

4. 患者辅助电流的测量　设定泄漏电流报警值;将被测医用仪器设备保护接地与仪器保护接地连接端连接,将保护接地连接端的接地开关按下,使保护接地端接地(Ⅰ类设备)。

根据不同的医用仪器设备,按 GB9706.1 第 19.4-j 条规定,将测量装置输入端与被测医用电气设备的应用部分连接。

微调泄漏测试电压调节钮,确定测试电压调至最高额定电网电压的110%;切换测试电源供电电路极性转换开关,分别读出泄漏电流值;调至复位钮,切断测试电压,将正常/单一故障切换开关弹出为"单一故障状态";切换测试电源供电电路极性转换开关分别读出泄漏电流值。

如测试过程中出现报警,则被测医用仪器设备的患者辅助漏电流过大,不合格,按复位钮使仪器复位。

5. 定时测试　将定时开关设为"开",设定所需测试时间。按下启动钮,测试灯亮仪器进入泄漏电流测试状态,同时定时器开始倒计时,当时间显示为零时测试灯熄灭,被测体为合格;若泄漏电流超过所设定的报警值,此时仪器自动切断测试工作电压,同时测试灯熄灭、超漏灯亮、蜂鸣器发出响声,被测体为不合格,按下复位钮,即可清除报警声。

泄漏电流测量是带电进行测量的,被测电器外壳可能是带电的,因此,测试人员必须注意安全,制定相应的安全操作规程,在没有切断电源前,务必不能触摸被测电器,以防被电击,发生危险!

三、医用电介强度测试仪

医用电介强度测试仪是防止人身触电而设计的一种耐压试验设备,它可供医电产品整机和元器件作交流耐压试验之用,用来测试整机和元器件的耐压绝缘强度。

(一)工作原理

医用电介强度测试仪原理框图如图5-6所示。通电后,调节调压器旋钮,即有电压输出,测试部件在规定的高压和截断电流冲击试验下,以击穿报警是否动作为产品是否合格的标志,短路保护采用比较电器,当高压输出与地短路时,从而切断高压。

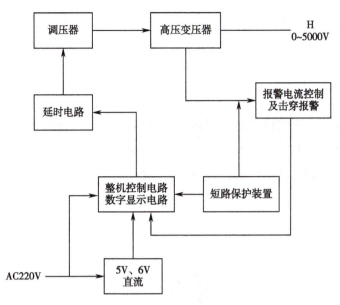

图 5-6　医用电介强度测试仪原理框图

（二）使用方法

医用电介强度测试仪的实物外形如图 5-7 所示。

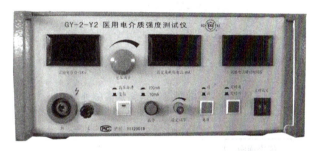

图 5-7　医用电介强度测试仪的实物外形

1. **开机前面板各按钮旋钮所在位置**　电源按钮置"断"，定时按钮置"断"，高压接通按钮置"复位"，高压探棒头置于面板上对应插座内并旋转牢。

2. **接通电源线（AC220V）**　电源按钮置"通"，此时数字表点亮，电源按钮内的灯亮；报警电流置于相应值，如 10mA、100mA；调节设定电位器，观察相应数字表的指示。当高压接通时，电流显示数字表上的显示值为漏电流值，当高压切断时所显示的为报警电流设定值。

3. **检查截断电流报警值**　将调压器逆时针旋到底，按下"高压接通"按键按钮，将高压探棒的金属端插入面板上的相应插座内（L端），将高压调压器顺时针缓慢旋动，同时观察报警电流所对应的数字表，至规定值时即自动截断高压和发生声光报警讯号，此时表明本仪器电路工作正常，可以开始使用。弹出"高压接通"按钮即可切断声光报警讯号。

4. **测试方法**　电流报警值置于规定值（调整方法同上），将被测机器的交流电源插头插入面板上的插座 L 端内，并以高压探棒的金属端触及被测件的金属部位，按下"复位"按钮，调节高压输出至规定值，触击时间自定，并以观察电流数字表显示的电流值，若报警，则说明该被测件不合格。

如需规定 1 分钟测试时，则将定时控制按键按下，调节时间设定拨盘（置于 60），到时即自动截断高压。如需再测试时,将"复位"按钮弹出,取下被测件,再测试时将"高压接通"按钮按下即可,此时高压输出由"高压接通/复位"按钮控制,按下为工作,输出高压;弹出为复位,高压显示为零。

四、恒温恒湿试验箱

恒温恒湿试验箱是一种能将温度湿度都能控制在指定温度范围内的试验箱。在检验过程中保证了被测件的检验环境的稳定,从而使实验结果更加准确。

图 5-8 给出了恒温恒湿试验箱的实物外形,操作流程如图 5-9 所示。

图 5-8　恒温恒湿试验箱的实物外形

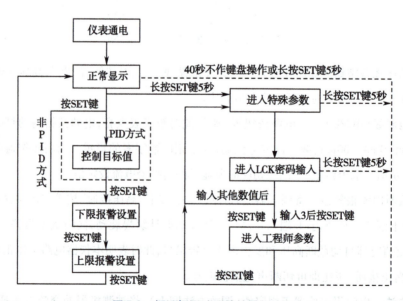

图 5-9　恒温恒湿试验箱的操作流程

五、振动试验机

振动试验机是提供产品在制造、运输及使用过程中的振动环境,鉴定产品是否有承受此环境的能力,用于发现早期故障,模拟实际工况考核和结构强度试验。振动测试用于在实验中做一连串可控制的振动模拟,振动模拟依据不同的目的有不同的方法,如共振搜寻、共振驻留、循环扫描、随机振动及应力筛检等。

图 5-10 和图 5-11 给出了振动试验机的实物外形及操作流程。

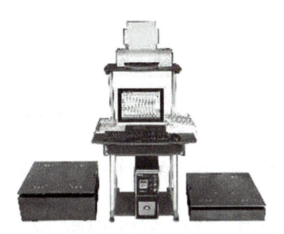 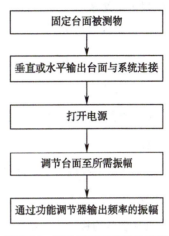

图 5-10　振动试验机的实物外形　　　　**图 5-11　振动试验机的操作流程**

点滴积累 ⋁

1. 在检测医用设备时,除了常规参数外,对其安全性能的检测指标也有很多,例如电、热、化学、放射性等安全,防止电击事故的发生等。
2. 医用设备不仅仅是在出厂是进行检测,在日常使用中也会有定期和不定期检测,这样才能保证医学量值的准确与单位的统一,使用的安全性和有效性。

第三节　任务:多参数监护仪检验实例

一、任务导入

根据医电产品的检验工艺流程,利用多参数监护仪实验系统,掌握多参数监护仪的整机检验步骤,按规范进行各个功能的检验,具体包括监护仪心电、血压、血氧参数的检验以及监护仪整机的检验,其中涵盖了部分显示部分和记录部分的检验。

二、任务分析

通过对多参数监护仪进行显示、记录、生理参数及整机的检验,按照产品整机检验的流程和标准,从而完成对多参数监护仪各项性能的检验。

(一) 显示部分的检验

显示灵敏度、稳定度、噪声电平、扫描速度误差、输入回路电流、心率显示误差、心率报警误差、心率报警预置值等是显示部分检验的主要内容。

（二）记录部分的检验

记录部分的检验要根据被检设备的具体情况进行。如对异常心电信号显示记录的检定,可选用心电信号模拟仪,它能模拟完整的正常 QRS 波以及各种异常心电信号;如对血压数据进行检定,可利用监护仪的报警回顾和波形回顾功能（还可同时检测灵敏度调整、心率值、心动输出量的设置,幅频特性、报警设置等）。

（三）生理参数的检验

多参数监护仪主要用来对人体的各项生理参数进行监护。因此,在检验过程中,重点需要检验各项的生理参数指标。

1. 心电参数的检验 心电参数的检验是使用心电信号模拟仪进行心电信号模拟,检验监护仪的各参数是否合格。

2. 血压参数的检验 主要是血压参数的校准,测量多参数监护仪的显示压力值与给定压力值的对比误差。

3. 血氧参数的检验 主要是血氧饱和度的准确度,测量多参数监护仪测定的血氧饱和度数值与给定血氧饱和度数值的对比误差。

（四）整机检验

多参数监护仪的整机检验也称为型式检验。检验内容主要包括外观功能检验和全性能检验。

1. 外观功能检验

（1）外观检查和按键功能检测。

（2）数据采集（程序）功能:将波形显示在屏幕上,并且可以记录在硬盘上。

（3）文件管理（程序）功能:主要是系统文件管理,包括病人信息的登记、病人信息的修改。

（4）数据回放（程序）功能:将保存在磁盘中的波形数据重新回放显示在屏幕上。

（5）报警:设置报警参数使报警产生,能正常报警。

2. 全性能检验 医疗产品的全性能检验主要包括环境试验和电气安全性检验。

监护仪的型式检验中气候环境试验的检测条款为主要条款,要在高温、低温、湿热环境中对显示灵敏度、心率、血压、血氧准确度等主要性能进行检测,还要进行振动碰撞试验后的全性能检测。

监护仪的安全性是十分重要的问题。医用电气设备有其特有的安全标准体系。这些安全标准涉及产品的各个方面,从标记、说明书到机械安全、电气安全等涉及 100 条以上,产品从研制、生产到投放市场整个过程中均要经过主管部门的审核和专业机构的安全检测。

多参数监护仪的性能检测与型式试验均十分重要,性能检测重点在使用时的准确度,型式试验是有关整个产品全方位性能评价,其中的安全要求最为突出。医疗器械首先是安全可靠,使用时要保证患者和操作者的用械安全,两者均不可偏。

三、相关知识与技能

(一) 多参数监护仪主要电性能指标

1. 工作温度下的连续漏电流

(1) 常温状态下的外壳漏电流:≤0.1mA;

(2) 常温状态下的患者漏电流:≤0.1mA;

(3) 加网电压状态下的应用部分:≤5mA(BF 型)。

2. 工作温度下的患者辅助电流

(1) 正常状态直流:≤0.01mA;

(2) 正常状态交流:≤0.1mA。

3. 工作温度下的电介强度

(1) A—a2:500V 直流,1min;

　　A—a2 是指在带电部分和未保护接地外壳部件之间。

(2) B—d:1500V 交流,1min;

　　B—d 是指在应用部分各部件之间和(或)在应用部分与应用部分之间。

4. 保护接地阻抗　符合《医用电气设备第一部分:安全通用要求中的 18f 条款(GB 9706.1)》的要求,具有设备电源输入插口的设备,在该插口中的保护地连接点与已保护接地的所有可触及金属部分之间的阻抗,不应超过 0.1Ω。

(二) 电生理信号检验参数标准

1. 心电主要检验参数的标准

(1) 心率显示范围:应为 30 ~ 200bpm,显示误差应为±5bpm;

(2) 心电噪声电平:≤30μV$_{p-p}$;

(3) 心电共模抑制比:≥60dB;

(4) 心电频响:1 ~ 25Hz(+0.4 ~ −3dB)。

2. 血压主要检验参数的标准

(1) 血压监测标称范围:

1) 收缩压:6.7 ~ 32.0kPa(50 ~ 250mmHg);

2) 平均压:3.4 ~ 26.6kPa(25 ~ 200mmHg);

3) 舒张压:2.0 ~ 24.0kPa(15 ~ 180mmHg)。

显示误差应为±10% 或±10mmHg 两者取最大值。

(2) 测试间隔:自动测试间隔 1 ~ 480min,定时间隔时间误差小于±10s。

3. 血氧主要检验参数的标准

(1) 血氧监测显示范围:应为 50% ~ 100% ,显示测量精度分为三个范围:

1) 在 90% ~ 99% 范围内:测量误差应为±2% ,此范围为正常人的血氧范围;

2) 在 70% ~ 89% 范围内:测量误差应为±4% ,该范围为病理状态下的血氧范围;

3）在50%～69%范围内：测量误差应为±6%，血氧饱和度过低，没有临床意义，不予定义。

（2）脉率监测范围：应为30～250bpm，显示误差应为±2bpm。

（三）多参数监护仪功能要求

1. 记录功能 监护仪的记录模块应能记录显示屏上的病人信息、波形、参数等内容。

2. 药物计算和滴定表功能 监护仪应能提供药物的计算和滴定表显示功能，并能在记录仪上输出滴定表的内容。

3. 波形冻结功能 监护仪应有对屏幕实时波形冻结的功能。

4. 回顾功能 监护仪应有对测量数据进行回顾的功能，如血压数据，以及报警回顾和波形回顾。

5. 趋势观察功能 监护仪应提供测量数据的趋势图和趋势表。

6. 过压保护功能 成人状态下，当袖带内压力值为295mmHg±3mmHg时，控制阀应泄放气压；儿童状态下，当袖套内压力值为150mmHg±3mmHg时，控制阀应泄放气压。

7. 多种报警功能 监护仪应具有心电报警、呼吸报警、体温报警、无创血压报警、血氧报警以及缺省报警设置的功能。

（四）多参数监护仪整机外观按键检验标准

1. 外观 仪器外观整洁美观，文字、符号和标志应清晰，色泽均匀，无明显划痕，裂纹等缺陷。仪器调节按钮安装准确、灵活可靠，紧固部位无松动。仪器的塑料件应无泡、开裂、变形及灌注物溢出现象。

2. 检查出货单 检查货物是否与出货单一致。

3. 检查按键 是否能正常"启动/关闭"测量血压，是否能"启动/关闭"波形冻结功能，是否能"启动/关闭"静音功能。

四、任务实施

（一）监护仪心电参数的检验

1. 仪器与设备

（1）多参数监护仪实验系统；

（2）心电信号模拟仪（或多参数信号模拟仪）；

（3）心电导联；

（4）信号发生器。

2. 检验步骤

（1）心率显示范围

将导联线与心电信号模拟仪连接，多参数监护仪实验系统导联电极分别对应接到模拟仪的心电输出端口对应导联位置，将信号模拟仪的心率设置依次设为30bpm、40bpm、60bpm、90bpm、120bpm、150bpm、180bpm、200bpm。心电波形正常后记录下监护仪的测量数据，记录监护仪显示值与设定值的误差，检验过程中可进行心率报警设置误差项目的检测。

（2）心电噪声电平

将心电导联线全部短接,在多参数监护仪实验系统上查看波形显示,测量出波形里面最高的波幅,根据此时选择的显示灵敏度和测量的波形幅度,计算出波形的电压数值,判断心电的噪声电平是否合格。

（3）心电共模抑制比

由信号发生器输入 $10\mathrm{Hz}$,$1\mathrm{mV_{p\text{-}p}}$的差模正弦信号,此时描记波形峰峰幅度为 H0;将信号改为共模输入,并将 $10\mathrm{Hz}$,$1\mathrm{mV_{p\text{-}p}}$信号增加 $60\mathrm{dB}$,要求描记波形的幅度小于 H0。

（4）心电频响

将心电导联连接到信号模拟仪（或信号发生器）上,将信号输出设置到正弦波输出,以 $10\mathrm{Hz}$、$1\mathrm{mV_{p\text{-}p}}$正弦波为基准,依次将正弦波频率调整到 $1\mathrm{Hz}$、$15\mathrm{Hz}$、$20\mathrm{Hz}$、$25\mathrm{Hz}$,分别测量液晶屏上显示的波幅,与 $10\mathrm{Hz}$ 的波幅比较需达到规定要求。

需要注意的是,心电检测时电源线和导联线要尽量分开,以减少相互干扰,要注意检测时滤波器开关的设置,根据不同项目正确设置开关状态。

（二）监护仪血压参数的检验

1. 仪器与设备

（1）多参数监护仪实验系统;

（2）血压模拟仪（或多参数信号模拟仪）;

（3）血压袖带;

（4）三通以及气管;

（5）水杯（或水瓶）。

2. 检验步骤

（1）血压监测标称范围

使用三通连接器将多参数监护仪实验系统、血压模拟仪、血压袖带连接,如图 5-12 所示。在监护仪可显示压力值范围内,将血压模拟仪的收缩压/舒张压分别均匀设置 4 点,如 80mmHg/

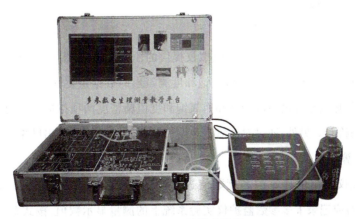

图 5-12　血压袖带连接图

50 mmHg、120 mmHg/70 mmHg、150 mmHg/120 mmHg、200 mmHg/150 mmHg，对应记录下监护仪测量显示数值。对血压模拟仪设定的血压数值进行多次连续测定，分别求出收缩压、平均压和舒张压测定值的均值，按式

$$B = \frac{(\overline{X} - T)}{T} \times 100\% \tag{5-1}$$

计算收缩压、平均压和舒张压测定值与血压模拟仪设定血压数值的误差 B，各取收缩压、平均压和舒张压误差的最大值，其中 $\overline{X}$ 为连续（如 5 次）测定值的均值，T 为设定值。

与误差数据比对判断是否合格，同时经过对压力设定值几个点的测量，也可以测算出监护仪压力显示值的线性程度。

（2）测试间隔：进入如图 5-13 所示监护软件"设置"→"无创血压设置"，将血压测量模式选择为"自动"，时间间隔"5 分钟"，使用秒表计时，当时间到 5 分钟时，观察气泵、气阀是否正常启动，启动的时间是否小于误差时间。

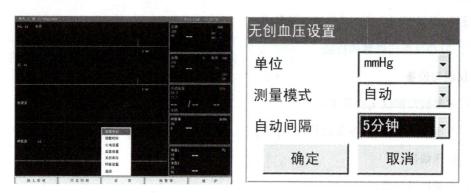

图 5-13　血压设置界面

（三）监护仪血氧参数的检验

1. 仪器与设备

（1）多参数监护仪实验系统；

（2）血氧模拟仪（或多参数信号模拟仪）；

（3）血氧探头连接线。

2. 检验步骤

（1）血氧监测显示范围：血氧饱和度模拟仪提供的比率 R 曲线和监护仪中血氧饱和度检测的双波长比率 R 曲线匹配程度越高，则对血氧饱和度测定出的数据重复性、一致性就越好，即精密度就很高，所以在进行血氧饱和度值准确度和血氧饱和度值精密度两项指标检验时，可以只需做血氧饱和度准确度值的检验。另外，通过对血氧饱和度值检测的同时可测量出脉率，该脉率的准确度可按照式 5-1 进行计算。

利用血氧模拟仪设定的血氧饱和度数值进行测定，将血氧模拟仪的血氧数值设置为 60%、80%、90%、99%，对应记录下多参数监护仪实验系统上的测量显示数值，按式 5-1 计算血氧饱和度测定值与血氧饱和度模拟仪设定血氧饱和度数值的误差 B，取误差的最大值，与误差数据对比判断

是否合格。

需要注意的是，在制定血氧饱和度值准确度指标时，应说明对应血氧饱和度数值测量的范围。

（2）脉率监测范围:将血氧检测探头按照图5-14所示连接到血氧饱和度模拟仪。

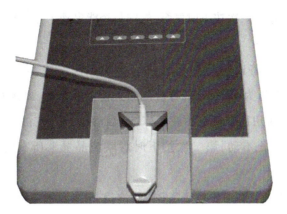

图5-14　血氧探头连接图

实验系统上使用滚轮操作,进入如图5-15所示监护软件"设置"→"血氧设置",脉率设置为"开",将血氧模拟仪的心电/脉率数值设置为40bpm、70bpm、100bpm、120bpm、150bpm、200bpm、250bpm,对应记录下监护仪测量显示数值,与误差数据对比判断是否合格。

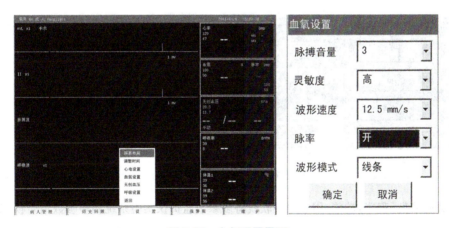

图5-15　血氧设置界面

以上为监护仪典型参数的性能检测,在测量时由于参数均为微弱信号,信噪比较低,检测环境周围不应有发射源和太强的光源,减少周围环境对监护仪的干扰,并可靠接地,使仪器能稳定地工作。

（四）监护仪整机功能检验

1. 仪器与设备

（1）多参数监护仪实验系统;

（2）多参数信号模拟仪;

（3）心电导联;

（4）血氧探头。

2. 检验步骤

（1）按键功能检测

1）在第一次启动多参数监护仪实验系统,气泵、气阀应是静止不工作状态,在按键板上按下血压测量"启动/关闭"键,观察第一次按下时气泵、气阀是否能启动工作,第二次按下时气泵、气阀是否能停止工作。

2）可以用心电导联线将监护仪和多参数信号模拟仪连接,多参数信号模拟仪设置为 $1mV_{p-p}$ 心电波形输出,心率值为 80bpm,或将血氧探头套在手指上,观察液晶屏上心电波形或血氧波形已经正常显示后,使用按键板上的波形冻结"启动/关闭"按键,第一次按下时观察液晶屏上所有的波形是否能停止不动,第二次按下时观察液晶屏上所有的波形是否能正常动态刷新。

3）用心电导联线将监护仪和多参数信号模拟仪连接,多参数信号模拟仪设置为 $1mV_{p-p}$ 心电波形输出,心率值为 130bpm,设置如图 5-16 所示监护仪软件"报警限"→"心电报警限设置",心率报警设置为"开",高限设置为"120bpm",低限设置为"50bpm",此时报警喇叭会出现"嘟～嘟～嘟"报警声音,使用按键板上的静音"启动/关闭"按键,第一次按下时报警音是否停止,第二次按下时报警是否重新响起。

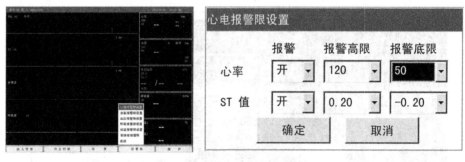

图 5-16 心电限报警设置界面

（2）数据采集（程序）功能:用心电导联线将多参数监护仪实验系统和多参数信号模拟仪连接,多参数信号模拟仪设置为 $1mV_{p-p}$ 心电波形输出,心率值为 70bpm,选择心电"Ⅰ"和"Ⅱ"导波形进行记录,记录时间为 2 分钟。在记录的 2 分钟时间里观察液晶屏上的波形显示是否正常,状态数据显示是否正确。

（3）文件管理（程序）功能:使用滚轮进入如图 5-17 所示监护仪软件"患者管理"→"接收新病人",在信息输入文本框里录入患者相关信息,输入完毕确认退出。再次进入"患者管理"菜单,查看患者信息是否保存。使用滚轮进入"患者管理"→"删除患者",确定删除后,再进入"患者管理"菜单,查看病人信息是否清除。

（4）数据回放（程序）功能:将（2）中记录到的心电波形进行数据回放,进入如图 5-18 所示监护仪软件"历史回顾"→"波形回顾",观察波形是否为记录的波形数据,记录时间是否一致。

（5）报警（程序）功能:用心电导联线将多参数监护仪实验系统和多参数信号模拟仪连接,多

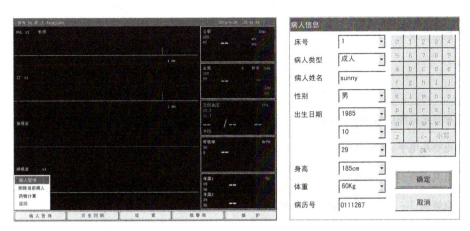

图 5-17　接收新病人界面

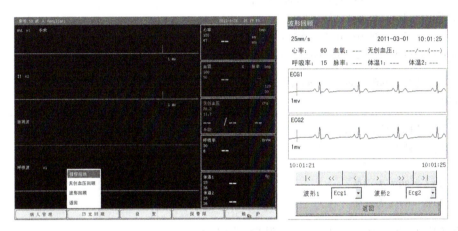

图 5-18　波形回顾界面

参数信号模拟仪设置为 $1mV_{p-p}$ 心电波形输出,心率值分别设置为 125bpm、45bpm,设置监护仪软件中心率报警设置为"开",高限设置为"120bpm",低限设置为"50bpm",观察监护仪是否能正常产生报警。

(五) 监护仪整机性能检验

1. 仪器与设备

(1) 多参数监护仪实验系统;

(2) 医用泄漏电流测试仪;

(3) 医用电介强度测试仪。

2. 检验方法

(1) 环境试验:条件应符合《医用电气设备环境要求及试验方法(GB/T14710-1993)》中气候环境试验Ⅱ组,机械环境试验Ⅱ组的要求,在相应的试验条件下进行相关性能的中间检测和最后检测,其检测结果应符合产品标准规定的要求。

(2) 电气安全性检验:按照规范操作,使用医用泄漏电流测试仪和医用电介强度测试仪进行检验,检验过程必须严格按照规范操作。

检验完毕必须严格按照检验数据如实填写检验表,如表5-5 所示。

表 5-5 多参数监护仪实验系统整机检验记录表样式

本规程依据检验规程：					
仪器类型：		仪器型号：			
序号	检验项目		检验结果	不合格描述	再检验结果
1	心率显示范围应为 30～200bpm,显示误差应为±5bpm。				
2	心电噪声电平：≤30$\mu V_{p\text{-}p}$				
3	心电共模抑制比：≥60dB				
4	心电频响：1～25Hz(+0.4dB～-3.0dB)；				
5	血压监测标称范围： ①收缩压:6.7～32.0kPa(50～250mmHg)； ②平均压:3.4～26.6kPa(25～200mmHg)； ③舒张压:2.0～24.0kPa(15～180mmHg)。 显示误差应为±10%或±10mmHg两者取最大值。				
6	血压自动测试间隔10min～99min,定时间隔时间误差小于±10s。				
7	血氧监测标称显示范围:50%～100% 显示测量精度： a) 90%～99%为±2% b) 70%～89%为±4% c) 50%～69%为±6%				
8	脉率监测范围应为30～250bpm,显示误差应为±2bpm。				
9	检测血压按键、冻结按键、静音按键。				
10	数据采集(程序)功能				
11	文件管理(程序)功能				
12	数据回放(程序)功能				
13	报警功能				
14	工作温度下的连续漏电流				
15	工作温度下的患者辅助电流				
16	工作温度下的电介强度				
最终检验结论：					

注:在检验结果中画"√"表示检验合格,"×"表示检验不合格,"O"表示无此检验项。

点滴积累 ∨ ....

1. 多参数监护仪主要电性能指标 包括工作温度下的连续漏电流、患者辅助电流、电介强度、保护接地阻抗。

2. 电生理信号检验参数标准 涉及心电、血压和血氧参数标准。

项目小结

一、学习内容

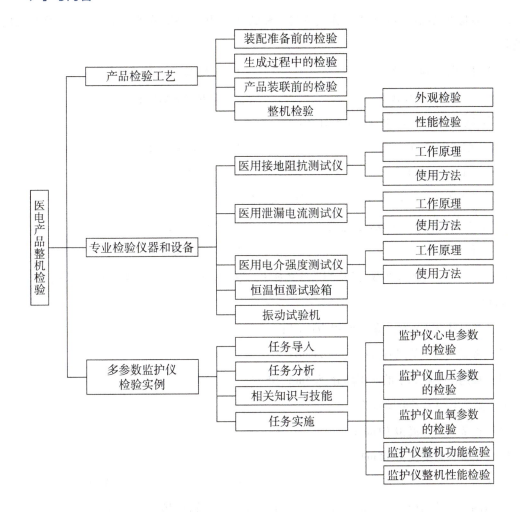

二、学习方法体会

1. 医电产品整机检验技术的掌握需要从产品检验的工艺流程和工艺方法,以及常用检验设备的使用方面入手。主要是熟悉产品的检验流程,培养检验的职业能力。

2. 在对多参数监护仪进行参数检验的过程中,要注意检验环境以及检验过程中的文档记录。

目标检测

一、单项选择题

1. 典型的医电产品检验流程主要包括(　　)、生产过程中的检验、产品装联前的检验和整机检验

A. 装配准备前的检验　　　　　　　　B. 各部件的检验

C. 焊接生产检验　　　　　　　　　　D. 调试生产检验

2. 连接器质量的好坏决定了医电产品整机的质量,以下(　　)不属于连接器的性能检验

    A. 机械性能检测　　　　　　　　　　　B. 电气性能检测

    C. 焊接生产检验　　　　　　　　　　　D. 材料性能检测

3. 可以检测医电产品和元器件作交流耐压测试之用,用来测试整机和元器件耐压绝缘强度的仪器是(　　)

    A. 医用接地阻抗测试仪　　　　　　　　B. 医用泄漏电流测试仪

    C. 医用电介强度测试仪　　　　　　　　D. 恒温恒湿试验箱

4. 多参数监护仪的心电共模抑制比为(　　)

    A. $CMRR \geq 20dB$　　　　　　　　　　B. $CMRR \geq 40dB$

    C. $CMRR \geq 60dB$　　　　　　　　　　D. $CMRR \geq 80dB$

5. 多参数监护仪的心电检验(　　)不是必需品

    A. 多参数信号模拟仪(心电模拟仪)　　B. 心电导联线

    C. 信号发生器　　　　　　　　　　　　D. 心电电极片

6. 现有一台多参数监护仪,经检测后参数如下,该机器有(　　)项参数不符合需求工作温度下的连续漏电流

(1)　常温状态下的外壳漏电流:0.056mA;

(2)　常温状态下的患者漏电流:0.11mA;

(3)　加网电压状态下的应用部分:5.4mA(BF 型)。

工作温度下的患者辅助电流

(1)　正常状态直流:0.01mA;

(2)　正常状态交流:0.05mA。

    A. 1　　　　　　　　B. 2　　　　　　　　C. 3　　　　　　　　D. 4

7. 检测元器件的标记字样是否清晰、准备件的制作是否符合图纸要求属于(　　)

    A. 装配准备前的检验　　　　　　　　　B. 生产过程中的检验

    C. 产品装联前的检验　　　　　　　　　D. 整机检验

8. 被用来检测医电产品接地电阻的专用仪器是(　　)

    A. 振动试验机　　　　　　　　　　　　B. 恒温恒湿试验箱

    C. 医用电介强度测试仪　　　　　　　　D. 医用接地阻抗测试仪

9. 在监护仪生理参数检验中,血氧值在 90% ~99% 范围内:测量误差应为(　　)

    A. ±2%　　　　　　　B. ±4%　　　　　　　C. ±6%　　　　　　　D. ±8%

10. 以下(　　)检测时需要注意不要接触机箱外壳,以防被电击

    A. 电介强度测试　　　　　　　　　　　B. 泄漏电流测试

    C. 环境检测　　　　　　　　　　　　　D. 心电参数检验

11. 根据《医用电气设备 第一部分:安全通用要求 中的 18f 条款(GB9706.1)》的要求,具有设备电源输入插口的设备,在该插口中的保护地连接点与已保护接地的所有可触及金属部分之间的阻

抗,应该(　　)

  A. 不大于1Ω   B. 不小于1Ω

  C. 不大于0.1Ω   D. 不小于0.1Ω

12. 在多参数监护仪实验系统整机检验中,心率显示范围应该是(　　)bmp

  A. 60~180   B. 30~180   C. 60~200   D. 30~200

13. 生理参数的检验不包括以下(　　)

  A. 心电参数的检验   B. 血压参数的检验

  C. 血氧参数的检验   D. 报警参数的检验

14. 以下(　　)属于软件程序功能检测

  A. 按键功能的检测   B. 血氧参数的检测

  C. 数据回放功能的检测   D. 仪器外观的检测

15. 在多参数监护仪实验系统中,心电频响参数应该是(　　)Hz

  A. 1~100   B. 25~100   C. 1~25   D. 25~50

二、简答题

1. 以多参数监护仪为例,说明医电产品检验的目的和工艺流程。

2. 简述多参数监护仪电生理信号检验参数的标准。

3. 多参数监护仪整机检验的主要内容有哪些?

三、实例分析

1. 目前多参数监护仪还没有统一的国家标准或行业标准,为了实现多参数监护仪生产和检验的统一,一些多参数监护仪主要指标及检测试验方法被建议性地提出,请列出其中有关电气安全专用要求标准,至少两项。

2. 在多参数监护仪整机检验的过程中,如出现不能正常启动的现象,试设计出处理问题的具体流程。

项目五习题

项目六

生产工艺文件的编制与管理

项目目标

学习目的

通过生产工艺文件基本知识的学习和医电产品工艺文件编制的实例介绍，为工艺文件编制与管理相关岗位的技能掌握和提高奠定基础。

知识要求

1. 掌握工艺文件的种类和作用，常见的格式和内容，及其编制的原则和要求；
2. 熟悉工艺文件的保管及更改程序。

能力要求

1. 熟练掌握工艺文件常见格式与内容的编制，并能结合生产实际，编制出符合要求和标准的工艺文件；
2. 学会工艺文件的保管与更改，并会实际操作。

第一节　生产工艺文件

一、工艺文件的种类和作用

（一）工艺文件的概念

按照一定的条件选择产品最合理的工艺过程（即生产过程），将实现这个工艺过程的程序、内容、方法、工具、设备、材料以及每一个环节应该遵守的技术规程，用文字和图表的形式表示出来，称为工艺文件。

工艺文件是带强制性的纪律文件，是产品制造过程中的法规，不允许用口头的形式来表达，必须采用规范的书面形式，而且任何人不得随意修改。它是企业组织、指导生产的主要依据和基本规则，是确保优质、高产、低消耗和安全生产的重要保证。因此，工艺文件应做到正确、完整、统一、清晰，能切实指导生产，保证生产稳定进行。

（二）工艺文件的种类

根据工艺文件的内容，可将其分为综合性工艺文件、工艺管理文件、工艺规程文件和工艺装备文件四类。

1. 综合性工艺文件　包括产品工艺性审查、工艺方案设计和工艺路线表等。

（1）产品工艺性审查：其任务是使设计或改进设计的产品在满足性能和功能的前提下，符合一定的工艺性要求，尽可能利用现有条件较为经济、合理的方法制造，便于使用和维修。

（2）工艺方案设计：是指导产品工艺准备工作的依据，除单件生产的简单产品外，都应具有工艺方案。工艺方案的设计应保证产品的质量，充分考虑生产的类型、周期和成本，并符合职业健康安全和环境管理体系的要求。在对产品进行成套工艺文件的编制前，首先应根据上述要求进行工艺方案的设计。

（3）工艺路线表：表明了产品的整、部、零件在加工、准备过程和调试过程中的工艺路线，反映了企业安排生产的基本流程，是指导有关部门组织生产的重要依据。

2. 工艺管理文件　工艺管理文件是企业科学地组织生产、控制工艺的技术文件，它包括工艺文件封面、工艺文件明细表、工艺文件更改通知单、材料消耗工艺定额明细表和配套明细表等。

3. 工艺规程文件　工艺规程文件是规定产品和整、部、零件制造工艺过程和操作方法等的工艺文件，是工艺文件的主要部分。它主要包括零件加工工艺、元件装配工艺、调试及检验工艺和各工艺的工时定额。

工艺规程按使用性质和加工种类不同又可分为以下几种：

（1）**按使用性质分**：①专用工艺规程：专为某产品或组装件的某一工艺阶段而编制的文件；②通用工艺规程：几种结构和工艺特性相似的产品或组装件所共用的工艺文件；③标准工艺规程：经长期生产已经定型并纳入标准工序的工艺方法。

（2）**按加工种类分**：在生产过程中，为了便于生产操作和使用，按加工对象分类编制的工艺规程，如塑料工艺过程卡片、热处理工艺卡片、导线及线扎加工卡片等。

4. 工艺装备文件　工艺装备是指制造过程中所用的各种工具的总称，包括刀具、夹具、模具、量具、检具、辅具、钳工工具、工位器具等，有时简称为"工装"。

工艺装备文件含专用工艺装备图样及设计文件，如专用工艺装备明细表、自制工艺准备明细表、外购工艺准备汇总表等。

（三）**工艺文件的作用**

工艺文件的主要作用如下：

1. 工艺文件是企业建立生产秩序的依据，它为生产部门提供规定的流程和工序，便于企业组织生产；

2. 工艺文件提出各工序和各岗位的技术要求和操作方法，以保证工人生产出符合要求的产品；

3. 工艺文件为生产计划部门和核算部门确定工时定额和材料定额，便于企业控制产品的制造成本和生产效率，是企业进行成本核算的重要资料；

4. 工艺文件便于生产部门的工艺纪律管理和员工管理，为企业操作人员的培训提供依据，以满足生产的需要。

二、工艺文件的格式和内容

（一）工艺文件的格式

工艺文件格式是按照工艺技术和管理要求规定的工艺文件栏目的形式编排的。我国电子行业标准《工艺文件格式（SJ/T 10320-1992）》规定了工艺文件格式分竖式和横式两种模式，分别表示为 GS 和 GH，每种模式又分为 32 个格式，每个格式用一个代号表示，如表 6-1 所示。由表可见，竖式和横式两种模式只是页面排版不同，而文件的格式和内容则完全相同，因此，本书只对竖式工艺文件格式进行介绍。

尽管工艺文件的两种模式内容和格式基本相同，但对一个企业来说，只允许采用一种模式的工艺文件格式，不能混用。

表6-1　工艺文件格式及名称代号

序号	文件格式名称	竖式格式		横式格式	
		代号	幅面	代号	幅面
1	工艺文件（封面）	GS1	A4	GH1	A4
2	工艺文件明细表	GS2	A4	GH2	A4
3	工艺流程图（Ⅰ）	GS3	A4	GH3	A4
4	工艺流程图（Ⅱ）	GS4	A4	GH4	A4
5	加工工艺过程卡片	GS5	A4	GH5	A4
6	加工工艺过程卡片（续）	GS5a	A4	GH5a	A4
7	塑料工艺过程卡片	GS6	A4	GH6	A4
8	陶瓷 金属压铸 工艺过程卡片 硬模铸造	GS7	A4	GH7	A4
9	热处理工艺卡片	GS8	A4	GH8	A4
10	电镀及化学涂覆工艺卡片	GS9	A4	GH9	A4
11	涂料涂覆工艺卡片	GS10	A4	GH10	A4
12	工艺卡片	GS11	A4	GH11	A4
13	元器件引出端成形工艺表	GS12	A4	GH12	A4
14	绕线工艺卡片	GS13	A4	GH13	A4
15	导线及线扎加工卡片	GS14	A4	GH14	A4
16	贴插编带程序表	GS15	A4	GH15	A4
17	装配工艺过程卡片	GS16	A4	GH16	A4
18	装配工艺过程卡片（续）	GS16a	A4	GH16a	A4
19	工艺说明	GS17	A4	GH17	A4
20	检验卡片	GS18	A4	GH18	A4
21	外协件明细表	GS19	A4	GH19	A4

序号	文件格式名称	竖式格式		横式格式	
		代号	幅面	代号	幅面
22	配套明细表	GS20	A4	GH20	A4
23	自制工艺装备明细表	GS21	A4	GH21	A4
24	外购工艺装备汇总表	GS22	A4	GH22	A4
25	材料消耗工艺定额明细表	GS23	A4	GH23	A4
26	材料消耗工艺定额汇总表	GS24	A4	GH24	A4
27	能源消耗工艺定额明细表	GS25	A4	GH25	A4
28	工时、设备台时工艺定额明细表	GS26	A4	GH26	A4
29	工时、设备台时工艺定额汇总表	GS27	A4	GH27	A4
30	明细表	GS28	A4	GH28	A4
31	工序控制点明细表	GS29	A3	GH29	A4
32	工序质量分析表	GS30	A3	GH30	A4
33	工序控制点操作指导卡片	GS31	A3	GH31	A4
34	工序控制点检验指导卡片	GS32	A3	GH32	A4

注:企业根据需要可以采用其他幅面格式,但必须符合 GB4457.1 的有关规定。

在实际应用时,应根据具体产品的复杂程度及生产的实际情况,按照该标准有选择地进行规范编写,并配齐成套,装订成册。

(二) 工艺文件的内容

根据表 6-1,完整的工艺文件可包含 32 项内容,但并不是说每一项内容均必不可少,应根据产品的特点和实际的生产过程加以选用。工艺文件一般包括专业工艺规程、各具体工艺说明及简图、产品检验说明(方式、步骤、程序等)等。对医电产品的工艺文件,其常见内容主要包括:工艺文件封面、工艺文件明细表、工艺流程图、导线及线扎加工卡片、装配工艺过程卡片、工艺说明及简图、检验卡片和配套明细表等。

1. 工艺文件封面 工艺文件封面是在产品全套工艺文件装订成册时作为封面使用。简单的产品可按整机装订成一册,复杂的产品可按分机单元分别装订成册。

2. 工艺文件明细表 工艺文件目录是供装订成册的工艺文件编制目录而用的,便于查阅每种整、部、零件所具有的工艺文件的名称、页数和装订的册次。工艺文件明细表反映了电子产品工艺文件的成套性,是工艺文件归档时检查是否完整的依据。

3. 工艺流程图 工艺流程图是根据产品的顺序,用方框形式表示产品工艺流程的示意图。它是编制产品装配工艺过程卡片的依据。

4. 导线及线扎加工卡片 用于编制产品、整件、部件内部连接所需的导线及线扎加工的工艺文件。如应表示清楚所用导线的名称、规格、颜色、数量、长度等。

5. 装配工艺过程卡片 用于编制部件、整件、产品装联工艺过程的工艺文件。

6. 工艺说明及简图 用于编制对某一整、部、零件提出具体工艺技术要求或各种工艺规格的工艺文件。可供绘制工艺简图、编制文字说明及作其他表格的补充文件用;也可供编制规定格式以外的其他工艺文件用,如装配及调试说明等。可作为任何一种工艺过程的续卡。

7. 检验卡片　用于编制产品制造、整件、部件、零件的最终检验及工艺过程中需要单独编制的工艺文件。

8. 配套明细表　用于编制以产品或整件为单位对装联时需要用的零、部、整件、外购件及材料进行汇总的工艺文件。可供各有关部门在配套及领、发料时使用,也可作为装配工艺过程卡的附页。

点滴积累　∨

1. 工艺文件是带强制性的纪律文件,是产品制造过程中的法规。
2. 应根据产品的特点和实际的生产过程,合理选择工艺文件的格式及相应内容。

第二节　任务：医电产品工艺文件的编制

一、任务导入

医电产品的生产过程同样离不开工艺文件,本节以某型号视力检查仪的左驱动板电路板为例(如图6-1所示),介绍工艺文件的编制。通过学习,掌握工艺文件编制的原则和要求,以及工艺文件封面、工艺文件明细表、工艺流程图、元器件引出端成形工艺表、装配工艺过程卡片、检验卡片、配套明细表的编写,并熟悉工艺文件的管理及确定工序的基本方法。

图 6-1　左驱动板电路板

二、任务分析

该任务是对"工艺文件的格式和内容"的相关知识的进一步认识。

在实际编制工艺文件时,应根据产品或部、整件的复杂程度,确定产品或部、整件所需要的工艺文件,也可以根据用户提出的要求确定工艺文件的组成。在此,根据工艺文件的编制对象——视力检查仪的左驱动板电路板的特点及复杂性,确定编制表6-1中的七个部分:

①工艺文件封面；

②工艺文件明细表；

③配套明细表；

④工艺流程图；

⑤装配工艺过程卡片；

⑥检验卡片；

⑦元器件引出端成形工艺表。

三、相关知识与技能

（一）工艺文件的编制原则和要求

1. **工艺文件的形成**　工艺文件是产品制造过程中的法规,在生产过程中具有重要的指导作用。编制工艺文件必须从产品的设计方案出发,综合考虑生产企业的现有条件和各方面因素。由图 6-2 可见,工艺文件的形成是一个复杂的过程,而且工艺文件不是一成不变的,随着工艺的改进、客户要求的改变,工艺文件也应该处于一个动态更新的过程。

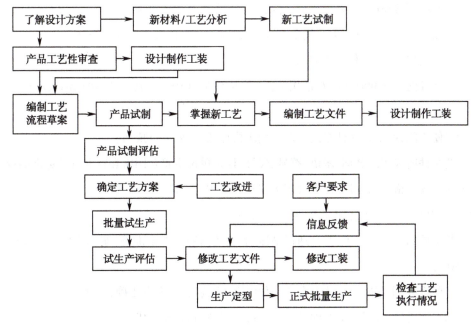

图6-2　工艺文件的形成

2. **工艺文件的编制原则**　编制工艺文件应在保证产品质量和有利于稳定生产的条件下,用最经济合理的工艺手段进行加工为原则。在编制文件前,应对该产品工艺方案的制定进行充分的调查研究,掌握国内外制造该类产品的信息。为此,要遵循以下几点。

（1）编制工艺文件,要根据产品批量的大小、技术指标的高低和复杂程度,考虑经济的合理性和技术的先进性；

（2）不可脱离实际,要充分考虑企业和当地的实际情况,如车间的组织形式、工艺装备及操作人员的技术水平等情况,保证编制的工艺文件切实可行；

（3）必须严格与设计文件的内容相符合,应尽量体现设计的意图,最大限度地保证设计质量的实现;

（4）文件内容完整正确,条理清楚,用词规范严谨,表达简洁明了,不能模棱两可;

（5）工艺文件以图为主,应做到易于认读,无须口头解释,就可进行一切工艺活动;

（6）要体现品质观念,对质量的关键部位及薄弱环节应重点加以说明;

（7）尽量提高工艺规程的通用性,对一些通用的工艺应上升为通用工艺规程,凡属操作人员应知应会的基本工艺内容,可不再编入工艺文件;

（8）表达形式应具有较大的灵活性及适用性,以便发生变化时,文件需要重新编制的比例最小。

3. 工艺文件的编制要求　编制工艺文件的主要依据是产品设计文件、生产条件、工艺手段、工艺方案和有关标准等。其编制要求如下:

（1）工艺文件应紧密联系生产实际,精心选择,能有效地指导生产,并做到及时更新。

1）编制工艺文件应采用先进技术,选择科学、可行、经济效果最佳的工艺方案,尽可能应用企业现有的技术水平、工艺条件,以及现有的工装或专用工具、测试仪表和仪器;

2）对各研制生产阶段(如试制阶段、小批量生产阶段、正式批量生产阶段)的设计文件,应编制相应的工艺文件;

3）工序间的衔接应明确,要指出准备内容、装联方法及注意事项;

4）当更新工艺装备或革新生产技术时,应及时对工艺文件进行修改或修订。

（2）工艺文件的格式应做到正确、统一和协调。

1）工艺文件的格式和幅面应在使用范围(如某企业)内统一,其格式、幅面的大小应符合有关标准;

2）为了便于阅读,工艺文件格式一般采用表格形式,并要装订成册;

3）工艺文件所采用的名词、术语、符号、代号、计量单位应符合国家和行业有关标准的规定;

4）未规定续页格式的,可根据需要多页编写或采用工艺说明等格式。

（3）工艺文件的内容表达应完整、明确和清晰。

1）工艺文件的语言应简练,并且通俗易懂;表达的内容要严密准确,避免产生不易理解或不同理解的可能性;

2）字体要规范,采用国家正式公布的简化汉字,字迹清楚,图形正确,幅面整洁;

3）工艺文件所用文件的名称、编号、图号、符号、材料和元器件代号等,应与设计文件保持一致;

4）在不致引起混淆的情况下,工艺文件中允许用工序名称的简称。例如,"装"表示"装配工序","检"表示"检验工序"。

（4）对工艺文件中的附图要求如下:

1）工艺简图是对工艺过程中工序内容的补充说明,应根据需要选绘各种示意性视图,在不影响识别的情况下,允许不按比例绘制;加工面用粗实线表示,非(待)加工面用细实线表示;标明工艺过程中所需的尺寸、尺寸公差、形位公差、表面粗糙度及测量基准等。

2）工序安装图可不完全按照实样绘制,但要求其基本轮廓相似,安装层次表示清楚。

3）装配接线图中的接线部位要清楚,各连接线的接点要明确。为识图直观,必要时可将内部接线假想移出展开。

4）线扎图应尽量采用1∶1的图样准确绘制，以便于按照图纸进行准确排线和捆扎。

5）电气简图及其他管理图、表按有关标准规定绘制。

（5）编制工艺文件要执行审核、标准化、批准等手续。

1）"审核"签署者主要负责工艺方案的正确合理性（包括工序安排和工艺要求是否合理），相关工装选择和尺寸、精度等技术参数的合理性，加工操作的安全性以及质量控制的可靠性等。

审核一般可由产品主管工艺师进行，关键工艺规程可由工艺管理部门领导审核。

2）工艺文件须由"设计"、"审核"签字后，才能进行标准化审查。"标准化"签署者主要负责审查编制的工艺文件、所采用的材料和工具，以及工艺文件的完整性和签署是否符合相关标准（国家、行业、企业）和企业规定，是否尽可能地采用了典型工艺和通用工艺等。

其目的在于保证工艺标准和相关标准的贯彻，保证工艺文件的完整和统一，并提高其通用性。

3）"批准"签署者主要负责审查产品的总体结构、主要性能是否达到技术（设计）任务书或技术协议书的要求；产品图样和工艺文件是否完整、准确，是否符合有关标准和法规文件等。

知识链接

用计算机编制工艺文件

利用计算机编制工艺文件，可以方便地修改、查询和变更文件，缩短编制文件的时间，规范文件的编制，提高文件的管理水平和效率。此外，电子工艺文件只需硬盘或光盘存储，比传统纸质工艺文件更减少了所需的存储空间，也降低了保管的要求。

常用的计算机辅助设计软件有 AutoCAD、Protel、Multisim 等，它们可用于零件图、装配图、电路原理图、PCB 图等的设计和绘制，编制电子工艺文件的文档处理软件也有多种，目前广泛使用的是 Microsoft Office 和 WPS。

电子行业标准《计算机辅助工艺文件编制（SJ/T 11214-1999）》对计算机进行工艺文件的编制作出了相关规定。

（二）工艺文件的管理

1. 工艺文件的保管　工艺文件要建立技术档案，以便积累经验，同时方便日后查找和参考。工艺文件要齐全，并分类归纳，过期失效或需处理的文件要经有关人员讨论同意，按有关规定处理或销毁，防止作废的技术文件被误用。

工艺文件应统一保管在档案部门，并妥善保管工艺文件，确保所保管的文件不受潮、不霉烂、不受损、不丢失；不允许在工艺文件页面上任意涂画，应保持工艺文件清洁、完好，里面的图形文字清晰。

工艺文件应有专人保管，如有关人员需要查阅，应按照单位有关规定办理借阅手续。用完应及时归还，并保证文件的清洁和完整性。

产品生产结束后，工艺文件应统一收回，交资料保管员存档。

如果是采用计算机编制的电子工艺文件，则应注意避免误修改、误删等错误操作，尤其是要防止计算机木马、病毒的侵入,破坏工艺文件电子文档。因而在采用计算机编制工艺文件和管理文件的过程中,应注意做好计算机的安全防护和日常备份工作。

2. 工艺文件的更改　由图6-2可知,工艺文件编制完成后,工作并没有到此结束,还需要根据情况对其进行更改。所以,工艺文件并不是一成不变的,而是处于一个动态更新的过程。

(1) 更改的原因:当发生下列情况之一时,需要对工艺文件进行更改:①工艺技术的改进;②推广新工艺、新技术、更新工装;③贯彻新标准或技术标准更改;④发现设计错误。

(2) 更改的性质:根据更改的性质不同,可分为临时性更改和永久性更改。

1) 临时性更改:在生产中,由于设备、工艺装备或材料等临时性问题需临时脱离工艺文件规定时,可由有关车间(部门)填写"工艺文件临时更改申请单",经有关部门会签和批准后生效,但不能更改正式工艺文件。

临时更改通知单格式由单位自定。

2) 永久性更改:由于采用了新技术、新工艺、新设备或新材料,使工艺发生了永久性的变化,因而工艺文件也必须作出相应的更改。在此情况下,由有关工艺人员填写"工艺文件更改通知单",并按规定程序审批后生效。

工艺文件更改通知单应由负责该产品的工艺人员拟制,审批手续与工艺设计的审批手续相同,但原则上必须由原编制者修改,任何人不得擅自修改。

(3) 在对工艺文件进行更改时,应注意下列事项:

1) 工艺文件的更改,不应影响最终产品的质量,不应违背有关标准和规定;

2) 工艺文件需要更改时,一般应由工艺部门下达"工艺文件更改通知单",凭更改通知单进行相关修改;

3) 工艺文件的更改应严肃慎重,执行修改的相关人员应认真负责;在修改某一工艺文件时,与其相关的文件必须同时修改,以保证修改后的文件正确、统一;审核、批准手续完备;

4) 由于设计文件更改、加工方法变更、内容编写错误或遗漏等原因,需要更改工艺文件时,应征得技术负责人同意后,由工艺员在文件页面上采用直接划改的方式进行更改,并在更改处做更改标记,同时在标题栏内填写更改标记、签字和日期。

知识链接

《医疗器械生产质量管理规范》中关于文件管理的要求

第二十四条　企业应当建立健全质量管理体系文件,包括质量方针和质量目标、质量手册、程序文件、技术文件和记录,以及法规要求的其他文件。

质量手册应当对质量管理体系作出规定。

程序文件应当根据产品生产和质量管理过程中需要建立的各种工作程序而制定,包含本规范所规定的各项程序。

技术文件应当包括产品技术要求及相关标准、生产工艺规程、作业指导书、检验和试验操作规程、安装和服务操作规程等相关文件。

第二十五条　企业应当建立文件控制程序,系统地设计、制定、审核、批准和发放质量管理体系文件,至少应当符合以下要求:

（一）文件的起草、修订、审核、批准、替换或者撤销、复制、保管和销毁等应当按照控制程序管理,并有相应的文件分发、替换或者撤销、复制和销毁记录;

（二）文件更新或者修订时,应当按规定评审和批准,能够识别文件的更改和修订状态;

（三）分发和使用的文件应当为适宜的文本,已撤销或者作废的文件应当进行标识,防止误用。

四、任务实施

编制工艺文件,应首先设计工艺方案,然后制定相应的工艺路线和工艺规程,最后根据上述成果,并结合生产类型、生产条件和生产要求进行工艺文件的编制。这里主要完成视力检查仪左驱动板电路板的工序确定和工艺文件的编制。

（一）确定工序

工序是指一个或一组操作人员在一个工作地对同一个或同时对几个制件所连续完成的一部分工艺过程。在编制工艺文件前,应先按照产品生产的先后顺序,确定各工序分工次序,要考虑操作省时、省力,避免使加工工件重复往返;各工序应大致平衡,使其劳动量和所需工时大致相近;安装和焊接工序应分开,每个工序尽量不使用多种工具,使操作人员操作简单,易于掌握。

根据本例中电路板所需的材料及工艺特点,将加工该电路板的工序分为10个:

（1）电路板刮锡:如图6-3所示,先对锡膏进行预处理,然后配合钢模,并用一定的力进行刮锡,将锡膏均匀、饱满地涂覆在印制电路板的焊盘上。

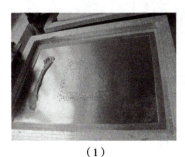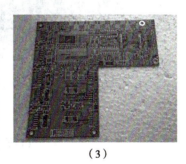

（1）　　　　　　　　　　（2）　　　　　　　　　　（3）

图6-3　电路板刮锡
(1)经预处理后的锡膏;(2)刮锡;(3)刮锡后的电路板

知识链接

锡　膏

锡膏是伴随着SMT应运而生的一种新型焊接材料,是由焊锡粉、助焊剂以及其他的表面活性剂、触变剂等加以混合,形成的膏状混合物,具有一定黏性。主要用于SMT电子元器件与PCB表面的焊接。

锡膏要保管在1～10℃的温度下,开封前须将锡膏温度回升到环境温度。开封后的锡膏应尽快使用。

（2）一次贴片操作：如图 6-4 所示，对电路板上的贴片集成电路进行放置，此过程注意集成电路应"对号入座"，并注意其方向，焊脚位置也要对准。

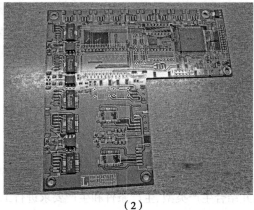

（1）　　　　　　　　　　　　　　　　　　　　（2）

图 6-4　一次贴片操作
（1）放置贴片集成电路；（2）一次贴片操作后的电路板

（3）二次贴片操作：如图 6-5 所示，对电路板上的贴片电阻和贴片电容（主要为 0805 封装）进行放置，由于电阻、电容数量较多，此过程应注意每个元件的位置正确。

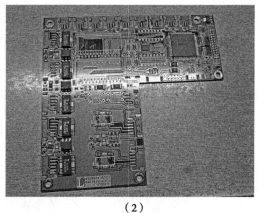

（1）　　　　　　　　　　　　　　　　　　　　（2）

图 6-5　二次贴片操作
（1）放置贴片电阻；（2）二次贴片操作后的电路板

（4）三次贴片操作：如图 6-6 所示，对电路板是的贴片电解电容、贴片排阻、贴片电位器、贴片二极管、贴片三极管和贴片插座进行放置，有极性的元件在放置时应注意其极性。

（5）贴片检验：如图 6-7 所示，按贴片工艺规程及样板对主板进行仔细检查，如果发现有漏装、错装、装反及安装不到位的应及时纠正或返回相应工序予以纠正，并将发现的问题及时做好记录，以备以后工作总结及工艺改进。

（6）回流焊：按回流焊机操作工艺规程进行作业，焊接前应首先确认印制电路板贴片正确无差错，完成后将合格的印制电路板流入下道工序，如图 6-8 所示。

（7）一次检验补焊：如图 6-9 所示，仔细检查电路板，若电路板出现板弯变形、翘皮、暴板、板变色等情况的，应作报废处理；若电路板上的贴片器件出现翘皮、发黄变色、熔化变形等情况的，应对该器件进

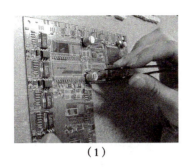　　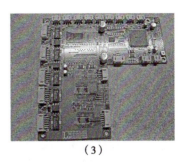

（1）　　　　　　　　　（2）　　　　　　　　　（3）

图 6-6　三次贴片操作

（1）放置贴片电解电容；（2）放置贴片插座；（3）三次贴片操作后的电路板

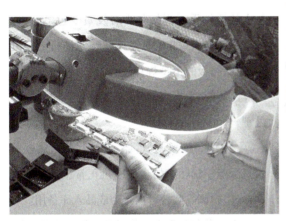　

图 6-7　贴片检验　　　　　　　　　　**图 6-8　经回流焊后的电路板**

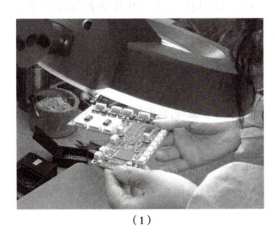　

（1）　　　　　　　　　　　　　　　　　（2）

图 6-9　一次检验补焊

（1）检验电路板；（2）一次检验补焊后的电路板

行更换；对电路板的不良焊点进行补焊，对电路板上的发热器件、大焊点、接插座等进行必要的加锡处理。

（8）插件焊接：如图 6-10 所示，对该工序涉及的直插式元件，如集成电路块、二极管、插座、插针等进行放置，其中对二极管还应进行引脚的预加工处理，及焊接以后的剪脚处理。

（9）二次检验补焊：如图 6-11 所示，应检查电路板在插件手工焊接后是否有电路板受热弯曲变形、铜箔翘起、电路板受热发黑变色等情况，如有则应对该电路板做相应处理或做报废处理；检查电路

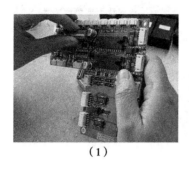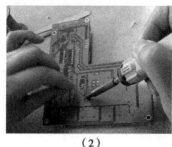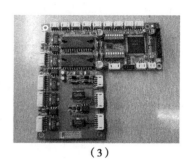

（1）　　　　　　　　　　　（2）　　　　　　　　　　　（3）

图6-10　插件焊接
(1)放置插件;(2)插件焊接;(3)插件焊接后的电路板

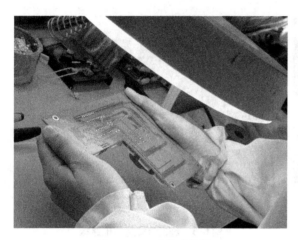

图6-11　二次检验补焊

板上的插件手工焊接是否有发黄变色氧化,熔化变形等情况,如有则应对该器件进行更换处理;对电路板的不良焊点进行补焊;对电路板上的发热器件、大焊点、接插座等进行必要的加锡处理。

（10）电路板调试:烧录程序,调试该电路板是否能控制相应的步进电机正常工作。若测试通过,则该电路板可以作为成品入库备用。

以上共包括7个工艺工序和3个检验工序,每个工序均以达到优化作业者的操作、提高生产率和降低劳动强度为目的;在相同的工序内容上,一般按照先繁后简的顺序进行安排,如上面的贴片操作。

（二）工艺文件的编制

在"任务分析"中已经提到,将本例的工艺文件分成七个部分编写,它们涵盖了上述的8个工序,其中"回流焊"和"电路板调试"工序应分别遵循各自的工艺流程,不列入此处工艺文件的编制。

下面对组成工艺文件的七个部分的编写要求分别进行介绍,需要注意的是,本节按照我国电子行业标准《工艺文件格式(SJ/T 10320-1992)》中规定的格式进行介绍,而在实际应用中,各生产企业采用的格式会有所不同。

（1）工艺文件封面的编写:在"共×册"中填写全套工艺文件的总册数;"共×页"中填写本册的页数;在"第×册"中填写该册在全套工艺文件中的序号;"产品型号"、"产品名称"、"产品图号"分别填写该产品的型号、名称和图号;"本册内容"填写该册工艺文件的主要工艺内容;最后执行批准手续,"批准"由所在单位的技术负责人签名,并填写批准的日期;底部写上所在单位名称的全称。工艺文件封面的填写内容如表6-2所示。

（2）工艺文件明细表的编写:在填写"产品名称"、"产品图号"时,应与工艺文件封面的相关内容保持一致;"零部整件图号"、"零部整件名称"填写零件、部件、整件的设计图号及其名称;"文件代号"填写工艺文件格式代号;"文件名称"填写工艺文件格式的名称;"页数"填写该工艺文件的总页数。

表6-2　工艺文件封面

　　"更改标记"栏填写更改事项;在"旧底图总号"、"底图总号"栏内,分别填写原底图总号和代替原底图的本底图总号;"拟制"、"审核"、"标准化"、"批准"栏分别由有关人员签署姓名和日期;"第×页"、"共×页"栏内,填写该目录在文件中的总页数。工艺文件明细表的填写内容如表6-3 所示。

　　(3) 配套明细表的编写:"代号"、"名称"、"数量"填写所用零件、部件、整件、外购件及材料的代号、名称和数量;"来自何处"填写提供上述物品的部门名称或代号;"交往何处"填写接收部门或代号。配套明细表的填写内容如表6-4 所示(只列出部分元器件)。

　　(4) 工艺流程图的编写:填写栏内容与要求基本与上述各表一致,不再赘述。工艺流程图的填写内容如表6-5 所示。

表6-3 工艺文件明细表

	工艺文件明细表		产品名称	视力检查仪左驱动板		
			产品图号	CV7000.2		
序号	零部整件图号	零部整件名称	文件代号	文件名称	页数	备注
1			GS1	工艺文件封面	1	
2			GS2	工艺文件明细表	1	
3			GS20	配套明细表	1	
4			GS3	工艺流程图	1	
5			GS16	装配工艺过程卡片	4	
6		二极管引出端	GS12	元器件引出端成形工艺表	1	
7			GS18	检验卡	3	

旧底图总号									
底图总号					拟制				
					审核				
日期	签名								
					标准化			第2页	
	更改标记	数量	更改单号	签名	日期	批准		共12页	

描图：　　　　　描校：

表 6-4 配套明细表

配套明细表		产品名称	视力检查仪左驱动板			
		产品图号	CV7000.2			
序号	代 号	名 称	数量	来自何处	交往何处	备 注
1	集成电路	EPM3256ATC144	1	仓库	工序2	IC301
2	集成电路	AMS1117-3.3	1	仓库	工序2	IC302
3	集成电路	AQV212A	3	仓库	工序2	K301、K302、K303
4	电阻	0805 封装 3.3kΩ±5%	3	仓库	工序3	R302、R304、R306
5	电阻	0805 封装 15kΩ±5%	4	仓库	工序3	R313、R316、R323、R326
6	电阻	2512 封装 4.7Ω±5%	8	仓库	工序3	R314、R315、R324、R325、R328、R329、R331、R332
7	电容	0805 封装 470pF±5%	8	仓库	工序3	C301、C302、C303、C305、C306、C307、C310、C313
8	电容	0805 封装 0.01μF±5%	6	仓库	工序3	C304、C308、C311、C314、C315、C316
9	贴片电解电容	10μF/16V	3	仓库	工序4	EC303、EC304、EC310
10	贴片8位排阻	1kΩ±5%	2	仓库	工序4	RP303、RP304
11	贴片电位器	30kΩ	3	仓库	工序4	VR301、VR302、VR303
12	4芯贴片插座		4	仓库	工序4	J312、J313、J314、J315
13	集成电路	LB1847	2	仓库	工序8	IC308、IC309
14	8位拨码开关		2	仓库	工序8	SW301、SW302
15	二极管	RK13/RK14	16	仓库	工序8	D304、D305、D306、D307、D308、D309、D310、D311、D312、D313、D314、D315、D316、D317、D318、D319
16	10芯双排插针		1	仓库	工序8	JTAG

旧底图总号						

底图总号					拟制	
					审核	
日期	签名					
					标准化	
						第3页 共12页
	更改标记	数量	更改单号	签名	日期	批准

表6-5　工艺流程图

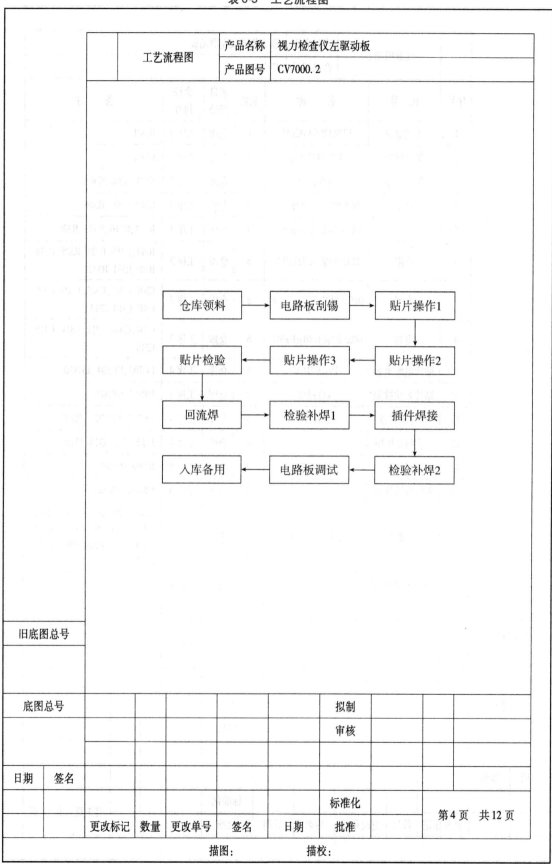

工艺流程图	产品名称	视力检查仪左驱动板
	产品图号	CV7000.2

仓库领料 → 电路板刮锡 → 贴片操作1 → 贴片操作2 → 贴片操作3 → 贴片检验 → 回流焊 → 检验补焊1 → 插件焊接 → 检验补焊2 → 电路板调试 → 入库备用

旧底图总号									
底图总号						拟制			
						审核			
日期	签名								
						标准化		第4页　共12页	
		更改标记	数量	更改单号	签名	日期	批准		

描图：　　　　　描校：

（5）装配工艺过程卡片的编写:需要说明的是,"工作地"填写该工序所属车间的名称或代号;工序指一个或一组操作人员在一个工作地对同一个或同时对几个制件所连续完成的一部分工艺过程,"工序号"就是该工序在不同工序中的顺序号;一个操作人员工作一小时为一个工时,"工时定额"就是以工时为计量单位的时间定额,包括从准备至结束的时间。装配工艺过程卡片的填写内容如表6-6、表6-7、表6-8、表6-12所示。

表6-6 装配工艺过程卡片:一次贴片操作

装配工艺过程卡片	产品名称	视力检查仪左驱动板	名称	贴片操作1		
	产品图号	CV7000.2	图号			
装入件及辅助材料			工作地	工序号	工种	工序(步)内容及要求	设备及工装	工时定额

序号	代号、名称、规格	数量	工作地	工序号	工种	工序(步)内容及要求	设备及工装	工时定额
1	IC301、集成电路、EPM3256ATC144	1	流水线	2	装配工	注意方向,焊脚位置要对准,其他注意事项见表格下方说明	镊子手工	
2	IC302、集成电路、AMS1117-3.3	1	流水线	2	装配工	注意方向,焊脚位置要对准,其他注意事项见表格下方说明	镊子手工	
3	K301、K302、K303、集成电路、AQV212A	3	流水线	2	装配工	注意方向,焊脚位置要对准,其他注意事项见表格下方说明	镊子手工	

注意事项:
1. 将集成电路从包装盒中取出,检查引脚是否平整,光亮无氧化
2. 用镊子夹住集成电路平稳轻放到印制电路板相应位置中,放置时注意集成电路的开口方向,并且每个引脚都要对好相应焊盘的中心位置,不能偏移
3. 放置好后用镊子轻压集成电路的中央位置,使其各个引脚能和锡膏粘牢,以免引起集成电路的偏位,放置的集成电路必须和印制电路板面平行

旧底图总号								
底图总号					拟制			
					审核			
日期	签名							
					标准化		第5页 共12页	
		更改标记	数量	更改单号	签名	日期	批准	
描图:					描校:			

207

表 6-7　装配工艺过程卡片：二次贴片操作

装配工艺过程卡片			产品名称	视力检查仪左驱动板		名称	贴片操作 2
			产品图号	CV7000.2		图号	
装入件及辅助材料			工作地	工序号	工种	工序(步)内容及要求	设备及工装	工时定额
序号	代号、名称、规格	数量						
1	R302、R304、R306、电阻、0805 封装 3.3kΩ±5%	3	流水线	3	装配工	焊脚位置要对准，其他注意事项见表格下方说明	镊子手工	
2	R313、R316、R323、R326、电阻、0805 封装 15K±5%	4	流水线	3	装配工	焊脚位置要对准，其他注意事项见表格下方说明	镊子手工	
3	R314、R315、R324、R325、R328、R329、R331、R332、电阻、2512 封装 4.7Ω±5%	8	流水线	3	装配工	焊脚位置要对准，其他注意事项见表格下方说明	镊子手工	
4	C301、C302、C303、C305、C306、C307、C310、C313、电容、0805 封装 470pF±5%	8	流水线	3	装配工	焊脚位置要对准，其他注意事项见表格下方说明	镊子手工	
5	C304、C308、C311、C314、C315、C316、电容、0805 封装 0.01μF±5%	6	流水线	3	装配工	焊脚位置要对准，其他注意事项见表格下方说明	镊子手工	

注意事项：

1. 从元件盒中取出对应元件，确认器件参数无误后，用镊子夹住轻轻放在印制电路板的相应焊盘位置中央(图 6-12、图 6-13)

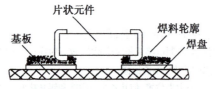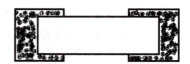

图 6-12　贴片器件放置侧视图　　　图 6-13　贴片器件放置俯视图

2. 轻放置好后要用镊子轻压一下器件的中央，让其脚能和锡膏粘牢，以免器件偏位
3. 对于有极性的元器件，应注意贴装的方向

旧底图总号								
底图总号						拟制		
						审核		
日期	签名							
						标准化		第6页　共12页
		更改标记	数量	更改单号	签名	日期	批准	

描图：　　　　　　　描校：

表6-8　装配工艺过程卡片:三次贴片操作

装配工艺过程卡片			产品名称		视力检查仪左驱动板		名称	贴片操作3
			产品图号		CV7000.2		图号	

装入件及辅助材料			工作地	工序号	工种	工序(步)内容及要求	设备及工装	工时定额
序号	代号、名称、规格	数量						
1	EC303、EC304、EC310、电解电容、贴片 10μF/16V	4	流水线	4	装配工	注意方向,焊脚位置要对准,其他注意事项见表格下方说明	镊子手工	
2	RP303、RP304、排阻、贴片8位 1kΩ±5%	2	流水线	4	装配工	焊脚位置要对准,其他注意事项见表格下方说明	镊子手工	
3	VR301、VR302、VR303、电位器、贴片 30kΩ	3	流水线	4	装配工	焊脚位置要对准,其他注意事项见表格下方说明	镊子手工	
4	J312、J313、J314、J315、插座、4芯贴片	4	流水线	4	装配工	焊脚位置要对准,其他注意事项见表格下方说明	镊子手工	

注意事项:

1. 对于分立元件,如电阻、电容、电位器等

1) 从元件盒中取出对应元件,确认器件参数无误后,用镊子夹住轻轻放在印制电路板的相应焊盘位置中央(图6-14、图6-15)

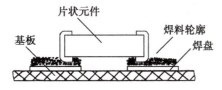

图6-14　贴片器件放置侧视图　　图6-15　贴片器件放置俯视图

2) 轻放置好后要用镊子轻压一下器件的中央,让其脚能和锡膏粘牢,以免器件偏位

3) 对于有极性的元器件,应注意贴装的方向

2. 对于接插件

1) 将器件从相应元件盒中取出,检查元器件外观质量,有引脚残缺,器件变形等现象的器件应去除报废

2) 将它用镊子夹住平稳轻放在印制电路板所标注的相应位置中,并注意方向

3) 要求元器件放置好后与印制电路板面贴平

旧底图总号								

底图总号					拟制			
					审核			
日期	签名							
					标准化		第7页　共12页	
更改标记	数量	更改单号	签名	日期	批准			

描图:　　　　　　描校:

（6）元器件引出端成形工艺表的编写：该表用于以整机、整件、部件为单位,编写内部电气连接所用的元器件引出端成形加工的工艺文件。"成形标记代号"填写元器件引出端成形标记代号；"长度"填写元器件引出端需要加工的长度；"设备及工装"填写所需的设备及工装名称、型号和编号。元器件引出端成形工艺表的填写内容如表6-11所示。

（7）检验卡片的编写："工作地"填写执行检验工序车间（部门）名称或代号；"工序号"填写GS5、GH5 或 GS16、GH16 中的被检工序编号；"来自何处"、"交往何处"分别填写本工序委检部门和送交部门的名称或代号；"全检"标注全检标记,采用"√"表示；"抽检"表示抽检方案,可参考相关的抽样标准。检验卡片的填写内容如表6-9、表6-10、表6-13 所示。

表6-9　检验卡片:贴片检验

检验卡片		产品名称	视力检查仪左驱动板	名称	贴片检验
		产品图号	CV7000.2	图号	
工作地	流水线	工序号	5　来自何处　工序4　交往何处		工序6

序号	检测内容及技术要求	检测方法	检测器具 名称	检测器具 规格及精度	全检	抽检	备注
1	按贴片工艺规程及样板对主板进行仔细检查	目检			√		
2	检查元器件是否存在漏装、错装、装反及安装不到位的情况	目检			√		若有,则应及时纠正或返回相应工序予以纠正

1. 将发现的问题及时做好记录,以备以后工作总结及工艺改进
2. 完成后把合格的主板流入下一工序

旧底图总号					
底图总号			拟制		
			审核		
日期	签名				
			标准化		第8页　共12页
更改标记	数量	更改单号　签名　日期	批准		

描图:　　　　描校:

210

表 6-10 检验卡片:一次检验补焊

检验卡片			产品名称	视力检查仪左驱动板	名称	检验补焊 1
			产品图号	CV7000.2	图号	

工作地	流水线	工序号	7	来自何处	工序 6	交往何处	工序 8

序号	检测内容及技术要求	检测方法	检测器具		全检	抽检	备注
			名称	规格及精度			
1	检查电路板是否有板弯变形、翘皮、暴板、板变色等情况	目检			√		若有,则对该电路板做相应处理或做报废处理
2	检查电路板上的贴片器件是否有翘皮、发黄变色、熔化变形等情况	目检			√		若有,则对该器件进行更换处理
3	检查电路板的焊点是否存在空焊、假焊、冷焊、包焊、半边焊、搭焊、锡球等情况	目检			√		若有,则对电路板的不良焊点进行补焊

1. 对电路板上的发热器件、大焊点、接插座等进行必要的加锡处理
2. 完成后把修补合格的电路板流入下一工序

旧底图总号								
底图总号					拟制			
					审核			
日期	签名							
					标准化			第 9 页 共 12 页
	更改标记	数量	更改单号	签名	日期	批准		

描图: 描校:

表 6-11　元器件引出端成形工艺表

| 元器件引出端成形工艺表 | | | 产品名称 | 视力检查仪左驱动板 | | 名称 | 二极管 |
| 元器件引出端成形工艺表 | | | 产品图号 | CV7000.2 | | 图号 | |

序号	项目代号	名称型号及代号	成形标记代号	长度(mm)			数量	设备及工装	工时定额	备注
				A	R	h				
1	二极管 RK13/RK14	D304、D305、D306、D307、D308、D309、D310、D311、D312、D313、D314、D315、D316、D317、D318、D319	(a)	3	1.5	1	16	手工		

二极管引出端成形如图 6-16、图 6-17 所示

其中:$A \geqslant 2mm$,$R \geqslant 1.5mm$,h 约等于 $0 \sim 3mm$(图 6-16 中 h 为 $0 \sim 2mm$,图 6-17 中 h 为 $2 \sim 3mm$)

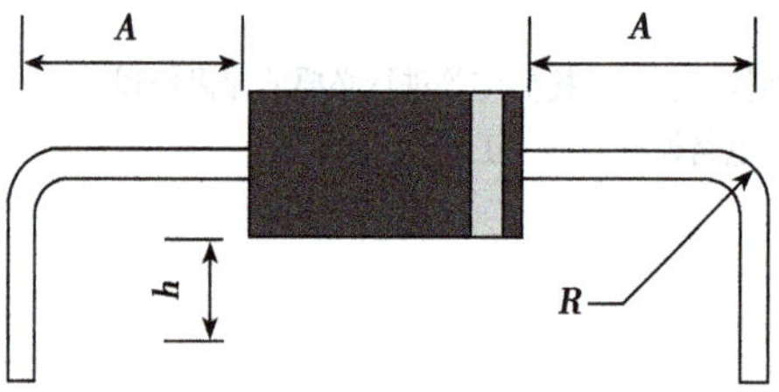

图 6-16 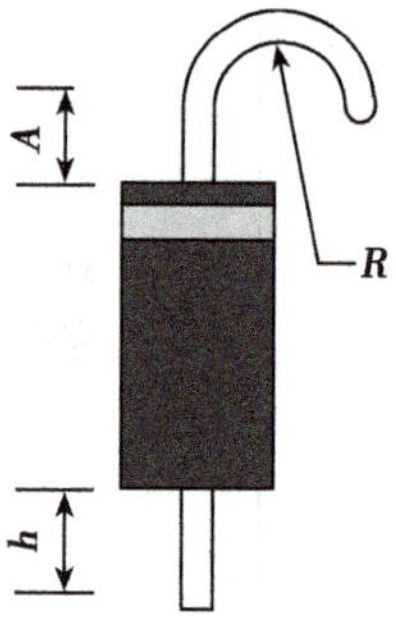　　　　　　　　　　　　　　　　图 6-17

旧底图总号									

底图总号						拟制			
						审核			
日期	签名								
						标准化		第10页　共12页	
		更改标记	数量	更改单号	签名	日期	批准		

描图:　　　　　　描校:

表 6-12 装配工艺过程卡片:插件焊接

装配工艺过程卡片		产品名称	视力检查仪左驱动板			名称	插件焊接	
		产品图号	CV7000.2			图号		
装入件及辅助材料				工作地	工序号	工种	工序(步)内容及要求	设备及工装	工时定额
序号	代号、名称、规格	数量						
1	IC308、IC309、集成电路、LB1847	2	流水线	8	装配工	注意方向	镊子手工	
2	SW301、SW302、8 位拨码开关	2	流水线	8	装配工		镊子手工	
3	D304～D319、二极管、RK13/RK14	16	流水线	8	装配工		镊子手工	
4	JTAG、10 芯双排插针	1	流水线	8	装配工		镊子手工	

注意事项:

1. 二极管

(1) 成形工艺要求见表6-11;

(2) 插到电路板上时,应注意插装的方向,二极管的极性标记见图6-18、图6-19

2. 集成电路

(1) 将集成电路从包装盒中取出,检查插脚是否平整,光亮无氧化

(2) 将它平稳插入印制电路板相应位置中,插入时注意集成电路的开口方向,通常直插式集成电路板的开口方向见图6-20,检查集成电路引脚是否全部插入,并与印制电路板贴平

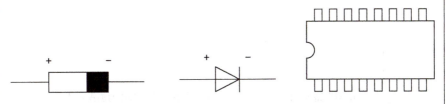

图6-18 二极管实物图　　图6-19 二极管电路符号图　　图6-20 集成电路开口

3. 接插件

①将元器件从相应元件盒中取出,检查元器件外观质量,有引脚残缺,器件变形等现象的元器件应去除报废。②将它插入印制电路板所标注的相应位置中,并注意方向。③要求元器件插放后与印制电路板贴平

4. 此工序中每插好一个器件后,用电烙铁手工焊接好,然后用斜嘴钳对多余长出的脚进行剪脚处理;然后再下一个器件插好焊接剪脚,这样一个一个来完成焊接

旧底图总号									
底图总号							拟制		
							审核		
日期	签名								
							标准化		第11页 共12页
更改标记	数量	更改单号	签名	日期	批准				

描图:　　　　描校:

表 6-13 检验卡片:二次检验补焊

检验卡片		产品名称	视力检查仪左驱动板		名称		检验补焊 2	
		产品图号	CV7000.2		图号			
工作地	流水线	工序号	9	来自何处	工序 8	交往何处	工序 10	

序号	检测内容及技术要求	检测方法	检测器具 名称	检测器具 规格及精度	全检	抽检		备注
1	检查电路板在插件手工焊接后是否有电路板受热弯曲变形、铜箔翘起、电路板受热发黑变色等情况	目检			√			若有,则对该电路板做相应处理或做报废处理
2	检查电路板上的插件手工焊接是否有发黄变色氧化、熔化变形等情况	目检			√			若有,则对该器件进行更换处理
3	检查电路板的焊点是否存在空焊、假焊、冷焊、包焊、半边焊、搭焊、锡球等情况	目检			√			若有,则对电路板的不良焊点进行补焊

1. 对电路板上的发热器件、大焊点、接插座等进行必要的加锡处理
2. 完成后把修补合格的电路板流入下一工序

旧底图总号							

底图总号					拟制		
					审核		
日期	签名						
					标准化		第 12 页 共 12 页
	更改标记	数量	更改单号	签名	日期	批准	

描图: 描校:

点滴积累 ∨

1. 编制工艺文件必须综合考虑企业的生产条件和产品设计方案等因素，并遵循一定的原则和要求。

2. 平时应科学地保管工艺文件，必要时应按程序、规范地更改工艺文件。

项目小结

一、学习内容

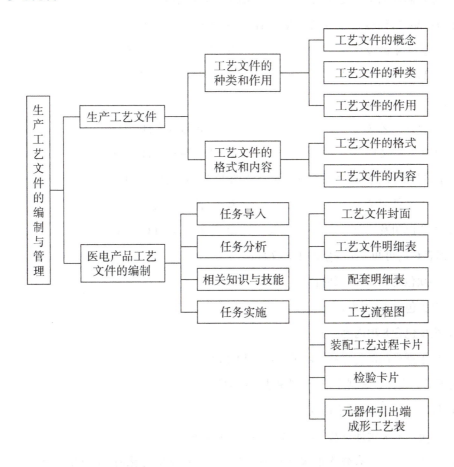

二、学习方法体会

工艺文件是指导生产的重要文件，要编制出符合规范和要求的工艺文件，必须对产品对象的特点和所在单位的现有条件有较全面的了解。本项目中的举例对象较为简单，旨在说明编制成套工艺文件的一般格式与内容，而之前的步骤，如工艺方案、工艺路线和工艺规程的设计，不在讨论之列。读者可查阅其他参考资料，从而对工艺文件的形成和编制有更全面的理解。

随着计算机技术的普及，越来越多的生产单位采用计算机辅助工艺文件编制，其格式可能与此处列举的格式有出入，但很多关键内容是相同的。这在以后从事工艺文件编制或管理的相关岗位时需要注意。

若条件允许，可参观一些生产单位，了解他们是如何对工艺文件进行编制和管理的。

目标检测

一、单项选择题

1. 在企业内部,工艺文件是(　　)

    A. 带强制性的纪律文件,允许用口头的形式来表达

    B. 带强制性的纪律文件,不允许用口头的形式来表达

    C. 非强制性的纪律文件,允许用口头的形式来表达

    D. 非强制性的纪律文件,不允许用口头的形式来表达

2. 在对产品进行成套工艺文件的编制前,首先应进行(　　)

    A. 工艺方案的设计　　　　　　　　B. 工艺路线的审查

    C. 产品研制方案的设计　　　　　　D. 产品的试加工

3. 工艺文件的主要部分是(　　)

    A. 综合性工艺文件　　　　　　　　B. 工艺管理文件

    C. 工艺规程文件　　　　　　　　　D. 工艺装备文件

4. 用于编制部件、整件、产品装联工艺过程的工艺文件是(　　)

    A. 工艺文件明细表　　　　　　　　B. 工艺流程图

    C. 工艺说明及简图　　　　　　　　D. 装配工艺过程卡片

5. 根据表6-1,可知一个完整的工艺文件(　　)

    A. 必须包含全部32项内容

    B. 至少包含16项内容

    C. 至少包含8项内容

    D. 应根据产品的特点和实际的生产过程加以选用

6. 关于工艺文件的编制原则,下列说法错误的是(　　)

    A. 以图为主,做到易于认读

    B. 对质量的关键部位及薄弱环节应重点加以说明

    C. 表达形式应具有较大的灵活性及适用性,以便发生变化时,文件需要重新编制的比例最小

    D. 凡属操作人员应知应会的基本工艺内容,应编入工艺文件

7. 关于工艺文件的保管,下列做法错误的是(　　)

    A. 统一保管在档案部门

    B. 确保所保管的文件不受潮、不霉烂、不受损、不丢失

    C. 允许企业内部的人员可以随意借阅

    D. 产品生产结束后,工艺文件应统一收回

8. 关于编制工艺文件的要求,下列说法错误的是(　　)

    A. 应尽可能应用企业现有的技术水平、工艺条件

B. 在产品试制阶段,可不编制工艺文件

C. 工序间的衔接应明确,要指出准备内容、装联方法及注意事项

D. 当更新工艺装备或革新生产技术时,应及时对工艺文件进行修改或修订

9. 关于工艺文件的格式,下列说法错误的是(　　)

    A. 工艺文件的格式和幅面应在使用范围内统一

    B. 为便于阅读,工艺文件格式一般采用表格形式

    C. 对于只在企业内部使用的工艺文件,所采用的名词、术语、符号等可以是企业内定的

    D. 未规定续页格式的,可根据需要多页编写或采用工艺说明等格式

10. 关于工艺文件的内容,下列说法错误的是(　　)

    A. 工艺文件的语言应简练,并且通俗易懂

    B. 字体要规范,采用国家正式公布的简化汉字

    C. 所用文件的名称、编号、图号、符号等,应与设计文件保持一致

    D. 不允许用工序名称的简称,以免引起混淆

11. 工艺文件的表示(　　)

    A. 仅限文字形式　　　　　　　　B. 仅限图表形式

    C. 文字和图表均可　　　　　　　D. 以上均不是

12. 根据电子行业标准《工艺文件格式(SJ/T 10320-1992)》,GH3 表示(　　)

    A. 工艺文件明细表(竖式)　　　　B. 工艺文件明细表(横式)

    C. 工艺流程图(竖式)　　　　　　D. 工艺流程图(横式)

13. 关于装配工艺过程卡片的填写,下列说法错误的是(　　)

    A. "工作地"填写该工序所属车间的名称或代号

    B. "工序号"就是该工序在不同工序中的顺序号

    C. 一个操作人员工作一小时为一个工时

    D. "工时定额"就是以工时为计量单位的时间定额,主要是操作的时间

14. 反映电子产品工艺文件的成套性,是工艺文件归档时检查是否完整的依据的是(　　)

    A. 工艺文件明细表　　　　　　　B. 工艺流程图

    C. 工艺说明及简图　　　　　　　D. 配套明细表

15. 编制工艺文件要执行审核、标准化、批准等手续,下列说法错误的是(　　)

    A. "审核"签署者主要负责工艺方案的正确合理性,相关工装选择和尺寸、精度等技术参数的合理性等

    B. "标准化"签署者主要负责审查工艺文件的完整性和签署是否符合相关标准和企业规定,是否尽可能地采用了典型工艺和通用工艺等

    C. "批准"签署者主要负责审查产品的总体结构、主要性能是否达到技术(设计)任务书或技术协议书的要求等

    D. 审核的目的在于保证工艺标准和相关标准的贯彻,保证工艺文件的完整和统一,并提高

其通用性

二、简答题

1. 什么是工艺文件？工艺文件有什么作用？

2. 工艺文件的编制原则有哪些？

3. 如何管理工艺文件？

三、实例分析

1. 假设现在要编制一份某医电产品的工艺文件,需要做哪些准备工作？

2. 请查阅相关资料,拟制一份工艺文件更改通知单。

项目六习题

项目七

医电产品生产运作管理

项目七PPT

项目目标 ∨

学习目的

通过学习生产运作管理以及产品质量管理等内容，掌握典型医电产品生产运作的流程和基本方法，培养现场生产管理和医疗器械质量管理的技能，为以后的相关学习和生产管理岗位技能奠定基础。

知识要求

1. 掌握生产计划的编写和实施，以及质量管理的流程和方法；

2. 熟悉生产设备的日常维护保养等管理；

3. 了解生产运作管理的任务和职能，以及生产作业的组织规划。

能力要求

1. 熟练应用生产运作管理的理论知识，按照需求进生产任务的计划和实施。可以编写生产运作管理的文件，并能采取措施对过程和结果进行及监视和测量；

2. 学会运用 ISO 9001、ISO 13485 等相关标准的要求，对以多参数监护仪为代表的典型医电产品的生产过程进行质量监控，并能编写相关质量文件；

3. 学会生产设备的日常维护项目，根据维修记录，编写设备维修计划。

第一节　生产运作系统的运行

人类自从有了生产活动，就开始了生产与运作管理的实践。18 世纪 70 年代西方产业革命之后，工厂制度代替了手工作坊，机器代替了人力，现代意义上的生产与运作管理实践与理论研究从那时起才开始系统地、大规模地展开。

生产在工业化进程中占有重要的地位。新中国成立至今，我国已经建立起了较完备的工业体系，特别是改革开放以来，其发展受到世界瞩目，但与西方工业化国家相比，在企业的生产与运作管理方面的差距仍然较大。

生产运作管理既要解决传统产业普遍存在的资源利用率低、有效产出少、利润率低等问题，也要针对高新技术等新兴产业开展生产过程优化、流程再造等方面的研究与应用。对于目前尚未完成工业化进程的中国来讲，如何缩短工业化进程，加快高新技术产业发展，是摆在我们面前的一个重大课题，生产与运作管理的理论、方法研究与应用必将在其中发挥重要作用。

现代企业仅靠产品、营销和组织等某一方面的单一创新并不能确保企业取得成功。现代企业管理应是一系列创新的组织和实施的综合体,管理创新始终是企业发展的灵魂,生产与运作管理是企业管理的核心。

现代企业的内部分工越来越细,各部分之间的耦合程度越来越高,任何一个环节的失误都可能导致整个生产过程无法顺利进行。为了适应变化多端的市场竞争、提高产品综合竞争能力,采用先进的制造技术和制造模式,提高企业的生产管理水平已势在必行,生产与运作管理不可或缺。

企业领导者和组织者要搞好企业的生产与运作管理,尤其是大中型企业的生产与运作管理,必须用科学的方法、快速而精准的第一手资料、敏锐的市场洞察力、稳健而坚决的执行力,才能在全球化市场竞争中带领企业立于不败之地。要实现这一宏伟目标,学习并创新运用生产运作管理领域不断涌现的新理论、新方法必不可少。事实上,生产运作管理中的许多理论与方法正是在企业家们不断的管理实践中成长并发展起来的。

一、生产运作管理的职能

(一) 生产运作管理的基本概念

运作的实质是一种生产活动。人们习惯把提供有形产品的活动称为制造型生产,将提供无形产品(即服务)的活动称为服务型生产。这两种生产都是为社会创造财富的过程。

运作是人类赖以生存的最基本的活动,人类社会很早就有运作活动。早期的运作称为生产,主要指有形产品的制造。随着经济的发展、技术的进步,特别是生产社会化、信息化的高速发展,人们除了对各种有形物质的需求之外,对无形产品的需求也日益增加。而且,随着社会结构越来越复杂,社会分工越来越细,原来附属于生产过程的一些业务和服务过程也相继分离并独立出来,形成了专门的流通、零售、金融、房地产等服务行业,使全社会服务产业的比重

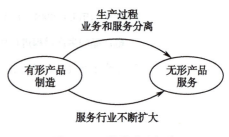

图7-1　运作的广义概念

越来越大。此外,随着社会生活水平的提高,人们对教育、医疗、保险、理财、娱乐、人际交往等方面的要求也在迅速提高,相关的行业不断发展壮大,对所有这些提供无形产品的运作过程进行管理和研究的必要性也就应运而生。

人们把有形产品的生产与无形产品的服务都纳入生产的范畴,通称为运作。也可以说,运作就是包括制造与服务在内的广义生产概念,如图7-1所示。

从系统的角度而言,运作是一个投入产出过程,即输入一定资源,通过转换过程,输出相关的产品或服务,如图7-2所示。

其中,输出是企业或组织对社会作出的贡献,也是企业或组织赖以生存的基础。一个企业或组织的输出想要在同行业中具有竞争力,就必须使其输出在价格、质量及服务上具有鲜明的特点,表现出与竞争者相比在产品或服务方面的优势,才能在市场竞争中占有一席之地。这种输出的优势是在转化过程中形成的,因此,转化过程的有效性是影响企业竞争力的关键因素之一。转化过程通常涉

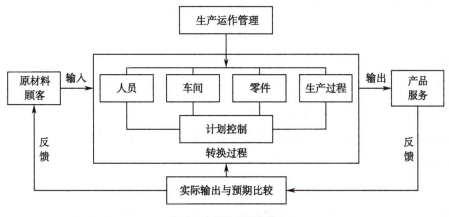

图7-2 运作活动过程

及人员的知识与技能、车间的设备、产品制造所需的零件、生产过程的设计与优化和生产过程的计划控制,只有这五项因素合理配置、通力协调,才能保证转化过程高效运转。输入则由输出决定,生产什么样的产品决定了需要什么样的资源和其他输入要素。把输入资源按照顾客需要转化为有用输出的过程,就是运作活动的过程。同时,在运作活动中,为了更好地改进产品或服务,反馈、比较过程是运作活动的重要组成部分。

表7-1 给出了不同行业、不同社会组织的输入、转换、输出的主要内容。

表7-1 典型系统的输入-转换-输出

系统	主要输入资源	转换	输出
汽车制造厂	钢材、零部件、设备、工具	制造、装配汽车	汽车
学校	学生、教师、教材、教室	传授知识、技能	高素质人才
医院	患者、医护人员、药品、医疗设备	治疗、护理	健康的人
商场	顾客、售货员、商品、库房	吸引顾客、推销产品	满意的顾客
餐厅	顾客、服务员、食品、厨师	提供精美食物	满意的顾客

从上述内容可以看出,运作活动具有如下特征:

1. 运作需要投入一定资源,经过某种转换过程,实现价值增值;

2. 运作包括有形产品的生产,也包括提供无形产品——服务;

3. 运作的产出既可以满足一定社会需要,又具有一定使用价值。

事实上,企业的运行有赖于运作、理财和营销这三大基本职能的协调一致。运作就是创造社会所需要的产品和服务,把运作活动组织好,对提高企业的经济效益有很大作用;理财就是为企业筹措资金并合理地运用资金,只要进入企业的资金多于流出企业的资金,企业的财富就会不断增加;营销就是要发现与发掘顾客的需求,让顾客了解企业的产品和服务,并将这些产品和服务送到顾客手中。

由此可见,运作是包括制造与服务在内的广义生产概念;运作是企业的最基本职能之一;运作活动的过程是把输入资源按照社会需要转化为有用输出,实现价值增值的过程。

(二)生产运作管理的基本任务

生产运作管理是指对企业提供产品或服务的系统进行设计、运行、评价和改进的各种管理活动的总称。运作系统的设计包括产品或服务的选择和设计、运作设施的定点选择、运作设施布置、服务交付系统设计和工作设计。运作系统的运行主要是指在现行的运作系统中如何适应市场的变化,按用户的需求,生产合格产品和提供满意服务。从生产运作管理在企业管理系统中的作用可知,生产运作管理的基本任务是:在计划期内,按照社会需要,在必要的时间,按规定的质量,以限定的成本,高效率地生产必要数量的产品或提供满意的服务。

产品或服务的质量、数量、成本和交货期之间是互相关联、互为影响的,如提高产品或服务的质量水平,可能会增加成本;增大生产产品的批量,又可能降低生产成本。因此,必须从整个生产与运作管理系统出发,运用组织、计划、控制的职能,把投入运作系统中的各种生产要素有效地结合起来,使生产过程中物流、信息流和控制流有机地融为一体,按照最经济的方式,创造出使社会和顾客都满意的产品或服务。

(三) 生产运作管理的目标

生产运作管理的目标是高效、低耗、灵活、清洁、准时地生产合格的产品或提供满意的服务。

高效是指企业能够在较短时间内,迅速地生产或提供满足用户需要的产品或服务。在当前激烈的市场竞争条件下,哪个企业的供货周期短,就能争取更多的市场份额。

低耗是指企业提供同样数量和质量的产品或服务,所消耗的人力、物力和财力最少。企业只有降低消耗才能降低生产或服务的成本,只有降低了生产或服务的成本才有可能使提供给用户的产品或服务价格最低,才能争取到更多的市场。

灵活是指企业能够很快地生产出不同品种、开发出新品种的产品或服务,以适应市场需求的变化。

清洁是指企业生产的产品在其生产、储存、使用、回收等环节中对环境污染最小,理想情况下应该是无污染。近年来,绿色制造的概念越来越深入人心,希望产品生产过程中产生的废渣、废气、废液少,产品使用过程中对环境造成的污染小,而且废旧产品最大程度地回收再利用等。

准时是指企业在用户需要的时间、按用户需求的数量、提供满足用户所需的产品或服务。

合格产品和满意服务一方面是指在产品制造或服务提供过程中符合企业的质量标准,另一方面是指企业提供给用户的产品或服务能够满足用户的需求。

归纳起来,对生产运作管理的要求包括 T、Q、C、S、F、E 六个方面,即时间短(Time to market)、质量高(Quality)、成本低(Cost)、服务好(Service)、柔性大(Flexibility)和环境清洁(Environment)。

二、预测分析

在各类决策中,如何准确预测企业产品在未来一段时间的市场需求水平最为重要,它与企业的生产经营活动关系最为紧密。

(一) 预测的分类

预测是指根据历史数据或经验,对尚未发生或还不明确的事物进行预先的估计和推测。在预测过程中,有些因素是预测者可以影响甚至控制的,例如产品的质量、企业的社会信誉、产品的设计等;有些因素则随着未来情况的变化而有很大的不确定性和随机性,例如同行的竞争、顾客的喜好、产品生命周期等,这些因素很多时候是预测者不可控的,因此预测的结果不可能绝对准确。预测的目的是为科学决策提供依据。任何社会组织存在的目的都是为了向社会提供各种产品或服务,为此,决策者常常面临如下的问题:

1. 用户是谁(who);

2. 提供什么样的产品或服务(what);

3. 为何要提供这种产品或服务(why);

4. 何时提供(when);

5. 提供多少(how much);

6. 在哪里提供(where);

要回答这些问题,都离不开科学的预测。

在预测过程中采用的科学方法的总和称为预测技术。迄今为止,预测技术已有上百种,从不同的角度可以分为不同类型。

1. 按照预测结果分类

(1) 定性预测:主要凭借预测人员以往的经验和技术,以及掌握的一些直观材料,对未来的发展趋势做出粗略的判断,具有很大的主观性。常用的方法有德尔菲法、主观概率法、部门主管集体讨论法、销售人员估计法、交叉影响法、情景预测法等。

(2) 定量预测:采用数学的方法,把已经掌握的比较完备的历史数据以及现场材料建模成一定的数学模型,从而揭示各种变量之间的关系,找出影响未来发展的一些内在的规律。相对于定性预测,定量预测的主观成分较少,比较客观。常用的方法有时序预测法和因果分析法,每一种方法还可以细分成更多类型,如图7-3所示。

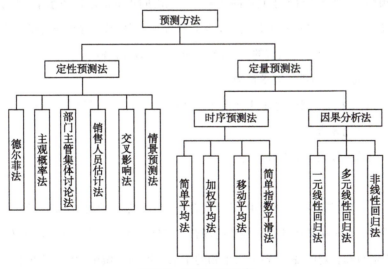

图7-3 预测方法分类

2. 按照预测范围分类

(1) 长期预测:它是针对很长一段时间,一般是5年或5年以上的前景预测,是企业制定长期发展规划的重要依据。由于预测时间范围很长,一般很难给出精确的定量预测结果,很多时候只能是定性的描述。

（2）中期预测：它是针对 1 年以上,5 年以下的预测,是制定年度生产计划、季度生产计划、销售计划、生产与库存预算的依据。中期预测可以在长期预测的定性趋势下,综合采用多种方法进行判断。

（3）短期预测：它是指以 1 年为期限的预测,是制订年度计划、半年计划的依据。由于时间范围较短,对很多因素的影响可以做更为精确的估计,因此短期预测往往比中、长期预测更精确些。

（4）近期预测：它是指以一季度为期限的预测,企业根据近期预测分月、周、日制订具体的生产运作计划。相对而言,近期预测最为准确。

3. 按照预测内容分类

（1）科学预测：对科学的未来发展趋势提出有根据的预测。它主要是用科学的方法去分析研究现代科学各个领域的内在联系,寻求科学发展的目标,为制定科学政策和科研计划提供参考依据,以促进科学研究取得较大的进展和突破。

（2）技术预测：针对未来较长时期的科学、技术、经济和社会发展所进行的系统研究,其目标是确定具有战略性的研究领域,选择对经济和社会利益具有最大贡献的技术群。通过采用科学、规范的调查研究方法,综合集成社会各方面专家的创造性智慧,形成战略性智力,为正确把握国家的技术发展方向奠定基础。

（3）经济预测：对将来经济发展的一种预测,旨在减少不确定性对经济活动影响,为未来问题的经济决策服务。它是以科学的理论和方法、可靠的资料、精密的计算及对客观规律性的认识所做出的分析和判断。为了提高决策的正确性,需要由预测提供有关未来的情报,使决策者增加对未来的了解,把不确定性或无知程度降到最低限度,并有可能从各种备选方案中做出最优决策。

（4）需求预测：它为企业给出了其产品在未来一段时间里的需求期望水平,并为企业的计划和控制决策提供依据。企业生产的目的是向社会提供产品或服务,某产品或服务的需求取决于该产品或服务的市场容量以及该企业所拥有的市场份额,可以说,需求预测与企业生产经营活动关系最紧密。因此,需要尽可能准确地进行需求预测。

（5）社会预测：对社会未来发展过程和结果的估计和推断,一般涵盖生态、人口、资源、科学技术发展、经济增长、文化等诸多方面。

下面将从预测结果分类角度展开详述。

（二）定性预测

在工程实践中,定性预测被广泛使用,尤其适合于对预测对象的数据资料掌握不充分,或者影响因素众多,关系复杂,很难用具体的数字描述的场合。定性预测主要靠预测者的个人知识和经验,根据已掌握的历史资料和直观的现实资料,对事物的未来发展趋势做出判断,着重于对事物的发展趋势、发展方向等进行预测。预测的结果与预测者对事物的熟悉程度、经验丰富程度,以及分析判断能力密切相关。因此,定性预测方法具有很大的主观性。

1. 德尔菲法　德尔菲法是 20 世纪 40 年代末由美国兰德公司提出,并于 20 世纪 60 年代广泛使用的一种预测方法。德尔菲法的主要思想是依靠专家小组背靠背的独立判断来代替面对面的会议,使不同专家意见分歧的幅度和理由都能够表达出来,经过客观的分析,达到符合客观规律的一致意见。

德尔菲法预测的具体步骤是:

(1) 挑选专家:聘请企业内、外若干专家,对所需预测的问题组成技术专家小组,但组内成员一般没有人是整个问题的专家。具体人数由预测课题的大小而定,一般问题需 20 人左右。在整个预测的过程中,由预测组织者负责与专家联系,不能让专家互相联系,即专家选择的匿名性。

(2) 进行函询:向选定的专家组成员发放预测问卷和预测资料,要求专家们根据预测资料,针对预测目标,独立做出自己的回答,提出个人独立的预测结果。在这一轮里,专家可以自由发挥,完全不受条条框框的约束,可以向预测组织者索取更详细的预测资料。

(3) 函询修正:将专家预测结果进行综合编辑,将不同的专家预测结果整理成新一轮预测的参考资料。可以根据专家意见的分歧,提供新的参考资料和修改预测问卷,然后提供给专家做新一轮的分析和预测。经过多次的重复(一般是三到四轮),直至问题能得到相对集中、意见能相对统一为止。

(4) 得出预测结果:根据专家们提供的预测结果做出最终的预测结果。

上述步骤是德尔菲法预测的全过程,可以看出它是专家调查法的一种。其主要优点是简明直观,避免了专家会议的许多弊端,如可以获得各种不同但有价值的观点和意见,节省预测费用和时间等;主要缺点是专家的选择、函询调查表的设计、答卷处理等难度大,对于分地区的顾客群或产品的预测则可能不可靠,专家的责任比较分散,给出的预测可能不完整或不切实际。总之,德尔菲法具有反馈性、匿名性和统计性特点,选择合适的专家是做好德尔菲法预测的关键环节。

德尔菲法通常用于采集数据成本太高或不便于进行技术分析时采用,主要用于长期趋势和对新产品的预测。在历史资料不足或不可测因素较多时尤为适用。

2. 主观概率法 德尔菲法在多次征询意见的过程中,难以避免有意或无意的专家意见的趋一化,为避免这种不足,可以不要求专家对预测事件给出肯定和否定的回答,而只给出概率性的估计。每位专家对某一事件未来的发展趋势做出的概率估计称为主观概率。主观概率是人们凭经验或预感而估算出来的概率。它与客观概率不同,客观概率是根据事件发展的客观性统计出来的一种概率。在很多情况下,人们没有办法计算事情发生的客观概率,因而只能用主观概率来描述事件发生的概率。

主观概率法就是以若干专家的主观概率的平均值作为某事件发生的概率估计,它是一种适用性很强的统计预测方法,可以用于人类活动的各个领域。

3. 部门主管集体讨论法 部门主管集体讨论法是由企业的负责人把与市场或者熟悉市场情况的各种负责人员和中层管理部门的负责人召集起来,这些人员来自销售、生产、采购、财务、研发等各个部门,由他们对未来的市场发展形势或某一种大市场问题发表意见,做出预测。然后,由召集人将各种意见汇总起来,采用一定的方法(如简单平均或加权平均)进行分析研究和综合处理,得出市场预测结果。

部门主管集体讨论法简单易行,无需准备和统计历史资料,预测结果汇集了各主管的经验和判断,非常适合于缺乏足够历史资料的预测过程。不足的是,这种方法主要靠各主管的主观判断,与会人员彼此之间容易相互影响,因此预测结果缺乏严格的科学性,而且效率较低。由于是集体讨论,所以无人对其正确性负责,实用性较差。

4. 销售人员估计法　销售人员估计法也称基层意见法,通常是由不同地区的销售人员根据其个人的判断做出预测(有时企业也将各地区往年的销售资料发给各销售人员作为预测的参考),然后由企业对各地区的预测进行综合处理后,即得企业范围内的预测结果,有时企业的总销售部门还根据自己的经验、历史资料、对经济形势的估计等做出预测,并与各销售人员的综合预测值进行比较、修正,从而得到更加正确的预测结果。

由于销售人员一般都很熟悉市场情况,因此,这一方法具有一些显著的优势。例如,预测值很容易按地区、分支机构、销售人员、产品等细目区分开,由于销售人员众多,取样较多,所以预测结果比较稳定。

这种方法的缺点是预测结果带有销售人员的主观性,预测受销售人员所在地区的影响,结果容易出现偏差。当企业将预测结果作为销售人员未来的销售目标时,预测值容易被低估;当预测涉及时下最畅销、最紧俏的商品时,预测值容易被高估。

5. 交叉影响法　交叉影响法也称交叉概率法,是美国学者 Gordon 和 Hayward 于 20 世纪 60 年代在德尔菲法和主观概率法基础上发展起来的一种新的预测方法。这种方法是主观估计每种新事物在未来出现的概率,以及新事物之间相互影响的概率,从而对事物发展前景进行预测。

已知一系列事件 $E_i(E_1, E_2, \cdots, E_n)$ 及其概率 $P_i(P_1, P_2, \cdots, P_n)$,各事件之间存在相互影响,当其中某一事件 E_i 发生的概率为 P_i 时,对其他事件发生的概率会产生影响。事件 E_i 发生使另一事件发生的概率增加称为正影响;反之,事件 E_i 发生使另一事情发生的概率减少称为负影响;也可能事件 E_i 发生对另一事件发生的概率无影响。交叉影响法就是充分考虑事件之间相互关系的一种预测方法,它能考虑事件之间的相互影响的程度和方向,能把有大量可能结果的数据整理成易于分析的形式,这些都是其能预测得更为准确的优势所在。不足的是,该方法根据主观判断的数据,利用公式将初始概率转变成校正概率,不可避免地带有主观任意性;而且各个事件之间的交叉影响因素的定义有待更加明确、具体和严格。

6. 情景预测法　情景预测法是一种新兴的预测法。它是假定某种现象或某种趋势将持续到未来的前提下,对预测对象可能出现的情况或引起的后果做出预测的方法。通常用来对预测对象的未来发展做出种种设想或预计,是一种直观的定性预测方法。由于它不受任何条件限制,应用起来灵活,能充分调动预测人员的想象力,考虑比较全面,有利于决策者更客观地进行决策,在制定经济政策、公司战略等方面有很好的应用。但在应用过程中一定要注意具体问题具体分析,同一个预测主题,根据其所处环境不同,最终的情景可能会有很大的差异。

情景预测法的特点在于使用范围很广,不受任何条件限制,只要对未来的分析都可使用;考虑比较全面,能及时发现未来可能出现的难题,应用起来灵活;可为决策者提供主、客观相结合的未来情景。

综上,以上几种方法都属于定性预测方法。定性预测方法简单易行,预测速度快,但只能对事物的发展做出大概的估计,准确度低。一般来讲,往往将定性预测作为定量预测的基础,在定性预测给出大致的趋势后,再采取定量预测方法给出精确预测结果。

(三) 定量预测

定量预测最常用的两种方法是时序预测法和因果分析法。其中,时序预测法以时间为独立变量,利用历史需求随时间变化的规律来预测未来的需求;因果分析法是利用变量之间的相互关系,通过一种变量的变化来预测另一种变量的未来变化。

1. 时序预测法　时间序列亦称为动态数列或时间数列,就是把反映某一现象的同一指标在不同时间上的取值,按时间的先后顺序排列所形成的数列。例如,企业里的每天、每周、每旬或每月的销售量按照时间的先后所构成的序列,就是一个时间序列结构。

一般来讲,时间序列的构成要素包含以下两点:

①被研究现象所属时间,可以是一段时期,时期可长可短。可以以日为时间单位,也可以以年为时间单位,甚至更长,也可以是时间点,如年末、月末、年初、月初。

②反映该现象一定时间条件下的统计数据,同一时间序列中,各统计数据的时间单位一般要求相等,可以是年、季、月、日。

时序预测法主要讨论利用平滑方法进行预测的四大类方法,即简单平均预测法、加权平均法、移动平均法和简单指数平滑法。其中,每一个大类中还可以包含若干种扩展方法。因为每一种方法的目的都是要"消除或减轻"由时间序列的不规则成分所引起的随机波动,所以它们被称为平滑方法。平滑方法在需求预测中很容易使用,而且对短期的、延续性强的预测,如下一个时期的预测,可提供较高的精度。平滑方法对稳定的时间序列(即没有明显的趋势、循环和季节影响)是适用的,这时平滑方法很适应时间序列的水平变化。但是,当有明显的趋势、循环和季节变化时,平滑方法将不能很好地起作用。

(1) 简单平均法:简单平均法又称算术平均法、全期平均法。就是用早期的实际观测值的算术平均值作为下一期的预测值。假设前期的实际观测值为 $X_1, X_2, \cdots, X_i$,则简单平均法的平均值(即预测值)的计算公式为

$$M_t = \frac{x_1 + x_2 + \cdots + x_n}{n} = \frac{1}{n} \sum_{i=1}^{n} X_i \tag{7-1}$$

式中,M_t 为第 t 期的平均值,X_i 为第 i 期的实际数,n 为选定的平均值的期数。

简单平均法简单易行,适用于预测对象的值在较小的范围内随机变化的情形。但对于预测对象的值变化跨度较大或数据随时间变量呈上升或下降趋势,则采用该方法获得的预测值误差较大。

简单预测法虽然简单,但对某些产品的生产而言,它是预测效益费用比(预测带来的效益与预测过程所花费的费用的比率)最高的预测模型。

(2) 加权平均法:加权平均法就是根据观测数据的重要程度,分别赋予不同的权重(或称为权数),用观测数据乘以其权重的累加和与权重累加和之比作为下一期的预测值。假设前 n 期的实际观测值为 $X_1, X_2, \cdots, X_i$,其对应的权重为 $f_1, f_2, \cdots, f_i$,则加权平均法平均值(即预测值)M_t 的计算公

式为

$$M_t = \frac{X_1 f_1 + X_2 f_2 + \cdots + X_n f_n}{f_1 + f_2 + \cdots + f_n} = \frac{\sum_{i=1}^{n} X_i f_i}{\sum_{i=1}^{n} f_i} \tag{7-2}$$

式中，M_t 为第 t 期的平均值，X_i 为第 i 期的实际数，f_i 为第 i 期的权数，n 为选定的平均值的期数。

加权平均法在应用时，可以人为地对实际期数中任意一个实际数据给出一定的权重，通过给出权重的大小来加大或减小本期数据的重要程度，而且权数不受"远期影响小，近期影响大"的顺序限制。加权平均法的难度在于权重的获得，确定权重常用定性预测方法，通常由预测人员根据经验判断。

（3）移动平均法：移动平均法又可以分为简单移动平均法和加权移动平均法两种。

1）简单移动平均法：简单移动平均法也称一次移动平均法。它是以过去某一段时期的数据平均值作为将来某时期预测值的一种方法，其基本做法是按照对过去若干历史数据求算术平均数，并把该数据作为以后时期的预测值。具体地说，是每次取出一定期数的数据平均，按时间序列逐次推进。每推进一期，增加新一期的数据，并舍去最早一期的数据，再进行平均，依此类推。简单移动平均法其平均值（即预测值）M_t 的计算公式为

$$M_t = \frac{x_t + x_{t-1} + \cdots + x_{t-n+1}}{t} = \frac{1}{t} \sum_{i=t-n+1}^{t} X_i \tag{7-3}$$

式中，M_t 为第 i 期的移动平均值，X_i 为第 i 期的实际数，t 为选定的移动平均值的期数。

如果市场需求在不同时期能够保持相当平稳的趋势，简单移动平均法是非常有效的。这种方法最大的优点就在于抑制了短期数据波动，使数据短期不规则波动变得更加平滑。

2）加权移动平均法：预测中有一种明显的现象，远期的数据对下一期的数据影响比较小，而近期尤其是上一期的数据对下一期的数据的影响较大。通过对不同时期的数据赋予不同的权数，表示它对预测值的影响程度，更接近当前的数据被赋予更大的权数。权数的选择没有既定公式，因此其选择带有一定主观性，决定用什么权数需要有一定经验。如果最近一期权数过高，预测可能会过于灵敏地反映较大的异常波动。

加权移动平均法下，平均值（即预测值）的计算可以表示为

$$加权移动平均数 = \frac{\sum(\text{第 } n \text{ 期权数} \times \text{第 } n \text{ 期实际值})}{\sum \text{权数}} \tag{7-4}$$

（4）简单指数平滑法：简单指数平滑法以本期实际值和本期预测值为基数，分别给予不同的权重，然后计算出指数平滑值作为预测基础。简单指数平滑法的一般性计算公式为

$$F_t = F_{t-1} + \alpha(X_{t-1} - F_{t-1}) \tag{7-5}$$

式中，α 为平滑指数（$0 \leq \alpha \leq 1$），F_t 为下期预测值，F_{t-1} 为当期预测值，X_{t-1} 为当期实际值。

简单指数平滑法是进行短期预测相对简单且直接的方法。它便于使用，而且在企业各种不同的经营活动中都已经得到了广泛应用。由于简单指数平滑法对资料有极低的要求，因此，当对大量的项目进行预测时，它是可利用的合适的方法。

总而言之,时序预测法的特点是:在一定程度上消除或减少(平滑、熨平、修匀)了数据中的短期随机波动的影响;预测需要多期数据(历史数据是预测的基础);预测值有滞后性(数据依赖历史);预测在一定程度上依赖经验、计算和运气(期数、权数、指数依赖人的主观判断)。

案例分析

案例

某医疗器械生产厂家近期组织销售一批多参数监护仪产品,目前根据2014年、2015年和2016年的销售情况(如下表所示),预测该产品2017年各个季度的销量。

以往年度各个季节的销售报告

季度	2014 年	2015 年	2016 年	平均销售量	季节指数
1	200	240	280	240	0.92
2	215	255	295	255	0.98
3	230	270	305	268.3	1.03
4	245	280	320	281.7	1.08

解析

该产品的平均季度销售量是

$$\frac{200+215+230+245+240+255+270+280+280+295+305+320}{12}=261.3$$

季节指数=当季的平均销售量/平均的季度销售量

如果该厂家预测2017年该产品的销售量为1400台,那么根据季节指数,2017年每个季度的计划销售量应该是

第一季度: $0.92 \times 1400/4 = 322$ (台)

第二季度: $0.98 \times 1400/4 = 343$ (台)

第三季度: $1.03 \times 1400/4 = 361$ (台)

第四季度: $1.08 \times 1400/4 = 378$ (台)

2. 因果分析法　因果分析法通过假设系统变量之间存在某种前因后果关系,找出影响某种结果的几个因素,采用数理统计的回归模型建立因果之间的数学模型,根据因素变量的变化预测结果变量的变化,既预测系统发展的方向又确定具体的数值变化规律。一般因果关系模型中的因变量与自变量在时间上是同步的。

根据影响因素的多少,因果分析法可分为一元回归法和多元回归法;根据影响因素和预测目标之间的关系,可分为线性回归和非线性回归。这里就不做详细分析了。

综上,进行定量预测,通常需要积累和掌握历史统计数据。需要注意的是,时序预测法和因果分析法都有一个隐含的假设:过去存在的变量间关系和相互作用机理,今后仍将存在并发挥作用。这个假设是使用这两种定量预测模型的基本前提条件。

三、生产运作计划

不同产品的生产过程是不相同的,即使是同种产品,由于批量不同,它们的生产过程也有很大差别。不同的生产过程需要不同的管理方式。尽管实际生产过程千差万别,但某些生产过程大同小异,可视为一类。因此有必要按生产过程的主要特征把各种生产过程划分为几种典型形式,这些典型形式就是生产类型。在观察生产过程的主要特点时,由于观察的角度不同,因此生产类型的划分相应地有几种不同方法,如按需求特征划分,按工艺过程划分,按生产数量划分,按确定生产任务的方式划分。

一个企业如果按照需求特征来组织生产,生产可以分为备货型(MTS)与订货型(MTO)两种基本类型,或者叫面向库存的生产与面向订单的生产。

备货型生产是在没有订单的前提下,按照市场需求的预测,确定生产计划量,以补充库存,维持一定库存水平。这是一种以库存来满足市场需求的生产方式。用户需要的时候直接在企业仓库提货,因此产品交货期最短。

订货型生产是根据订单的要求来组织生产,产品一般没有库存,并且产品的性能、数量、规格和交货期等都可以通过谈判协商的方法确定,然后组织生产。

备货型生产与订货型生产的生产运作计划的决策过程不同,要根据实际情况来制定不同的计划,前者主要是确定产品的品种与产量,而后者主要是确定品种、价格与交货期。表7-2 给出了两种生产类型的生产计划的特点。

表7-2　备货型生产与订货型生产计划的特点

项目	备货型(MTS)	订货型(MTO)
主要输入	需求预测	订单
计划的稳定性	变化小	变化大
主要决策变量	品种、产量	品种、产量、交货期
交货期	准确、短(随时提货)	不准确、长(订货时确定)
计划周期	固定而且较长	变化而且短
计划修改	根据库存定期调整	根据订单随时调整
生产批量	根据经济批量模型而定	根据订单要求而定
生产计划内容	详细	粗略

针对不同的生产方式,生产运作计划的编制也大不相同。生产运作计划计划不仅要求编制的科学合理,还要求实施的严谨和有效。这里将重点说明生产运作计划中的最基层的生产作业计划。

(一)　生产运作计划的分类

生产运作计划是任何一个企业日常组织生产活动的依据。现代企业的生产是社会化大生产,企业内部有细致的分工和严密的生产运作体系,任何一个部门的生产活动都离不开其他部门,生产运作计划统一地指挥着企业各个部门生产运作活动的正常开展。

企业需要制订各种各样的计划,众多的计划按照一定的规律形成体系。在企业计划体系中,每一个计划都处在特有的层次上。企业的计划体系通常分为战略层、战术层和作业层三个层次,如图7-4所示。

图7-4 计划体系划分层次

生产运作计划是一种贯穿于整个企业运行的计划,上升为战略层的计划,将体现出企业的经营策略,表现为生产战略计划、生产规划等,通常以年度为时间单位,按年度制订或修订计划,甚至为2~3年或更长的时间,也称为长期计划。主要计划以下的内容:未来的产品/服务;生产运作的技术;企业业务流程和生产能力的配置等。该计划具有高度的综合性,一般由企业的高层管理者制订。

生产运作计划如果体现于战术层,主要表现为生产计划、原材料需求计划等,时间范围通常是6个月到18个月不等,但以1年左右的计划居多,以月度或季度为时间单位,也称为中期计划。中期计划以长期计划为指导,是对未来1年内的需求、资源要求与利用的筹划和安排。中期计划具有较高的综合性,一般由企业的中层管理者制订。

生产运作计划如果具体到作业层,则表现为生产作业计划等,是生产计划的执行计划,时间上以旬、周、日为周期,时间范围可以是1天~6个月不等,但大多数情况下以周或旬为时间单位,也称为短期计划。短期计划以中期计划为指导,是对企业近期的生产运作活动做出的较为详细的安排。短期计划一般由企业的基层管理者制订。对于大型加工装配式企业,生产作业计划一般分成厂级生产作业计划和车间级生产作业计划两级。厂级生产作业计划的计划对象为原材料、毛坯和零件,从产品结构的角度来看,也可称为零件级作业计划;车间级生产作业计划的计划对象为工序,因此也可称之为工序级生产作业计划。这里重点讨论生产作业计划的编制和控制。

(二) 生产作业计划

生产作业计划是生产运作计划的具体实施计划,是生产运作计划的延续和补充,是组织企业日常生产运作活动的依据。它把生产运作计划规定的任务,一项一项地具体分配到每一个生产单位,以及每一个工作中心和每一个操作工人,规定他们在月、周、日以至每一轮班中的工作任务。

1. 生产作业计划的编制方法 生产作业计划的工作内容如图7-5所示。

在编制生产作业计划时,面对的往往是几项不同的任务,如几种不同的工件,要在一台或一组设备上加工,每种工件都有各自的加工时间和要求完成的时间(即交货期)。由于设备是有限的,所以必须对每个工件的加工进行排序,安排在不同的时间进行生产。管理者首先要解决的一个问题就是如何安排这些工件的加工顺序,从而按时、保质、保量地完成生产作业计划的任务和要求。生产作业计划是完成任务、利用资源或配置设施的一张时间表。生产作业计划的编制过程可以看作是生产运作计划的实施,并作为贯穿生产运作系统的持续不断的活动。生产作业计划的目的是将生产运作计划按时间进度分解为周、日、时的任务,也就是说,在短期内确切地对生产运作系统安排计划的工作负荷。

在实施生产作业计划时,要有效地完成以下管理职能:对各工作中心或其他指定的工作地点分

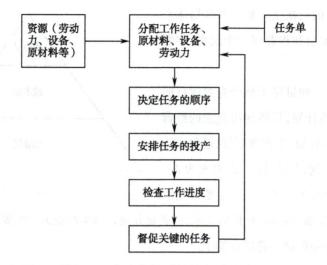

图7-5 一般生产作业计划工作内容的构成

配工作任务单、设备及作业人员;决定完成工作任务单的次序,作业的优先顺序。

企业根据不同的生产服务类型,制订不同的生产作业计划。

(1)单件生产的作业计划:生产部门拥有一些订单,并把承接的一项订单作为一项生产任务处理,就是单件生产作业计划的情况。在这种情况下,每项订单的生产路线应分别制定,每项任务要保持单独的记录,在生产运作系统中,每项任务的进度都要进行严格的监督。但这并不是强调在这种生产运作系统中,该种产品不能与其他产品一起成批加工,而是在实际生产运作中,很多情况下个别订单在经过各个加工阶段时,是与其他订单结合在一起的。只是由于它们的完成进度要求不同,在过程中投入的原材料和服务有所不同,在通过生产运作系统时,它们不大会在同一个时刻选取同样的加工路线。

(2)成批生产的作业计划:所谓成批生产,是指为了完成某项特定的订货或满足某一种持续的需求而制造有限数量的同种产品。当一批产品生产完成后,生产运作系统可用来生产其他产品。成批生产有三种类型:一批产品只生产一次;一批产品根据需求的情况,不定期地重复生产;一批产品为了满足持续的需求每隔一定时间间隔就定期的重复生产。第一种成批生产的作业计划问题类似于单件生产的情况,主要的区别是制造一批产品比制造一件产品所占用的资源更多、时间更长。第二种和第三种成批生产作业计划方法的基本目标是平衡生产能力的利用,通过通盘协调生产与库存的关系,确定生产批量和生产间隔期,以满足用户订货量和交货期的要求。

(3)大量生产作业计划:大量生产的典型代表是汽车流水生产。目前这种生产方式在其他产品领域的使用也很广泛,如电子元件和标准件等产品的生产运作,均采用大量生产的方式。大量生产主要采用专用设备、专用工具以及流水线生产。大量生产作业计划所用的方法在很大程度上取决于产品的生产技术。如果主要是手工操作或使用生产线,如电话制造的装配阶段,生产作业计划将安排成为一个为达到要求的出产速度,确定对操作者的工作时间,并且随即在生产工人中均匀地分配工作的问题。

编制生产作业计划,首先要确定期量标准。期量标准又称生产作业计划标准,它是指为制造对象(产品、零部件等)在生产期限和生产数量方面所规定的标准数据。企业的生产类型和生产组织的形式不同,期量标准也有所不同。大量流水生产的期量标准有节拍、流水线工作指示图表和在制品定额等;成批生产的期量标准有批量、生产间隔期、生产周期、提前期和在制品定额等;单件生产的期量标准有产品生产周期和生产提前期等。

2. 生产作业计划编制的工作基础——期量标准 编制生产作业计划需要一定的基础数据,这些基础数据就是作业期量标准。期,就是时间标准,如生产周期,提前期等;量,就是相关的生产数量标准,如在制品定额量、安全库存量等。以下讨论生产周期、批量、在制品定额几个期量标准的确定方法。

(1) 生产周期:生产周期是从原料投入生产到产品完成的时间间隔。生产周期一般由零件的生产周期构成,因此要先确定单工序零件生产周期、多工序零件生产周期,最后确定产品装配生产周期。

1) 单工序零件生产周期:单工序零件生产周期可以表达为

$$T_i = \frac{Q \cdot t_i}{S \cdot k} + t_0 \tag{7-6}$$

式中,T_i 为工序 i 的零件生产周期(分钟),Q 为零件批量(件),t_i 为工序 i 单件零件的加工时间(分钟/件),S 为工序 i 同时工作的工作场地数,k 为定额完成系数,t_0 为生产准备的时间(分钟)。

例如,假设一个生产工序生产某一零件,单件生产时间为 15 分钟/件,生产批量为 2000 件,该工序同时有 3 个工作地进行生产,每天采用 2 班工作制,每班工作 8 小时,零件加工的定额完成率为 95%,生产准备的时间为 30 分钟。则该单工序零件生产周期为 $T_i = \frac{2000 \times 15}{3 \times 0.95} + 30 = 10\ 556.32$ 分钟,即 $\frac{10\ 556.32}{2 \times 8 \times 60} = 11$ 天。

2) 零件生产周期:一般零件是经过多道工序完成的,因此零件的生产周期是由单工序的零件生产周期累加完成的,即

$$T_i = \rho \sum_{i=1}^{m} T_i + T_z + T_d \tag{7-7}$$

式中,T_j 为零件的生产周期,ρ 为工序平行系数,T_z 为工序自然过程周期,T_d 为工序间的运输周期。

3) 产品生产周期:产品是由多个零件装配而成,此时产品的生产周期就是从零件投入到产品装配完成的所有过程的时间总和。

(2) 生产批量:生产批量是生产中一个重要概念,生产批量大小对生产效果有很大影响。批量大,生产周期长,在制品多,流动资金占用多,不利于资金的周转;批量小,换产的次数多,消耗的时间多。

生产批量与换产时间有关,换产时间长,批量应该大一些;反之,可以批量小一些。可根据生产过程换产时间的长短来确定生产批量,如

$$Q = \frac{t_d}{\varepsilon \cdot t} \tag{7-8}$$

式中,t_d 为转批换产时间,ε 为设备调整时间损失系数,t 为零件单件加工时间。

设备调整时间损失系数与不同的生产类型有关,加工零件大,设备大型,调整工艺复杂,耗费的时间长,损失的时间就多,因此系数就大一些,批量就小;反之,零件小,设备小型,调整工艺简单,耗费的时间短,时间损失小,系数就小一些,生产批量就大一些。一般 ε 取 0.03 ~ 0.15。

(3) 在制品定额:在制品是在生产过程中处于生产过程的零件、组件与产品的总称。在制品定额的大小与批量和生产类型有关。

在制品一般是指在生产线流动的在制品,包括在加工的、在装配的、在检验的在制品。可用公式表示为

$$Z = \sum_{i=1}^{m} S_i q_i \tag{7-9}$$

式中,Z 为在制品工艺占有量(件),m 为工序数,S_i 为工序 i 的设备数,q_i 为工序 i 的设备(工作地)生产数量。

3. 制订生产作业计划的原则

(1) 按时完成生产任务的原则:生产任务都有不同的交货期要求,管理人员要通过精心策划和安排,尽可能满足所有生产任务的交货期要求。如果因生产能力的限制等因素不能保证所有生产任务都按期完成,也应该使延期的损失减到最小。

(2) 充分利用设备的原则:减少工件和设备的等待时间。工件等待时间是指工件在某一道工序完成之后,执行下一道工序的设备还在准备其他工件,工件要等待一段时间才能进入下一道工序。而设备等待时间则是指某个机器已经完成对某个工件的加工,但随后的工件尚未到达,使设备空闲的一段时间。这两种等待时间都会给企业带来一定的损失。为了保证生产资源的充分利用,应该尽量地减少这两种无任何价值增值的等待时间。

(3) 工件在车间的流程时间最短:工件在车间的流程时间,也就是工件的停留时间,是指从上一工序的工件到达车间起,直到被加工完毕离开车间为止的全部时间。由于工件的加工时间取决于技术性因素,因此它一般是固定的。工件的等待时间越短,工件在车间的停留时间也就相对比较短。

(4) 车间在制品的数量最少、停放时间最短:在制品是生产过程中的物化。在制品数量越多,或者在车间的停留时间越长,对资金的占用也就越多,流动资金的周转速度越慢,企业的损失越大。因此,在生产作业的安排上要考虑在制品的影响。

企业的相关管理者根据以上的原则,可以编制生产作业计划。编制的生产作业计划的质量越高,越能够比较好地实现这样的几条准则。反之,生产作业计划的失败,也往往是由于对其中某一条或几条准则的忽视而造成的。这些准则构成了生产作业计划的基础——作业排序。

运用物料资源计划确定了各项物料的采购计划之后,还要把企业自加工工件的生产运作计划转变为每个班组、人员、每台设备的工作任务。具体确定每台设备、每个人员每天的工作任务和工件在每台设备上的加工顺序,这一过程就是下面要介绍的作业排序。

4. 作业排序的方法 在很多的情况下,可供选择的作业排序方案有很多,而不同的加工顺序得出的结果差别很大。作业排序问题有不同的分类方法,最常用的分类方法是按机器的种类和数量的特征分类。按机器的种类和数量不同,可以分成单台机器的排序问题和多台机器的排序

问题。对于多台机器的排序问题,按工件加工路线的特征分成流水作业排序问题和单件作业的排序问题。

(1)流水作业排序问题:流水作业排序问题的基本特征是每个工件的加工路线都一致。加工路线一致,是指工件的流向一致,并不要求每个工件必须经过加工路线上的每台机器加工,如果某些工件不经过某些机器加工,则设相应的加工时间为零。一般来说,对于流水作业排序问题,工件在不同机器上的加工顺序不尽一致,但这里只讨论所有工件在各台机器上的加工顺序都相同的情况,这就是排列顺序问题。流水作业排序问题常被称做"同顺序"排序问题。

对于一般情形,排列排序问题的最优解不一定是相应的流水作业排序问题的最优解,但一般是比较好的解。对于仅有两三台机器的特殊情况,可以证明,排列排序问题的最优解一定是相应的流水作业排序问题的最优解。

(2)单件作业排序问题:单件作业排序问题是一般的作业排序问题,也是较为复杂的一种作业排序问题。它针对的是每个工件有其独特的加工路线,工件没有一定的流向。对于单件作业排序问题有三种启发式算法:一是优先调度法则。具体分为优先选择加工时间最短的工序,优先选择最早进入可排工序集合的工件,优先选择完工期紧的工件,优先选择余下加工时间最长的工件,优先选择余下加工时间最短的工件,优先选择余下加工工序最多的工件,优先选择临界比最小的工件;二是随机抽样法。用穷举法或分支定界法求一般单件作业排序问题的最优解时,实际上比较了全部能动作业计划;而采用优先调度法求近似解时,只选择了一种作业计划。这是两种极端。随机抽样法介于这两种极端之间,它从全部能动作业计划或无延迟作业计划中抽样,得出多个作业计划,从中选优;三是概率调度法。概率调度法是从 K 个可供选择的工序中以等概率的方式挑选,每个工序被挑选的概率是 1/K,这种方法没有考虑不同工序的特点,有一定的盲目性。

四、生产作业控制

生产计划能否完成,除了计划本身要合理外,生产过程中的执行也是一个重要的方面。生产计划完成之后,生产管理者的任务就是保证计划得到贯彻执行,这就是生产控制的问题。生产计划与控制是生产管理的两个方面,它们之间形成一个闭合的回路,如图7-6所示。

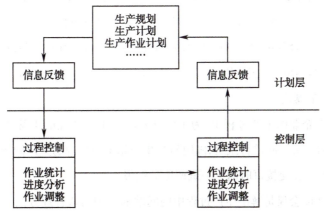

图7-6 生产计划与控制系统

（一）生产控制的层次

按照生产管理的运作空间，生产控制分三个层次：

1. 订货控制 生产控制的第一层次是订货控制，这表现在订单优先权的分配。根据需求与生产能力，决定了生产计划，保持需求与综合生产能力的平衡（粗能力平衡）。订货控制属于高层决策问题。

2. 投料控制 当生产计划决定以后，接下来就是进行投料生产，即物料采购计划与零件加工的投入与出产进度安排。在这一层次的控制主要是物料的购进跟踪与反馈，生产能力与生产计划的平衡（细能力平衡），保证产品能按订货要求的期限出厂。

3. 作业控制 作业控制是最底层的生产控制活动。作业控制的主要任务是按照作业计划的要求进行生产任务的分配（计划执行），然后对生产过程进行实时的监督与跟踪，把执行的信息反馈给计划部门，修正计划。作业控制是本章重点讨论的问题。

生产控制既有分步实现的层次性，同时也有统一管理的集成性。生产控制的集成性反映了两个方面的含义：一是企业生产系统是一个统一的系统，必须进行统一指挥调度，在企业统一指挥调度下，上下层计划的执行必须进行有效的沟通与信息反馈，这是生产控制的纵向集成问题。随着计算机技术在生产管理中的应用，生产控制的一体化技术逐步得到解决，为实现分步控制向一体化控制转变提供了条件，生产控制集成化是生产控制发展的一个趋势。二是生产过程控制有两种方式，一种是集中控制，另一种是分散控制，这是生产控制的横向集成问题。采用哪种控制方式应区别对待。在某些生产企业需要采用集中控制，如化工企业等一些流程工业，其生产特点有利于实现集中控制。但是对于一些离散加工制造企业，则应采用集中与分散控制相结合的方法。

（二）生产调度

一般来讲，生产作业控制是通过两方面的工作完成的，一方面对生产现状进行跟踪分析，在流水线上有实时的生产数据采集与分析系统；在离散加工业一般也有生产统计报告的专人负责制度，负责生产数据的统计与报告。生产控制的另一方面是根据分析的结果，提出调度的措施，进行生产调度。下面重点介绍有关调度工作的原则、方法问题。

1. 生产调度的主要任务

（1）检查生产作业计划的执行情况，掌握生产动态，及时采取必要的调整措施。

（2）检查生产作业的准备情况，督促和协调有关部门做好这方面的工作。

（3）根据生产需要，合理调配生产资源，保证各生产环节、各工作地协调地进行生产。

（4）组织厂级和车间级的生产调度会议，协调车间之间、工段之间的生产进度。

2. 生产调度坚持的制度

（1）值班制度：在企业的生产过程中，为了保证各轮班生产情况的正常，需要建立调度值班制度，调度人员与车间的轮班一起进行跟班，随时解决生产轮班中出现的生产问题，并填写调度值班工作记录，把有关遗留问题在交接班时向下一班调度员汇报。

（2）会议制度：调度会议是解决生产过程中的问题的一种团队管理方法，开好调度会议是搞好调度工作的基础。根据企业的规模大小和生产情况，调度会议的频次与形式又多种多样。如果生产问题涉及全厂各个部门,则需要召开全厂性的生产协调调度会议,如新产品开发试制过程、特殊产品的生产等,这种会议一般可以临时召开。日常的生产调度会议一般定期举行,厂级的生产调度会议可以每周举行一次,由主管生产的厂长主持,解决全厂性的生产问题。车间级的调度会议根据实际召开,参加的人员主要是车间有关生产负责人(车间主任、班组长、统计人员),解决车间的生产进度与涉及车间局部的生产问题。除了例行的调度会议外,日常调度过程中要经常性召开现场调度会议解决现场突发性与临时性的问题。

(3)报告制度:为了使企业各级管理者都能及时了解生产进展,需要建立调度报告制度。调度报告有书面的正式报告与口头非正式的报告两种方式。正式的调度报告一般按照企业调度工作的要求,定期把某段时间的生产调度情况进行总结性报告,把存在的问题与解决措施或建议制成报告的形式向主管生产的厂长提交,非正式的报告是在调度过程中随时都需要的一种报告制度。

3. 生产调度的工作原则

(1)计划性原则:以计划指导生产,全面完成计划是生产调度的最高目标。虽然调度有灵活性,但是灵活性必须在计划的范围之内。

(2)预见性原则:生产调度要有预见性,及时准确把握生产信息,及早发现生产过程中的问题,既控制投入,也控制产出;控制当前生产,也要规划下步生产。

(3)集中性原则:生产调度工作牵涉多个部门,必须坚持集中统一指挥的原则,维护调度的权威性。

(4)关键点原则:生产过程的问题很多,生产调度人员要善于抓住关键点,把重点工作放在重要的工序和薄弱的环节上,解决生产瓶颈。

(5)行动性原则:在生产调度过程中,当发现生产进度发生偏差时,采取措施及时补救,要有行动落实。

(6)效率性原则:调整生产要及时,行动要果断,不能延误时机。如果行动不果断,一个工序出现的问题会使整个生产线发生连锁反应,从而造成更大损失。

4. 生产调度工作方法　在生产调度过程中,掌握一定的工作方法非常重要,一方面需要不断总结经验,另一方面要加强学习与交流。为了提高调度的工作效果,点、线、面相结合是一种比较好的工作方法。点,即重点解决生产过程中的瓶颈问题;线,即对产品的生产进行全线的跟踪与负责;面,即全面把握生产情况,进行全面的管理与调度。

由于企业生产过程的特点不同,不同企业的生产调度工作也有不同的特点。调度者要根据实际采用不同的工作方法。

(三) 生产进度控制

生产进度控制是生产控制的三大核心之一(生产控制的三大核心是质量控制、成本控制、进度控制)。生产进度控制是依据生产计划的要求,检查各种产品的投入出产的时间、数量以及配套性,以保证产品能准时出厂按期交货。

造成企业生产进度不能与计划同步的原因很多,主要有如下几个方面:

①计划本身考虑不周全,导致计划脱离实际生产条件;②生产条件的变化。即使生产计划在制定时是完善的,但是随着时间的推移,生产条件会发生改变,如设备故障、人员的变动、材料供应的突然改变等都会影响计划的完成;③计划改变。由于市场的需求的变化,中途紧急订货或取消订货,导致原来制定生产计划的正常生产条件发生改变。

1. 进度控制的工作步骤

(1) 生产进度统计:生产作业进度统计是生产进度控制的首要任务。进度统计可以用表格方式。

(2) 进度差异分析:通过进度统计报表,可以进行进度差异分析,根据日程的进度分析生产时间进度与产量进度,如产量进度落后于时间进度则应采取措施,调整剩余的生产计划。

(3) 作业调整:如果实际生产进度与计划发生了偏差,就需要采取措施调整未来的作业计划,以确保生产计划按时完成。调整作业计划可以从如下几个方面考虑:

1) 改变作业顺序:把交货期有富裕时间的作业挪后加工,把交货期紧迫的提前进行,可以通过计算临界比率的方法决定作业的紧迫性。

2) 安排加班:加班加点是许多企业经常采用的调整生产任务的方法,当生产任务在改变作业计划都无法调整过来时,最常用的办法就是加班。

3) 向其他生产环节求援:当一个生产环节抽不出人员和设备赶工时,可以向其他生产环节求援,如把某条生产线的工人抽调到工作任务紧的生产线,但是这种情况又可能造成其他生产线生产任务的拖延。

4) 利用外协:如果企业内部的生产调整都不能满足要求时,必须向外寻求支援,如进行外协,把一部分生产任务转包给其他的企业。

2. 应注意的几个问题　为了做好生产进度控制,生产管理部门应注意如下几个方面的问题:

(1) 注意关键零件与关键工序进度的检查与监督。关键零件与关键工序是影响生产进度的主要环节,因此必须密切关注它们的进度。

(2) 搞好生产过程物资供应,确保物资的准时供应。

(3) 做好生产作业统计工作,确保信息反馈及时准确。

(4) 做好生产现场管理,维持正常的生产秩序,使物流合理化。

(5) 掌握供需变动的趋势,灵活调整作业计划。

ER-7-1

ERP 简介

点滴积累 ∨ ....

1. 在计划期内,把输入资源按照社会需要,以规定的质量和限定的成本,高效率地生产必要数量的产品或提供满意的服务。 这是生产运作管理的基本任务。

2. 为完成上述任务,要选择合适的预测方法进行预测分析,然后根据预测结果制定合理的生产运作计划,最后是生产作业控制,以保证计划的贯彻执行。

第二节　任务：生产运作系统的维护

生产运作系统的正常运行离不开人、财、物三个环节。"人"是指人力资源，"财"是指资金/资产，"物"是指设备设施。生产运作系统建立之后，需要后期跟进的大量管理和维护工作，其中就包括设备维护管理和质量管理这两个方面的重要内容。

一、任务导入

掌握设备维护管理的主要内容，利用实验室的设备，模拟工作现场，学会建立实验室设备维护管理模式，编写相关的制度手册，并能够运用到以后的实际工作中去。

以文件控制程序为例，理解质量管理的思路，掌握质量管理的办法。文件是企业管理模式的承载，对文件管理的好坏，将直接影响企业的正常运行和质量控制。根据 ISO 9001 和 ISO 13485 标准中的规定，编写企业文件管理的规定。根据模拟的实际工作环境，掌握内部质量审核的流程，策划内部质量审核，编写审核计划。

二、任务分析

（一）设备维护管理

设备是企业进行运作活动的主要物质技术基础，是构成企业生产力的关键要素之一，是企业固定资产的重要组成部分。在工业企业中，设备及其备用品、备件所占用的资金，往往占到企业全部固定资产的 50% ~ 60%。

现代企业不仅要配置现代化的设备，还要组织现代化的设备管理。设备管理工作涉及设备的整个寿命周期，包括设备的规划、购置、安装、调试、使用、维修、更新及报废的全过程。做好设备管理工作，有利于提高企业运作目标；有利于提高企业的管理水平；有利于降低产品/服务成本，提高企业的经济效益。所谓的设备维护管理，是指依据企业的生产经营目标，通过一系列的技术、经济和组织措施，对设备寿命周期内的所有设备物质运动形态和价值运动形态进行的综合管理工作。

设备维护管理的主要内容：

1. 建立设备台账，记录设备主要信息；

2. 编写设备日常维护保养制度；

3. 制定（年度）设备维修计划，合理分配维修任务；

4. 根据设备的重要程度和现有的技术实力，查阅使用手册和相关的标准，拟定设备的维修方案。

（二）质量管理

建立质量管理的概念和思路，解读 ISO 9001 和 ISO 13485 标准的部分条款，理解质量管理的目的和方法，根据 ISO 9001 和 ISO 13485 标准的要求进行策划和实施企业的质量管理活动。

三、相关知识与技能

(一)设备维护管理

1. 设备的安装与使用 设备购置或自制完成后,倘若不是立刻投入生产运作环节,一般要进入保管阶段。如果需要马上投入使用,则会随即进入安装与调试阶段。

(1)设备的安装:设备的安装需要按照设备工艺平面布置图及有关安装技术要求,将外购或自制设备安装在基座上,并经调整、试运行和验收后移交生产。如果是大型的设备,还需要进行找平、灌浆稳固,使设备安装精度达到安装规范的要求。有人认为设备的安装与调试工作是技术部门的事情,与管理无关,实际上这是不全面的。应该认识到,设备的安装是设备前期管理工作的重要内容,直接影响设备能否顺利交付使用。

在组织设备的安装工作时,应考虑下列因素:设备的安装应与生产组织的要求相符合,并满足工艺要求;方便工件的存放、运输和切屑的清理;满足空间的要求(如厂房跨度、门的高低、宽窄、设备运动部件的极限位置等);设备安装、维修及操作安全方面的要求;动力供应和劳动保护的要求。

(2)设备的调试:设备的调试工作包括清洗、检查、调整和试运行。当设备安装就位后,应由设备的使用部门组织,设备管理部门与工艺技术部门协同进行设备的调试工作。应充分重视设备的调试工作,尤其是对高、精、尖设备和引进设备。

组织好设备的调试工作,不仅能在设备正式使用前发现设备存在的问题和缺陷,加以调整,以便尽早交付使用,而且也是一个熟悉和了解设备操作的极好机会,以使设备尽快发挥全部作用。

(3)设备的使用:设备只有在使用中才能发挥其作为生产力要素的作用,而对设备的使用是否合理,又直接影响设备的使用寿命、精度和性能,从而影响其生产产品的数量、质量和企业的经济效益。

在企业中合理使用设备,既要防止"滥用"造成设备的使用过度,又要防止"舍不得用"使设备闲置或负荷不足。所以,设备正确、合理地使用是设备管理的重要内容之一。

1)合理配备设备:使设备在其寿命周期内发挥最大的效益,是设备管理的根本目标。实现这一目标,首先要充分考虑生产工艺特点和各生产环节生产能力的平衡,以便充分利用设备,避免设备负荷不足。因此,要做好计划管理,让设备有充足的生产任务,在保证设备有必要的休息和维修时间的条件下,开足马力,开足班次,加速折旧,促进设备的更新,形成良性循环。

2)为设备安排合适的加工任务:根据各种设备的结构、性能、精度、加工范围和技术要求,适当分配生产任务,避免"大机小用"、"小机大用"、"精机粗用"、超负荷运转,切忌让设备承担不能胜任的加工任务。总之,企业要使各种设备各尽所能,充分发挥应有的效率。

3)为设备配备合格的操作人员:为了保证设备在最佳状态下运转使用,应根据各类设备的精度等级和技术要求配备相应等级的操作人员。要求操作者熟悉设备的性能、结构、工作范围和维护技术。设备操作工人必须遵守"定人定机"、"凭证操作"制度。这是保证设备正常运行、减少故障、防止事故发生的重要措施。

4) 为设备创造良好的工作环境和条件：良好的工作环境和条件，是保证设备正常运行、延长使用时限，保证安全生产的重要条件。要根据各类不同设备的需要，创造一个适宜的工作场地和整洁、宽敞、明亮的工作环境，安装必要的防护、安全、防潮、防腐、保暖和降温等装置，配备必要的测量和控制用的仪器、仪表等。对于某些高、精、尖的设备，必须配备特殊的工作场所，包括恒温、恒湿、防尘、防震和防腐等特殊要求的工作条件。

5) 建立、健全各类设备使用责任制及其他规章制度：这是管好用好设备的重要保证。从企业的各级领导、设备管理部门、生产管理部门一直到每一个操作人员，都要对设备的合理使用负有相应的责任，建立一套切实可行的责任制和设备管理规章制度。

2. 设备故障曲线 设备由若干个零件组成，零件的使用过程中，一个零件出了问题，则很可能整个设备不能正常工作，特别是关键零件，一旦出了问题，则可导致整台设备故障。因此，了解零件的磨损规律对了解机器的故障规律，搞好预防性维修与保养工作有重要意义。

零件从投入使用到报废，一般可分为三个阶段：初期磨损期、正常磨损期、急剧磨损期。如图 7-7 所示。

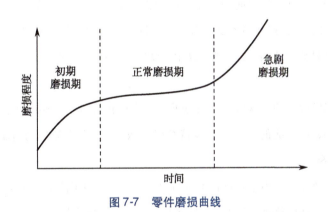

图 7-7　零件磨损曲线

（1）初期磨损：零件在投入使用的初期，一般会存在一个"磨合"或叫"跑合"的阶段。在这阶段中，零件与零件之间由于设计的精度与加工精度存在一度误差，或者在安装过程中，安装与安装要求上的误差，零件配合不一定很好，导致磨损。比如齿轮之间啮合度不够，刚运行时会产生一定摩擦，这种零件之间的摩擦会导致一定的零件磨损。这种磨损一般不会导致零件损坏，而是有利于零件的配合。但是，如果在磨合期零件之间达不到磨合的效果，将会继续磨损恶化，从而产生进一步的磨损而影响机器的使用。

初期磨损期不会太长，一般机器经过一个简短的磨合阶段后会很快进入正常磨损期。

（2）正常磨损：经过初期磨合期后的设备如果工作条件正常，应该能在一个较长时间内正常运转，故障率很低，这个阶段就是正常磨损期。

在正常磨损期的零件一般磨损速度比较慢，设备有很好的生产率与加工质量。在这个阶段，设备管理的重点是日常的保养与润滑工作和检点维修工作。

（3）急剧磨损期：当设备使用一段时间后，各零件会出现疲劳、腐蚀、氧化等坏损现象。机器故障增加,这个时期的零件磨损叫急剧磨损期。

该阶段的零件磨损严重,如果零件得不到及时的维修与更换,很容易出现比较大的机器故障。因此,在该阶段,一般需要对某些零件进行更换,以提高设备使用寿命。

与零件磨损规律相对应,设备的故障率随使用时间的推移也会有明显的变化,其形状如图7-8所示。由于典型的故障曲线的形状与浴盆相似,故又称为浴盆曲线。

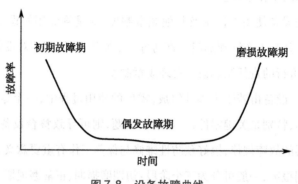

图7-8 设备故障曲线

第一阶段为初期故障期。这段时间内,故障发生的原因多数是由于设备设计、制造的缺陷;零件没有跑合;搬运、安装的大意;操作者不适应等。减少这段时期故障的措施是慎重地搬运、安装设备,严格进行试运行并及时消除缺陷。而且要抓好岗位培训,让操作人员尽快掌握操作技能,提高操作的熟练程度。

第二阶段称为偶发故障期。这段时期设备处于正常运转阶段,故障率较低。故障的发生通常是由于操作者的疏忽和错误造成的。这一阶段持续时间较长,减少故障率的措施主要是加强操作管理,做好日常维护保养。

第三阶段为磨损故障期。由于零部件磨损,故障率上升。为了降低这段时期的故障率,就要在零件达到使用期限之前加以修理。因此,维护重点是进行预防性维修。

将上述三个时期的故障信息及维修的成果都反馈给设备的设计制造企业,使设计制造企业在设计新设备时,根据反馈的信息采取对策,以消除或减少日后使用中的维修。

3. 设备基本维护决策 设备维护管理有很多决策问题,比如维修组织决策、备件库存决策、设备更换决策、维护计划决策,维护人员决策等。下面重点介绍维修组织决策、备件库存决策、设备更换决策。

(1)维修组织决策:维修组织形式不同,维修效果可能不一样。维修组织的形式有集中维修、分散维修、混合维修等形式。

1)集中维修:集中维修是在企业中设立一个专门的维修部门,集中负责整个企业的设备维修任务。集中维修的好处是可以集中维修力量,进行维修分工与协作,维修资源利用率高。但是,集中维修也有一定的缺点,容易出现生产与维修的脱节、应急处理速度慢等。

2)分散维修:这种维修组织是在企业的各个生产单位建立相应的维修组织,负责本生产单位的设备维修工作。这种分散的维修组织的优点是可以灵活处理设备问题,维护及时。但是很难处理大的设备问题,同时也导致人员冗余与浪费。

3）委托维修与自行维修:有的企业把设备维修的工作委托别的企业来完成,也就是通过外包的方式由别的企业来承担维修任务。委托维修可以减少企业维修的工作量与设备管理成本。虽然委托维修能降低维护成本,但是一般工业企业生产线上的专业设备不宜委托维修,特殊情况才考虑由设备生产商维修。某些特殊行业,比如电厂、服务业比较适合采用委托维修。企业中个别特殊设备,自己缺乏相应设备维修人员,或者非技术专有性的设备,如试验设备可以委托设备生产商或者其他专门的设备维修商进行维修。

（2）备件库存决策:设备备件是为了当设备出现故障时有零件进行更换,因此,企业也储备一定数量的备件。备件管理是设备管理的一项重要内容。备件管理包括备件的技术管理,备件的计划管理,备件的库存管理与备件的经济管理。

备件项目的管理是设备维护管理中重要的一环。因为设备的零件很多,如果每件零件都储备备件,会造成大量的库存成本。因此,确定备件项目对设备的维修很重要。备件项目的确定取决于设备磨损规律、使用寿命、故障性质、平均消耗量、价格、设备停工损失、维修水平、备件供应能力等多方面的因素。

价值分析法可以用来确定备件储备项目。该方法主要通过备件的购置成本、库存成本、库存缺货成本的因素作为备件储备的价值分析依据。

$$V = \frac{A+B}{C} \tag{7-10}$$

式中,V 为备件的储备价值,A 为备件的购置成本,B 为备件的库存成本,C 为设备故障时,因无此备件而造成的经济损失。一般,如果 $V<1$,则该备件就应该作为备件进行储备,如果 $V \geqslant 1$,则备件不必作为备件储备。

（3）设备更新决策:设备使用到一定年限,故障发生的概率增加,当继续使用时就会导致更高的故障,维护成本高,而且一旦故障,损失更大,这个时候就应该考虑更换新设备。

假设设备经过使用后残值为 0,并以 K 为初始的价值,n 代表使用年限,则每年的设备费用为 K/n。随着时间的增加,设备费用减少,但是设备故障增加,维护费用增加,其他的燃料动力费用等也增加,这叫设备低劣化。这种低劣化每年以 δ 增加,具体的年平均设备费用可由下式得到

$$T = \frac{\delta}{2}n + \frac{K}{n} \tag{7-11}$$

式中,K 为设备初始值,n 为设备使用年限,δ 为每年的低劣化增加值。为了使总费用最小,可对式(7-11)求导,得到最佳的更新年份:

令 $\dfrac{\mathrm{d}T}{\mathrm{d}n} = 0$,得

$$n = \sqrt{\frac{2K}{\delta}} \tag{7-12}$$

知识链接

《医疗器械生产质量管理规范》中关于厂房、设施、设备的要求

第三章　厂房与设施

第十二条　厂房与设施应当符合生产要求，生产、行政和辅助区的总体布局应当合理，不得互相妨碍。

第十三条　厂房与设施应当根据所生产产品的特性、工艺流程及相应的洁净级别要求合理设计、布局和使用。生产环境应当整洁、符合产品质量需要及相关技术标准的要求。产品有特殊要求的，应当确保厂房的外部环境不能对产品质量产生影响，必要时应当进行验证。

第十四条　厂房应当确保生产和贮存产品质量以及相关设备性能不会直接或者间接受到影响，厂房应当有适当的照明、温度、湿度和通风控制条件。

第十五条　厂房与设施的设计和安装应当根据产品特性采取必要的措施，有效防止昆虫或者其他动物进入。对厂房与设施的维护和维修不得影响产品质量。

第十六条　生产区应当有足够的空间，并与其产品生产规模、品种相适应。

第十七条　仓储区应当能够满足原材料、包装材料、中间品、产品等的贮存条件和要求，按照待验、合格、不合格、退货或者召回等情形进行分区存放，便于检查和监控。

第十八条　企业应当配备与产品生产规模、品种、检验要求相适应的检验场所和设施。

第四章　设备

第十九条　企业应当配备与所生产产品和规模相匹配的生产设备、工艺装备等，并确保有效运行。

第二十条　生产设备的设计、选型、安装、维修和维护必须符合预定用途，便于操作、清洁和维护。生产设备应当有明显的状态标识，防止非预期使用。

企业应当建立生产设备使用、清洁、维护和维修的操作规程，并保存相应的操作记录。

第二十一条　企业应当配备与产品检验要求相适应的检验仪器和设备，主要检验仪器和设备应当具有明确的操作规程。

第二十二条　企业应当建立检验仪器和设备的使用记录，记录内容包括使用、校准、维护和维修等情况。

第二十三条　企业应当配备适当的计量器具。计量器具的量程和精度应当满足使用要求，标明其校准有效期，并保存相应记录。

4. 计划预修　设备维修管理的发展大致可划分为故障修理(也称事后维修)、预防维修、计划预修和设备综合管理四个阶段。目前我国大部分企业仍采用计划预修模式,医疗器械企业也是如此。

计划预防修理制度,简称计划预修制,是我国工业企业从 20 世纪 50 年代开始普遍推行的一种设备维修制度,是进行有计划的维护、检查和修理,以保证设备经常处于完好状态的一种组织技术措施。计划预修制是根据零件的一般磨损规律和设备故障规律,有计划地进行维修,在故障发生之前修复或更换已磨损或老化的零部件。计划预修制的主要内容包括对设备的维护和计划修理,其中,设备维护的主要工作内容有日常维护、定期清洗换油、定期检查和计划修理;计划修理的主要工作内

容有小修、中修和大修。小修、中修和大修的安排可以遵循图7-9所示的修理时间周期。

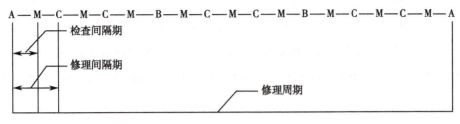

图7-9　"1269式"修理时间周期

在"1269式"修理时间周期中,A为大修,B为中修,C为小修,M为检查。"1269式"是指在一个修理周期中包括1个A、2个B、6个C和9个M,并且按照规定的顺序排列。

修理周期是相邻两次大修之间的设备工作时间。对于新设备来说,就是从投产到第一次大修理之间的间隔时间。

修理间隔期是指相邻两次修理(包括大修、中修和小修)之间的间隔时间。

检查间隔期是指相邻的检查与修理之间的间隔时间。

修理周期确定后,可以参照上期设备修理计划的完成情况以及本期的生产任务和设备完好程度,计算出计划期内究竟有多少设备需要修理。

计划预修制规定设备修理按计划进行,由于设备的重要程度和结构的繁简程度不同,以及对零件使用寿命的掌握程度不同,因而规定了三种不同的实现计划修理的方法。

(1) 标准修理法:标准修理法也称强制修理法,是对设备的修理日期、类别和内容,都按标准预先做出计划,并严格按照计划进行修理,而不管设备零件的实际磨损情况及设备的运转情况如何。标准修理法的优点是便于做好修理前准备工作,缩短修理时间,保证设备正常运转。

但是,采用这种方法容易脱离实际,造成设备的过剩修理,修理费用较高。所以,一般用于那些必须严格保证安全运转和特别重要的设备,如动力设备、自动线上的设备等。

(2) 定期修理法:定期修理法是根据设备的实际使用情况,参考有关修理定额资料,制定设备修理的计划日期和大致的修理工作量。确切的修理日期和修理内容,则根据每次修理前的检查,再作详细规定。这种方法的优点是对修理日期和内容的规定既有科学依据,又允许根据设备的实际工作状态作适当的调整。因而既有利于做好修理的准备工作,缩短修理停歇时间,又能合理地利用零件的使用寿命,提高修理质量,降低修理费用。目前我国维修基础比较好的企业,多采用此法。

(3) 检查后修理法:检查后修理法事先只规定设备的检查计划,而每次修理的时间和内容,则根据检查结果及以前的修理资料决定。采用检查后修理法,可以充分利用零件的使用期限,修理费用较低。但由于每次修理均是根据检查的结果,则可能由于主观判断错误,而做出不正确的决定,而且不容易做好修理前的准备工作,从而延长设备修理的停歇时间。

总的来说,计划预修制是一种比较科学的预防维修制,但还不完善。例如,不能很好解决修理计划切合设备实际的问题,因此,既有过剩修理(修理时间过早、修理项目过多),也有失修的情况发生;强调恢复性修理,而对改善性修理未作相应规定,在实际修理中出现大修时"复制古董"的问题。

针对上述问题,我国许多企业在实践中,作了相应的改革,例如增加应用项目修理(简称项修)和改善性修理等。项目修理是针对设备的精度、性能的劣化程度进行局部修理,以恢复或提高设备某个部位的性能,通过改进其结构、参数、材料和制造工艺等方法,提高零部件的性能,使故障不再发生。还有些企业根据设备重要性选用维修保养方法。重点设备采用预防维修,对生产影响不大的一般设备采用事后修理。这样,一方面可以集中力量做好重要设备的维修保养工作,同时又可以节省维修费用。

知识链接

TPM 简介

日本在吸收欧美最新研究成果的基础上,结合自己丰富的管理经验,创建了富有特色的全员生产维修制度(total productive maintenance,TPM)。TPM 的提出可以说是设备综合管理渐趋成熟的一个标志。TPM 的基本思想是全效益、全系统和全员参加。其主要内容如下表所示:

日常点检	先由技术、维修人员共同制定点检卡,并向操作人员讲解点检方法,再由操作工人在上班后的 5~10 分钟里,用听、看、试的办法,按点检卡内容逐项检查。15 分钟后,维修人员逐台看点检卡,若有标记机器运转不良的符号,立即进行处理。
定期检查	维修工人按计划定期对重点设备进行的检查,要测定设备劣化的程度,确定设备性能,调整设备等。
计划修理	按日常点检、定期检查的结果所提出的设备修理委托书或维修报告、机床性能检查记录等资料编制的计划定期进行修理,这种修理属于恢复性维修。
改善维修	对设备的某些结构进行改进性修理,主要用于经常发生故障的设备。
故障修理	设备突然发生故障或由于设备原因造成废品时必须立即组织抢修。
维修记录	把各项维修作业的发生时间、现象、原因、所需工时和停机时间等都做记录形成分析表,找出故障重点次数多、间隔时间短、维修工作量大、对生产影响大的设备和部件,作为维修保养的重点对象。尤其是"平均故障间隔时间"分析很受企业的重视。
开展 6S	6S 即整理(Seiri)、整顿(Seiton)、清扫(Seiso)、清洁(Seiketsu)、素养(Shitsuke)、安全(Safety),其主要目的是从思想上树立良好的工作作风,从职业道德和敬业精神上开展不懈的教育活动,使员工能够自觉地执行各项规章制度。

(二) 质量管理

"百年大计,质量第一。"在企业的生产运作中,质量一直被大多数企业视为最为有力的竞争手段之一。产品质量是企业的生命线,而要保证最终产品质量,则必须加强对生产过程的质量的监控。质量管理就是为了达到质量要求所采取的作业技术和活动,其目的在于监控生产过程,排除所有影响产品品质的不满意因素,从而保证最终产品的质量达标。

1. 质量管理发展三阶段

(1) 传统质量管理阶段:20 世纪初,人们对质量管理的理解还局限于质量检验。质量检验所使用的手段是各种检测设备和仪器,并对所有产品实施百分之百的检验,采用的方式是严格把关。其间,美国出现了以泰勒为代表的"科学管理运动"。"科学管理"提出了在人员中进行科学分工的要求,并将计划职能与执行职能分开,中间添加检验环节,以便监督、检查对计划、设计、产品标准等项目的贯彻执行,从而产生了一支专职检验队伍,构成了一个专职的检查部门。

（2）统计质量管理阶段:传统的质量检验属于事后把关式,其弊端是无法在生产过程中起到预防和控制的作用;而且,这种所有产品都检验的方式存在检验费用较大的问题,这在大规模生产情况下尤为突出。1924年,美国的休哈特提出了控制和预防缺陷的概念,他将数理统计方法引入到质量管理中,并成功地创造了"控制图",使得质量管理推进到新阶段。休哈特认为质量管理不仅要搞事后检验,而且在发现有废品产生先兆时就进行分析改进,从而预防和避免出现废品。因此,控制图的出现是质量管理从单纯事后检验转入检验加预防的标志。

（3）全面质量管理阶段:统计质量管理过分强调质量控制的统计方法,使人们误认为"质量管理就是统计方法";另外,它对质量的控制和管理只局限于制造和检验部门,忽视了其他部门工作对产品质量的影响。

20世纪50年代以来,随着火箭、宇宙飞船、人造卫星等大型、精密、复杂装备的出现,对产品的安全性、可靠性、经济性等要求越来越高,质量问题随之更为突出。在此背景下,全面质量管理(total quality management,TQM)应运而生。TQM要求人们运用"系统工程"的概念,把质量问题作为一个有机整体加以综合分析研究,实施全员、全过程、全企业的全面质量管理。我国自1978年推行全面质量管理以来,在实践上、理论上虽然都有所发展,但也有待于进一步探索、总结、提高。

一般认为,全面质量管理的工作方法最早是由美国质量管理专家戴明博士提出的工作方法——PDCA循环。它的基本思想是把质量管理看作是一个周而复始的螺旋上升的过程,每次循环按照计划——P(Plan),计划实施——D(Do),检查实施效果、处理检查结果——C(Check),处置并采取相应行动——A(Action)四个过程进行循环往复,螺旋上升。每经过一次循环,质量获得一次提高,这样质量就会朝着"零缺陷"方向发展。下面简要介绍它的基本步骤与方法:

1）计划阶段:计划阶段的任务是制定质量目标、根据目标制定质量计划。计划内容包括质量目标计划、质量指标计划、质量实施计划。计划阶段有四个步骤:①分析现状,找出存在的问题;②找出问题的原因或影响因素;③找出问题的主要因素;④制定措施计划。

2）计划实施阶段:计划实施阶段是质量管理的关键,要保证计划能被很好地贯彻执行,必须做到五个到位:人员到位、组织到位、措施到位、监督到位、激励到位。

3）检查阶段:把执行的结果与计划的结果对比,评价结果,找出问题。

4）处置阶段:处置阶段一方面要总结成功的经验并把它标准化以便今后参考,另一方面把没有解决的问题纳入下一阶段的计划中。

PDCA循环四个阶段相互衔接,顺序执行。每执行一次循环,总结一次,提出新的质量目标,不断达到新的高度。另外,质量循环是一个大环套小环,不断促进的过程。整个企业的质量管理活动可以看作是一个大的PDCA循环过程,而每一个部门或小组也有一个小的PDCA循环,企业的质量管理带动部门的质量管理工作,形成一个大环带动小环,大环指导小环,良性循环过程。

2. ISO 9000 族标准　1947年英国、法国、荷兰等几个工业发达国家,为了使本国的质量标准扩展为国际标准,以提高本国产品的竞争力,建议组建一个全球统一的标准组织,由于其工业品在国际上具有卓越声誉,这一倡议迅速得到了以欧洲为主的 27 个中小国家的响应,进而组成了统一的国际标准化组织(International Organization for Standardization,ISO)。

随着全球经济一体化进程的加快,国际市场进一步开放,信息技术的迅猛发展,市场竞争日趋激烈,各企业或组织都在加强科学管理,努力设法提高自身的竞争力。在此基础上,ISO 下属的质量管理和质量保证技术委员会(也称为第 176 技术委员会,简称 ISO/TC176)编写制定了 ISO 9000 族标准,并于 1987 年发布。此后经过 1994 版、2000 版和 2008 版的修订,形成了现在的 2015 版的 ISO 9000 族标准。世界上近 150 个国家或地区将 ISO 9000 族标准等同转化为本国或本地区的标准,其影响之大,意义之深远是前所未有的。

ISO 9000 族标准是一组标准,不是单一的标准,故称之为“族”。其核心标准有四个:①ISO 9000《质量管理体系　基础和术语》;②ISO 9001《质量管理体系　要求》;③ISO 9004《质量管理体系　业绩改进指南》;④ISO 19011《质量和(或)环境管理体系审核指南》。国家标准 GB/T 19000、GB/T 19001、GB/T 19004 和 GB/T 19011 就是分别等同采用自上述四个标准。

(1) ISO 9000 族标准特点:①适用于各类型、规模组织的所有产品;②可剪裁但严格规定;③充分体现了八项质量管理原则、运用质量管理体系基本原理;④突出以顾客为中心,持续满足顾客和相关方要求;⑤对顾客反馈信息进行分析和监控;⑥采取过程方法模式和管理的系统方法;⑦更突出最高管理者的作用,推进全员参与;⑧减少强制性程序文件,扩大组织制定文件自由度,重事实和效果;⑨强调对质量管理业绩的持续改进。

(2) ISO 9000 族标准的八项质量管理原则如下:①以顾客为关注焦点;②领导作用;③全员参与;④过程方法;⑤管理的系统方法;⑥持续改进;⑦基于事实的决策方法;⑧与供方互利的关系。

(3) ISO 9000 认证:ISO 9000 认证是由国家认证认可委员会授权的专业认证机构,对受审核方质量管理体系进行第三方审核,达到 ISO 9001:2015 标准的要求,受审核方即通过 ISO 9000 质量管理体系认证,并获得 ISO 9000 质量管理体系认证证书。

企业通过第三方认证,取得认证证书能够使企业向顾客证明本企业的质量管理体系能够符合国际标准的要求,企业的产品和服务有能力符合顾客要求,因此可以提高企业形象和市场的占有率。ISO 9000 认证可以给企业带来:

1) 强化质量管理,提高企业效益,增强客户信心,扩大市场份额:负责 ISO 9000 质量体系认证的认证机构都是经过国家认可机构认可的权威机构,对企业的质量体系的审核是非常严格的。这样,对于企业内部来说,可按照经过严格审核的国际标准化的质量体系进行质量管理,真正达到法治化、科学化的要求,极大地提高工作效率和产品合格率,迅速提高企业的经济效益和社会效益。对于企业外部来说,当顾客得知供方按照国际标准实行管理,拿到了 ISO 9000 质量体系认证证书,并且有认证机构的严格审核和定期监督,就可以确信该企业是能够稳定地生产合格产品乃至优秀产品的信得过的企业,从而放心地与企业订立供销合同,扩大了企业的市场占有率。可以说,在这两方面都收到了立竿见影的功效。

2) 获得了国际贸易“通行证”,消除了国际贸易壁垒:许多国家为了保护自身的利益,设置了种种贸易壁垒,包括关税壁垒和非关税壁垒。其中非关税壁垒主要是技术壁垒,技术壁垒中又主要是产品质量认证和 ISO 9000 质量体系认证的壁垒。特别是,在"世界贸易组织"内,各成员国之间相互排除了关税壁垒,只能设置技术壁垒,所以,获得认证是消除贸易壁垒的主要途径。

3）节省了第二方审核的精力和费用:在现代贸易实践中,第二方审核早就成为惯例,又逐渐发现其存在很大的弊端:一个供方通常要为许多需方供货,第二方审核无疑会给供方带来沉重的负担;另一方面,需方也需支付相当的费用,同时还要考虑派出或雇佣人员的经验和水平问题,否则,花了费用也达不到预期的目的。唯有 ISO 9000 认证可以排除这样的弊端。因为作为第一方的生产企业申请了第三方的 ISO 9000 认证并获得了认证证书以后,众多第二方就不必要再对第一方进行审核,这样,不管是对第一方还是对第二方都可以节省很多精力或费用。还有,如果企业在获得了 ISO 9000 认证之后,再申请 UL、CE 等产品质量认证,还可以免除认证机构对企业的质量保证体系进行重复认证的开支。

4）在产品质量竞争中立于不败之地:国际贸易竞争的手段主要是价格竞争和质量竞争。由于低价销售的方法不仅使利润锐减,如果构成倾销,还会受到贸易制裁,所以,价格竞争的手段越来越不可取。70 年代以来,质量竞争已成为国际贸易竞争的主要手段,不少国家把提高进口商品的质量要求作为限入奖出的贸易保护主义的重要措施。实行 ISO 9000 国际标准化的质量管理,可以稳定地提高产品质量,使企业在产品质量竞争中立于不败之地。

5）有效地避免产品责任:各国在执行产品质量法的实践中,由于对产品质量的投诉越来越频繁,事故原因越来越复杂,追究责任也就越来越严格。尤其是近几年,发达国家都在把原有的"过失责任"转变为"严格责任"法理,对制造商的安全要求提高很多。例如,操作人员在操作一台机床时受到伤害,按"严格责任"法理,法院不仅要看该机床机件故障之类的质量问题,还要看其有没有安全装置,有没有向操作人员发出警告的装置等。法院可以根据上述任何一个问题判定该机床存在缺陷,厂方便要对其后果负责赔偿。但是,按照各国产品责任法,如果厂方能够提供 ISO 9000 质量体系认证证书,便可免赔,否则,要败诉且要受到重罚。

（4）GB/T 19001-2016（ISO 9001:2015,IDT）标准简介:该标准原文分为以下几部分:

1）前言。

2）引言。

3）标准正文:第 1 章　范围;第 2 章　规范性引用文件;第 3 章　术语和定义;第 4 章　组织环境;第 5 章　领导作用;第 6 章　策划;第 7 章　支持;第 8 章　运行;第 9 章　绩效评价;第 10 章持续改进。

4）附录 A。

5）附录 B。

6）参考文献。

标准的前言主要介绍了与 GB/T 19001-2008 相比的主要技术变化,主要起草单位和起草人。

引言部分由"总则"、"质量管理原则"、"过程方法"及"与其他管理体系标准的关系"组成。尽管它不是标准的正文,但指出了实施质量管理体系的潜在益处和七个质量管理原则,较为详细地介绍了 PDCA 循环与基于风险的思维相结合的过程方法,对引言的了解有助于对标准的理解。每个组织质量管理体系的设计和实施是由组织的具体实际情况决定的,不能把标准的目的误解为建立统一模式的体系和文件。

标准正文一共有 10 个章节,前 3 章为标准应用的基础说明,第 4 章至第 10 章构成了 PDCA 循环(如图 7-10 所示)。左侧为输入,包括组织及其环境、顾客要求、相关方需求等;中间就是质量管理体系,由 PDCA 循环构成,其中"领导作用"居于中心,可见其在整个循环中的地位;右侧为输出,即最终的产品和服务是否合格,顾客是否满意,质量管理体系是否有效。标准正文各章节简介如下:

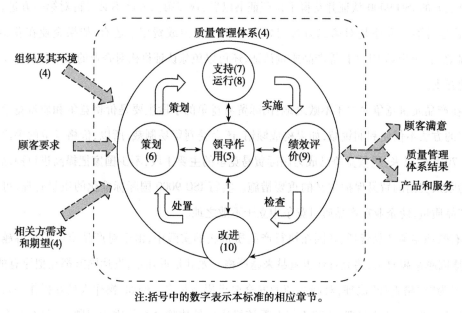

注:括号中的数字表示本标准的相应章节。

图 7-10 本标准的结构在 PDCA 循环中的展示

1) 第 1 章 范围。介绍了标准的目的和用途。

2) 第 2 章 规范性引用文件。阐明引用了 GB/T 19000-2016《质量管理体系基础和术语》。

3) 第 3 章 术语和定义。明确 GB/T 19000-2016 界定的术语和定义适用于本文件,共计 168 个。

4) 第 4 章 组织环境。组织通过在识别和监控组织所处的内外部环境,识别出内外部环境中所包括的风险和机遇,同时,组织关注对质量管理体系利益相关方的要求并进行确定,监视和评审相关的需求和期望。组织通过考虑各种内外部因素、相关方的要求、组织的产品和服务,确定质量管理体系的范围。通过以上步骤进行建立、实施、保持持续改进质量管理体系。该条款为建立质量管理体系奠定了基础。

5) 第 5 章 领导作用。这部分集中体现了最高管理者的领导作用,给管理者提出了明确的要求。与上一版本相比,2016 版强化最高管理者在质量管理体系内的作用,赋予其更积极的角色。

6) 第 6 章 策划。本章由"应对风险和机遇的措施"、"质量目标及其实现的策划"、"变更的策划"等三节组成,是 PDCA 中的策划阶段。本章具体分析了应对风险和机遇的措施,细化了质量目标的要求,明确实现质量目标的五个问题,以及对质量管理体系进行变更时应考虑的问题。

7）第 7 章　支持。本章由"资源","能力","意识","沟通"和"成文信息"等五节组成,是 PDCA 中的实施阶段。主要介绍了建立、实施、保持和持续改进质量管理体系所需的资源,包括人员、基础设施、过程运行环境、监视和测量资源、知识等,组织应具备的能力、意识、沟通信息,以及质量管理体系应包括的成文信息。

8）第 8 章　运行。本章由"运行策划和控制"、"产品和服务的要求"、"产品和服务的设计和开发"、"外部提供过程、产品和服务的控制"、"生产和服务提供"、"产品和服务的放行"、"不合格输出的控制"等七节组成,是 PDCA 中的实施过程,也是对产品或服务实现的直接过程。本章是 10 个章中所占篇幅最多的一章,其重要性可见一斑。

9）第 9 章　绩效评价。本章由"监视、测量、分析和评价"、"内部审核"、"管理评审"等三节组成,是 PDCA 中的检查阶段。组织应评价质量管理体系的绩效和有效性。

10）第 10 章　持续改进。本章由"总则"、"不合格和纠正措施"、"持续改进"等三节组成,是 PDCA 中的处置阶段。组织应确定和选择改进机会,并采取必要措施,以满足顾客要求和增强顾客满意度。

3. ISO 13485 标准

（1）ISO 13485 标准的发展:ISO 9000 族标准的发布对以法规要求实施质量管理的医疗器械行业提出了挑战,由于医疗器械是救死扶伤、防病治病的特殊产品,对其质量的基本要求是安全有效,医疗器械的质量不仅有其产品的技术规范作保障,而且要有有效的生产企业的质量管理体系来实现。为此各国政府将医疗器械产品质量要求、质量管理体系要求和法规相结合,以立法的形式强制执行这些要求,以达到保障人类生命安全健康,造福于人类的目的。

正是由于医疗器械质量管理要求不同于一般的工业产品,为此 1994 年国际标准化组织成立医疗器械质量管理和通用要求技术委员会即 ISO/TC 210,负责有关医疗器械质量管理标准的制订工作,于 1996 年制订并发布了 ISO 13485《质量体系-医疗器械 ISO 9001 应用的专用要求》和 ISO 13488《质量体系-医疗器械 ISO 9002 应用的专用要求》。可见当时 ISO 13485 不是独立标准,需要与 ISO 9001:1994 联合使用。

2003 年 7 月 23 日,发布 ISO 13485:2003《医疗器械-质量管理体系-用于法规的要求》。2003 版的 ISO 13485 标准是一个独立标准,应用于医疗器械行业。它对规范医疗器械生产企业、实施科学管理、提高管理水平、执行医疗器械法规、确保医疗器械安全有效发挥了重要作用。

随着社会经济的发展和公众对医疗器械安全关注的提高,医疗器械的商业环境和法规环境发生了巨大变化,ISO 13485:2003 的修订势在必行。ISO 13485:2016 标准的起草工作于 2012 年 3 月开始,于 2016 年 3 月 1 日正式发布。与此相对应,2017 年 1 月 19 日,国家食品药品监督管理总局发布 YY/T0287-2017《医疗器械-质量管理体系-用于法规的要求》标准（ISO 13485:2016,IDT）。

（2）2016 版 ISO 13485 标准与 2008 版 ISO 9001 标准的联系与区别:前面已经提到,ISO 9001 标准的最新版是 2015 版,但 2016 版 ISO 13485 标准是由 2008 版 ISO 9001 标准转化而来,故此处阐述的是它们二者的关系。

ISO 13485:2016 标准 0.4 条指出:本标准是一个以 ISO 9001:2008 为基础的独立标准。这里清楚地表明制订 2016 版 ISO 13485 标准的一个基本思想,就是以 2008 版的 ISO 9001 为基础,在结构上和 2008 版 ISO 9001 保持一致,在章节顺序条款上也一一对应。为了方便使用者,附录 B 给出了 ISO 13485:2016 和 ISO 9001:2015 的对应关系。ISO 13485:2016 标准在内容上不加更改大量直接引用 ISO 9001:2008 标准的规定要求,体现了 2008 版 ISO 9000 族标准的一些主要原则,如以顾客为关注焦点、领导作用、全员参与、过程方法、管理的系统方法、持续改进、基于事实的决策方法、与供方互利的关系的八项质量管理原则。ISO 13485:2016 和 ISO 9001:2008 一样也采用以过程方法为基础的质量管理体系模式,提出质量管理体系是由相互关联的"管理职责"、"资源管理"、"产品实现"、"测量分析改进"四大过程组成、从而有利于组织将自身的过程与标准要求更好地结合,能高效地得到期望的结果,提高质量管理体系的有效性,标准也同样进一步强调最高管理者作用等 2008 版 ISO 9000 族标准的原则。总之 ISO 13485:2016 标准是以 ISO 9001:2008 标准为基础的独立标准。同时保留了 2003 版 ISO 13485 标准有关医疗器械的专用要求和针对医疗器械行业质量管理的要求。

满足法规要求是 ISO 13485 标准的主线,在 2016 版标准中进一步强调法规要求在标准中的地位和作用,提出了医疗器械组织将法规要求融入质量管理体系的三个规则,即按照适用的法规要求识别组织的角色、依据这些角色识别适用于组织活动的法规要求、在组织质量管理体系中融入这些适用的法规要求,进一步明确了质量管理体系要求和法规要求的关系。2016 版标准中使用术语"法规要求"的数量由 2003 版标准的 28 个增加到 52 个,在质量管理体系诸多过程中都规定要符合本标准要求和法规要求,鲜明地体现了标准将法规要求和质量管理体系要求全面融合的特色。

为了满足医疗器械法规要求,2016 版 ISO 13485 标准对 ISO 9001:2008 标准进行了数量有限的增加、删减、更改和解释。譬如,ISO 13485:2016 标准删减了 ISO 9001:2008 中"顾客满意"和"持续改进"的提法;将 ISO 9001:2008 中"顾客满意"修改为"反馈",并在其后增加了"投诉处置"、"向监管机构报告"条款;将"持续改进质量管理体系的有效性"修改为"确保和保持质量管理体系的持续适应性、充分性和有效性以及医疗器械的安全和性能"。医疗器械法规目标是质量管理体系的有效性,以持续生产安全有效的医疗器械产品,而不是质量管理体系持续改进。医疗器械的安全有效是由包括质量管理体系的一系列活动和过程来实现的,医疗器械法规规范了包括质量管理体系在内的一系列过程和活动。对医疗器械的市场准入和市场准入后的监督管理提出法规要求,这些要求是不能随意变动的,要保持持续稳定性。因此,强调保持质量管理体系有效性是必要的,只有这样才能确保医疗器械的安全有效。医疗器械改进也是必要的,但要在符合法规的范围内进行,强调日常的、频繁的持续改进,将可能背离法规,造成医疗器械不安全、无效的后果。因此强调"持续改进"对医疗器械是不适宜的。

顾客满意对于医疗器械法规的目标是不适当的,而且对于组织生产安全和有效的医疗器械能力具有不利的影响。"顾客满意"和"监视顾客感受"作为法规要求来实施都过于主观。

医疗器械的顾客特别是医疗器械的最终顾客,很难对医疗器械的安全性有效性作出客观判断,因此顾客满意与否很难确定。顾客接受 X 射线诊断时,很难判定 X 射线对其伤害程度以及对诊断结论的满意程度。有些顾客人群在接受注射时的惧怕心理而产生对注射器械相当不满意。医疗器械的生产是满足法规要求,而不应因顾客的满意和不满意去改变医疗器械。而按顾客满意与否随意地改变医疗器械是既背离法规也对生产安全有效的医疗器械产生不利影响。

（3）ISO 13485:2016 认证:ISO13485 标准是可以独立使用的、用于医疗器械行业的质量管理体系的标准,不是 ISO 9001 标准在医疗器械行业中的实施指南,两者不能兼容。由此,它也就成为除 ISO 9001 以外,惟一独立地用于医疗器械行业质量管理体系的标准。对于医疗器械行业来说,这是一个非常重要的标准。ISO 13485:2016 处处强调满足医疗器械法规要求,在以 ISO 9001:2008 为基础上进行了删减和修改。ISO 13485:2016 标准和 ISO 9001:2008 标准存在不少差别。因此质量管理体系符合 ISO 13485:2016 的组织不能声称符合 ISO 9001:2008 标准,除非其质量管理体系满足 ISO 9001的所有要求。ISO 13485:2016 标准所规定的质量管理体系要求是对医疗器械产品技术要求的补充。医疗器械种类很多,标准中所规定的某些专用要求只适用于指定的医疗器械类别,而不是所有的医疗器械。因此,在实施标准时要注意标准所规定的适用医疗器械类别。

4. 常用的质量管理工具　质量管理中常用一些统计工具进行质量数据的分析与控制。常用的统计质量管理工具包括:排列图、因果图、直方图、统计表(调查表)、散点图(也叫相关图)、控制图、分类表(层别法)等七种工具,下面重点介绍几个最常用的工具。

（1）排列图:是分析质量问题的主次因素的方法,通过这种方法可以很快找出影响质量的主要因素。如图 7-11 所示。

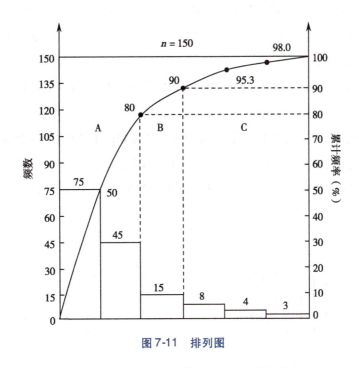

图 7-11　排列图

排列图左边表示频数(不合格产品个数、金额等),右边表示累计频率(百分比),横坐标表示各种质量因素(如焊接工艺中虚焊、漏焊、表面不光滑等)。图中直方块高度表示每个因素的影响程度,一般按照频数从大到小的顺序在横坐标上从左到右描绘。把因素出现的频数写在直方块的顶端,把累积频率写在折线上。

为了抓住主要因素,一般根据累积频率的大小,把不合格品(废品)分为三类:A 类为0% ~80%;B 类为80% ~90%;C 类为90% ~100%。图中因素1与因素2可以归为 A 类因素,因素3归为 B 类因素,其他为 C 类因素。

（2）因果图:也叫鱼刺图、树枝图,它是一种系统分析质量问题原因的有效方法。一般质量问题的原因无非就是五个方面,即"4M1E":人员、设备、材料、方法（工艺）、环境,也可以简称为"人、机、料、法、环"。在因果图上,可以根据五种原因,再进行深入的分析,从大原因中找小原因,一层层地分析,把所有的原因都找出来,根据不同的原因,采取不同的措施进行改进。图 7-12 为因果图的基本形式。

ER-7-2

人机法料环

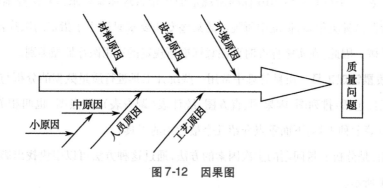

图 7-12　因果图

（3）直方图:是用于工序质量控制的一种数据分布图形,是整理质量数据、找出数据分布中心和散布规律的一种有效方法。通过直方图可以判断工序是否处于受控状态,以此调整工序生产措施,达到控制工序质量的目的。

直方图主要用来观察数据的散布规律,判断质量事故的原因;也可以用来工序能力的计算,判断加工精度。

观察直方图的形状,可以判断生产状态是否正常。正常情况下的直方图形状是近似于标准正态分布图形,即为两边对称的钟形。如果直方图不是正态分布,可以认为生产状态出现了偏差。根据长期的实践摸索,可以总结出异常直方图的规律,用来分析生产状态。图 7-13 是一组典型的异常直方图。

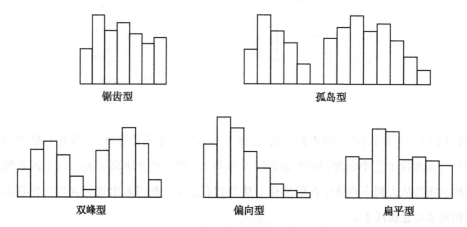

锯齿型　　　　　　孤岛型

双峰型　　　　偏向型　　　　扁平型

图 7-13　几种典型异常直方图分布曲线

经过长期的时间分析,人们总结出以上几种异常曲线的形成原因,如表 7-3 所示。

表 7-3 几种典型异常直方图及形成原因

异常直方图	原 因
锯齿型	测量方法或读数误差,分组不当。
孤岛型	加工条件变动,错用仪表,读数错误,不同批号相混。
双峰型	两个不同批号或不同规格的产品相混。
偏向型	工具磨损,员工疲劳。
扁平型	加工习惯(如有意放大或缩小尺寸)。

当然,不同企业的产品或不同的加工方法,产生异常直方图的原因也不同,需要企业质量检验人员进行长期的积累经验,归纳总结,以备出现类似情况时,就能快速查出原因,为质量控制提供方便。

(4)分类表:也叫层别法、分层法,是一种简单实用的统计不同条件出现质量问题的方法。

分类的方法很多,可以按照性质、来源、影响因素等划分。通过分类表可以找到问题的原因,为进一步解决问题提供参考。

数据分类的方法包括按照班次分类,按照设备分类,按照材料分类,按照人员分类,综合多因素的分类以及其他的分类方法。

例如某医疗器械生产企业对生产的焊接工序进行质量调查,分析不同设备的产品质量。由于生产有两种不同的工艺方法,不同工艺生产质量有一定的差异。于是进行调查,抽查一天内的生产量,把两种不同的工艺与设备生产的产品进行分类分析,数据如表 7-4 所示。

表 7-4 焊接工序生产质量分类调查表

设备 \ 工艺		掺银环氧粘贴法	树脂粘贴法	合计
设备 A	虚焊	2	5	7
	合格	98	95	193
	不合格率	2%	5%	3.5%
设备 B	虚焊	3	6	9
	合格	97	94	191
	不合格率	3%	6%	4.5%
合计	不合格率	2.5%	5.5%	4%

从以上的结果看出,在相同的工艺上,设备 B 的质量差一些;同样的设备下,树脂粘贴法工艺的质量差一些。因此,可以初步判断,采用树脂粘贴法工艺在设备 A 上生产,掺银环氧粘贴法工艺在设备 B 上生产,产品的次品率可以降低。

(5)控制图:是最常用的一种统计质量管理工具,控制图是统计过程质量控制的核心工具。

控制图可以用来做质量诊断、质量控制与质量改进。通过控制图的应用,可以让管理者知道质量是否处于受控状态,并提供有关变化的趋势信息,为改进质量提供决策依据。图 7-14 为控制图的一个基本模式。

在管理控制图中,中间一条横线是中心线,用 CL 表示,是控制量的平均值。上、下两条线是控制上限和控制下限,一般取 3 倍标准方差为控制上限和控制下限。

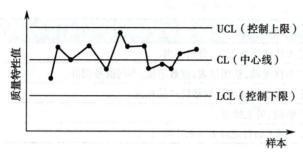

图 7-14　管理控制图的基本模式

管理控制图有两种,一种是计量值的控制图,另一种是计数值的控制图。

5. 6S 现场管理　6S 是现代工厂行之有效的现场管理理念和方法,它是实现现场精细化管理的基础,其实质是一种强调纪律性和执行力的企业文化。6S 作用是提高效率,保证质量,使工作环境整洁有序,预防为主,保证安全。

(1) 6S 含义:所谓 6S,是指对生产现场各生产要素(主要是物的要素)所处状态不断进行整理、整顿、清扫、清洁、提高素养及安全的活动。6S 管理由日本企业的 5S(其日语的罗马拼音均以"S"开头)扩展而来,我国企业在 5S 现场管理的基础上,结合安全生产要求,增加安全(Safety)要素而形成了"6S"。

(2) 6S 的内容

1) 整理:将工作区域的任何物品区分为有必要和非必要两种,除了有必要的留下来,其他物品都需清除。目的是腾出空间,空间活用,防止误用,创建清爽的工作场所。物品有无必要的判断依据是根据企业自身的诸如工艺规范、工艺定额、工时定额和储备定额等来确定。

2) 整顿:将工作区域保留下来的必需品按照规定位置摆放整齐并加以标识。目的是使工作场所井井有条,减少寻找物品的时间,整齐的工作环境可以消除过多的积压物品。整顿的实施应具备相应的管理流程,履行非必需品整顿处理的相关手续,做好记录并备案。

3) 清扫:将工作场所内看得见与看不见的区域清扫干净,保持干净、亮丽的工作场所。目的是稳定品质,减少工业伤害。清扫是改善环境的重要行动和措施,是消除生产现场跑冒滴漏的群众性基础管理工作。

4) 清洁:维持上面 3S 成果。保持良好的工作环境以促进现场的有序生产。

5) 素养:每位员工养成依据规则做事的良好习惯,培养积极主动的工作精神。目的是培养具有良好习惯和遵章守纪的员工,营造团队精神。素养是企业文化的组成部分和企业形象的重要体现。

6) 安全:重视全员安全教育,树立安全第一、预防为主的安全生产观念。目的是构建安全生产环境。

(3) 实施 6S 的好处:6S 管理看似简单,但却包含了企业管理的各个层面:从现场环境到物料管理,从工艺改善到品质管理,从工作行为到员工态度等。但企业在推行 6S 管理中,往往存在意识上的误区:很多管理者感觉 6S 管理主要是打扫卫生,仅仅是生产现场的划线标识,没有意识到 6S 成功实施与企业的产品品质、生产成本和生产效益等息息相关。一线员工常常将生产和 6S 对立起来,认为工作任务繁重,天天加班赶进度,没有时间做 6S。实际上,6S 的成功实施具有以下诸多好处。

1) 提升企业形象:实施 6S 管理,有助于企业形象的提升。整齐清洁的工作环境,不仅能使企业员工的士气得到激励,还能增加客户的满意度,从而吸引更多的客户与企业进行合作。因此,良好的现场管理是吸引客户、增强客户信心的最佳广告。

2）提升员工归属感：6S 活动的实施，还可以提升员工的归属感，使之成为有较高素养的员工。在干净、整洁的环境中工作，员工的尊严和成就感可以得到一定程度的满足。由于 6S 要求进行不断的改善，因而可以增强员工进行改善的意愿，使员工更愿意为 6S 工作现场付出爱心和耐心，进而培养"爱厂如家"的主人翁精神。

3）减少浪费：实施 6S 的目的之一是减少生产过程中的浪费。由于企业中各种不良现象的大量存在，在人力、场所、时间、士气、效率等诸多方面给企业造成了很大浪费。6S 可以明显减少人员、时间和场所的浪费，降低产品的生产成本，其直接结果就是为企业增加利润。

4）保障安全：安全生产是企业管理的重要目标之一。实施 6S 可以使工作场所宽敞明亮，杜绝物品的随意摆放，保证现场通道畅通，各项安全措施落实到位；另外，通过 6S 管理的长期推进，可以培养员工认真负责的工作态度，也会减少安全事故的发生概率。

5）提高效率：6S 活动可以帮助企业提升整体的工作效率。优雅的工作环境，良好的工作气氛以及有素养的工作团队，都可以让员工心情舒畅，更有利于发挥员工的工作潜力。另外，物品的有序摆放也减少了物料的搬运时间，工作效率随之得以提升。

6）保障品质：员工认真细致的工作态度是保障产品品质的基础。实施 6S 就是为了消除工厂中的不良现象，防止工作人员马虎行事，可以使产品品质得到可靠的保障。

知识链接

《医疗器械生产质量管理规范》中关于质量控制的要求

第五十六条 企业应当建立质量控制程序，规定产品检验部门、人员、操作等要求，并规定检验仪器和设备的使用、校准等要求，以及产品放行的程序。

第五十七条 检验仪器和设备的管理使用应当符合以下要求：

（一）定期对检验仪器和设备进行校准或者检定，并予以标识；

（二）规定检验仪器和设备在搬运、维护、贮存期间的防护要求，防止检验结果失准；

（三）发现检验仪器和设备不符合要求时，应当对以往检验结果进行评价，并保存验证记录；

（四）对用于检验的计算机软件，应当确认。

第五十八条 企业应当根据强制性标准以及经注册或者备案的产品技术要求制定产品的检验规程，并出具相应的检验报告或者证书。

需要常规控制的进货检验、过程检验和成品检验项目原则上不得进行委托检验。对于检验条件和设备要求较高，确需委托检验的项目，可委托具有资质的机构进行检验，以证明产品符合强制性标准和经注册或者备案的产品技术要求。

第五十九条 每批（台）产品均应当有检验记录，并满足可追溯的要求。检验记录应当包括进货检验、过程检验和成品检验的检验记录、检验报告或者证书等。

第六十条 企业应当规定产品放行程序、条件和放行批准要求。放行的产品应当附有合格证明。

第六十一条 企业应当根据产品和工艺特点制定留样管理规定，按规定进行留样，并保持留样观察记录。

四、项目实施

（一）建立设备台账

设备台账是用来记录设备的主要信息，便于检索和财务记账，其格式不定，但应记录以下主要内容，包括设备的名称、规格型号、数量、生产厂家、编号、使用部门等，也可以根据自己的需要添加相关的内容。应保留设备的合格证书、使用说明等相关资料，记录存档并妥善保管。

参考下表7-5，建立实验室或实训室设备台账，并填写完整。

表7-5 _____设备台账

编号：（文件编号）   序号：

序号	设备名称	规格型号	数量	编号	生产厂家	购置日期	原值（万元）	合格证编号	使用部门	保管人	备注

编制部门：   编制人：

（二）制定设备日常维护保养规章制度

根据设备的使用说明书，结合6S现场管理，参考下表7-6设备通用的日常维护保养要求，编写适用于实验室或实训室的日常维修保养制度。可自行制定维护保养记录表格。

表7-6 设备日常维护保养要求

设备日常维护保养要求
为了保证设备的安全运行，提高使用率，降低维修费用，特制定本维护保养要求，每位操作人员必须严格按要求对进行维护保养。具体如下： 一、设备的维护保养 通过擦拭、清扫、润滑、调整等一般方法，对设备进行护理，以维持和保护设备的性能和技术状况。 1. 清洁　设备内外整洁、各滑动面、丝杠、齿条、齿轮箱、油孔等处无油污，各部位不漏油，不漏气，设备周围废弃材料、杂物、脏物都要清扫干净。 2. 整齐　工具、附件、工件（产品）要放置整齐，管道、线路要有条理。 3. 润滑良好　按时加油、换油，不断油，无干磨现象，油压正常，油标明亮，油路畅通，油质符合要求。 4. 安全　遵守安全操作规程，不超负荷使用设备，设备的安全防护装置齐全可靠，及时消除不安全因素。 二、设备的三级保养制 三级保养制是以操作人员为主，对设备进行以保为主，保修并重的强制性维护制度。 1. 设备的日常维护保养　一般有日保养和周保养。 （1）日保养：由设备操作人员当班时进行，认真做到班前四件事、班中五注意和班后四件事。 班前四件事：消化当班产品的工艺和生产要求，检查交接班记录，擦拭设备，按规定润滑加油；检查各传动、运转部位是否正常、灵活，安全装置是否可靠，操作位置周围是否有安全隐患。

设备日常维护保养要求

班中五注意:注意运转声音;注意设备的温度、压力、电气、气压系统;注意仪表信号;注意设备是否正常;注意安全操作规程。

班后四件事:关闭电源;清除杂物、脏物,擦净工作面上的油污,并对所需润滑部位加油;清扫工作场地,整理附件、工具;填写交接班记录和运转台时的记录,办理交接班手续。

(2) 周保养:由设备操作人员在每周末进行,应从以下几方面做起。

外观:擦净设备各传动部位及外露部分,清扫工作场地,达到内外洁净无死角、无锈蚀,周围环境整洁。

操纵传动:检查各部位的技术状况,紧固松动部位,调整配合间隙,达到传动声音正常、安全可靠。

润滑:清洗滤油,油箱添加油或换油;检查油路是否畅通;达到油质清洁,油路畅通。

电气系统:擦拭电动机、线路管表面,检查是否存在绝缘、接地现象,达到完整、清洁、可靠。

2. 一级保养 以操作人员为主,维修人员协助,按计划对设备局部拆卸和检查,清洗规定的部位,疏通油路管道,更换易损件,调整设备各部件的配合间隙,紧固设备的各个部位。一保完成后应作记录并注明尚未清除的缺陷,设备部维修处组织验收。

3. 二级保养 以维修人员为主,操作人员参加来完成。二级保养列入设备的检修计划,对设备进行部分解体检查和修理,更换或恢复磨损件,清洗、换油、检查、修理电气部分,使设备的技术状况全面达到规定的要求。二保完成后,维修人员应详细填写检修记录,由设备维修处和操作人员验收,验收单交设备部存档。

三、精、大、稀设备的使用和维护要求

"四定"工作

(1) 定使用人员:按定人定机制度,精、大、稀设备操作工应选择本工种中责任心强、技术水平高和实践经验丰富者,并尽可能保持稳定。

(2) 定检修人员:选择责任心强、技术水平高和实践经验丰富者专门负责设备检查、精度调整、维护和修理。

(3) 定操作规程:根据机型逐台编制操作规程,进行明示和培训,并严格按规程执行。

(4) 定备用配件:根据备件来源情况,确定储备定额,并优先解决。

四、设备的区域维护

1. 专人负责本区域内设备的维护修理工作,按规定保证设备完好率、故障停机率等指标。

2. 认真执行设备定期点检和区域巡回检查,指导和督促操作工做好日常维护和定期维护工作。

3. 在专业人员的指导下参加设备状态普查,精度检查,调整、治漏,开展故障分析和状态检测等工作。

五、保养记录

认真做好保养工作和保养记录,发现问题及时排查,使设备维护在正常、安全的工作状态。

编制人:

年 月 日

审核:	批准:
年 月 日	年 月 日

(三) 制订(年度)设备维修计划

通常企业制订(年度)设备维修计划时,先由各车间普查生产设备技术状况后,提出申请项目,由设备动力科汇总。设备动力科根据以上资料和设备实际运转台时,制订出年度应修设备的计划草案,然后组织设备检查三结合小组(可由主管设备工作的厂领导、设备动力科科长、设备技术员、检查员、车间主任、车间设备员以及老工人组成),根据草案对设备逐台进行精度、性能和磨损情况的复查鉴定,确定是大修、中修,还是小修,制订出正式计划。

编制计划时应注意以下几点:

1. 为了避免产生某季、某月修理设备过多或过少现象,在安排设备修理进度时需按季、按月分车间加以平衡,调整进度,使每月的修理工作量大致平衡。

2. 为了避免产生某一车间在某一月份中检修设备过多,造成该车间生产工时不足的现象,在安排设备维修进度时,要照顾各车间设备台数的平衡。

3. 编制年度维修计划时,应与生产计划相配合,尽量考虑生产的需要和设备的具体情况,如对关键设备应尽量安排在节假日修理,同工种设备不要集中在同一月份修理。

根据统计好的实验室设备台账以及设备的实际使用情况,明确实验室的重点设备,参考有关修理定额资料,制订设备修理的计划日期和大致的修理工作量。参考下面的表7-7,编写(年度)设备维修计划。

表7-7 _____(年度)设备维修计划

设备 ＼ 计划	1月	2月	3月	4月	5月	6月	7月	8月	9月	10月	11月	12月
	维修方式(A为大修;B为中修;C为小修;M为检查)											

(四)制订文件控制程序

管理实际上就是过程控制,程序就是某个活动的流程。下面以文件控制程序为例,讲解质量管理活动流程的制订方法。

一般企业的文件层次的划分如图7-15所示。

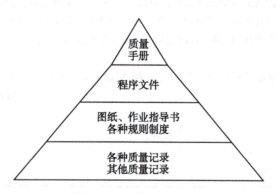

图7-15 文件层次的划分

质量手册是企业纲领性的文件,作为企业的“宪法”规划着企业的发展,一般由企业的高层管理者制定;程序文件作为第二级的文件,解释各种质量管理活动的流程,这里要编写的文件控制程序文件即属于此范畴;图纸、工艺文件、作业指导书、规章制度等是各工作流程的具体分解和说明,此为第三级文件;底层的各种相关的质量记录,是对整个质量管理体系的支撑,也是各种活动绩效考核的重要依据。

请阅读ISO 9001标准中7.5.3条款的内容:

7.5.3 成文信息的控制

7.5.3.1 应控制质量管理体系和本标准所要求的成文信息,以确保

a) 在需求的场合和时机,均可获得并适用;

b) 予以妥善保护(如防止泄密、不当使用或缺失)。

7.5.3.2 为控制成文信息,适用时,组织应进行下列活动:

a) 分发、访问、检索和使用;

b) 存储和防护,包括保持可读性;

c) 变更控制(如版本控制);

d) 保留和处置。

对于组织确定的策划和运行质量管理体系所必需的来自外部的成文信息,组织应进行适当识别,并予以控制。

对所保留的、作为符合性证据的成文信息应予以保护,防止非预期的更改。

注:对成为信息的"访问"可能意味着仅允许查阅,或者意味着允许查阅并授权修改。

文件控制是指对文件的分发、访问、检索、使用、存储、防护、变更、保留和处置等全过程活动的管理。记录是一种特殊类型的文件,其特殊性表现在当记录尚未完成时,一张空白的表格仍属于一般的文件,一旦填写完毕就起到了所完成工作证据的作用,这时就转变为记录的范畴,作为记录的文件应按标准的4.2.4条记录控制的要求予以控制。

制订某个管理活动流程时,在文件编写时应写清楚"5W1H",即为了某个目的或原因(Why),什么人(Who)在什么时间(When)、什么地点(Where)去做什么(What),该如何去做(How)?上述问题阐述明白,整个活动的流程就建立起来了。编写时应注意文字的严谨性,采用书面语言。文件控制(或管理)程序包含以下主要内容:

1. 企业文件的层次,可根据企业的规模大小和产品的复杂程度,设定3~5个层次。

2. 各层次文件的序号、版本的编排方式,便于日后检索。

3. 明确各层次文件编写者、审批者、使用者、保管者。

4. 建立文件的发放和回收制度,并保留相关记录。

5. 文件更改的权限和方式,更改后的文件应得到再次审核和批准。发放使用前,应根据发放/回收记录,收回所有旧版本的文件,确保在使用场所能得到适用文件的有效版本。

6. 来自外部的成文信息通常是指与产品有关的法律法规、产品标准、设计院或顾客提供的技术文件等,管理上主要只控制外来文件的分发和使用。

7. 文件作废的权限和方式,作废后的文件应立即销毁,特殊原因需要保留时,应对作废文件加盖作废印章,并由专人保管。

为支持文件管理流程的正常运行,可编写《文件清单》、《文件发放/回收记录》、《文件作废记录》等支持性的文件。

(五) 编写内部审核计划

开展内部审核是为了查明质量管理体系实施效果是否达到了规定的要求,及时发现存在的问题并采取纠正措施,使质量管理活动持续有效的运行。

请阅读 ISO 9001 标准中 9.2 条款的内容:

> 组织应按照策划的时间间隔进行内部审核,以提供有关质量管理体系的下列信息:
>
> a) 是否符合:
>
> 1) 组织自身的质量管理体系要求;
>
> 2) 本标准的要求。
>
> b) 是否得到有效的实施和保持。
>
> 组织应:
>
> a) 依据有关过程的重要性、对组织产生影响的变化和以往的审核结果,策划、制定、实施和保持审核方案,审核方案包括频次、方法、职责、策划要求和报告;
>
> b) 规定每次审核的审核准则和范围;
>
> c) 选择审核员并实施审核,以确保审核过程客观公正;
>
> d) 确保将审核结果报告给相关管理者;
>
> e) 及时采取适当的纠正和纠正措施;
>
> f) 保留成文信息,作为实施审核方案以及审核结果的证据。

该条款理解要点:

1. 审核方案的策划,应包括审核的频次(一般为1次/年)、目的、准则(审核依据)、范围等。

2. 审核人员必须为内审员(通常是企业的在职员工),应事先经过内审培训,并受到企业的书面聘任,并保证审核过程的公正性和客观性。

3. 对内审中发现的问题应及时采取纠正和纠正措施。

4. 审核的结论应向管理者汇报,并保持审核的记录。

策划内部审核时,应注意以上几个方面。下面以某医疗器械企业为例,讲解如何进行内部审核的策划和实施。

该企业的组织机构图如图7-16所示,各部门的职责如表7-8所示。

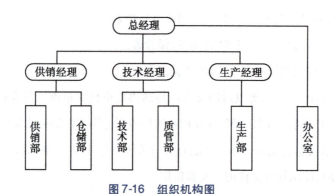

图7-16 组织机构图

表7-8 质量管理体系过程活动职能分配表

标准条款名称	标准条款号	过程活动	总经理	办公室	生产部	供销部	质管部	技术部	仓储部
4 组织环境	4.1	理解组织及其环境	★	○	○	○	○	○	○
	4.2	理解相关方的需求和期望	★	○	○	○	○	○	○
	4.3	确定质量管理体系的范围	★	○	○	○	○	○	○
	4.4	质量管理体系及其过程	★	○	○	○	○	○	○

标准条款名称	标准条款号	过程活动	总经理	办公室	生产部	供销部	质管部	技术部	仓储部
5 领导作用	5.1	领导作用和承诺							
	5.1.1	总则	★	○	○	○	○	○	○
	5.1.2	以顾客为关注焦点	★	○	○	○	○	○	○
	5.2	方针							
	5.2.1	制定质量方针	★	○	○	○	○	○	○
	5.2.2	沟通质量方针	★	○	○	○	○	○	○
6 策划	6.1	应对风险和机遇的措施	★	○	○	○	○	○	○
	6.2	质量目标及其实现的策划	★	○	○	○	○	○	○
	6.3	变更的策划	★	○	○	○	○	○	○
7 支持	7.1	资源							
	7.1.1	总则	★	○	○	○	○	○	○
	7.1.2	人员	○	★	○	○	○	○	○
	7.1.3	基础设施	○	★	★	○	○	○	○
	7.1.4	过程运行环境	○	★	○	○	○	○	○
	7.1.5	监视和测量资源	○	○	○	○	★	○	○
	7.1.6	组织的知识	○	★	○	○	○	○	○
	7.2	能力	○	★	○	○	○	○	○
	7.3	意识	○	★	○	○	○	○	○
	7.4	沟通	★	○	○	○	○	○	○
	7.5	成文信息							
	7.5.1	总则	○	○	○	○	★	○	○
	7.5.2	创建和创新	○	○	○	○	★	○	○
	7.5.3	成文信息的控制	○	○	○	○	★	○	○
8 运行	8.1	运行策划和控制	○	○	★	○	○	○	○
	8.2	产品和服务的要求	○	○	○	★	○	○	○
	8.2.1	顾客沟通	○	○	○	★	○	○	○
	8.2.2	与产品和服务有关的要求的确定	○	○	○	★	○	○	○
	8.2.3	产品和服务有关的要求的评审	○	○	○	★	○	○	○
	8.2.4	产品和服务要求的更改	○	○	○	★	○	○	○
	8.3	产品和服务的设计和开发							
	8.3.1	总则	○	○	○	○	○	★	○
	8.3.2	设计和开发策划	○	○	○	○	○	★	○
	8.3.3	设计和开发输入	○	○	○	○	○	★	○

标准条款名称	标准条款号	过程活动	总经理	办公室	生产部	供销部	质管部	技术部	仓储部
8 运行	8.3.4	设计和开发控制	○	○	○	○	○	★	○
	8.3.5	设计和开发输出	○	○	○	○	○	★	○
	8.3.6	设计和开发更改	○	○	○	○	○	★	○
	8.4	外部提供过程、产品和服务的控制							
	8.4.1	总则	○	○	○	★	○	○	○
	8.4.2	控制类型和程度	○	○	○	★	○	○	○
	8.4.3	提供给外部供方的信息	○	○	○	★	○	○	○
	8.5	生产和服务提供							
	8.5.1	生产和服务提供的控制	○	○	★	○	○	○	○
	8.5.2	标识和可追溯性	○	○	★	○	○	○	★
	8.5.3	顾客或外部供方的财产	○	○	○	★	○	○	○
	8.5.4	防护	○	○	★	○	○	○	★
	8.5.5	交付后的活动	○	○	○	★	○	○	○
	8.5.6	更改控制	○	○	★	○	○	○	○
	8.6	产品和服务的放行	○	○	○	★	★	○	○
	8.7	不合格输出的控制	○	○	○	★	★	○	○
9 绩效评价	9.1	监视、测量、分析和评价							
	9.1.1	总则	★	○	○	○	○	○	○
	9.1.2	顾客满意	○	○	○	★	○	○	○
	9.1.3	分析与评价	○	○	○	○	★	○	○
	9.2	内部审核	★	○	○	○	○	○	○
	9.3	管理评审	★	○	○	○	○	○	○
10 持续改进	10.1	总则	★	○	○	○	○	★	○
	10.2	不合格和纠正措施	○	○	○	○	★	○	○
	10.3	持续改进	★	○	○	○	○	○	○
★—负责　　　　　○—配合/参与									

参考下面的表格 7-9,完成内审计划的编制。

表 7-9　内部审核计划表

内部审核计划表			
			文件编号:
审核目的	验证本公司质量管理体系是否符合 ISO 9001 要求。		
审核范围	覆盖企业所有部门,覆盖 ISO 9001 所有条款。		
审核依据	ISO 9001 标准、质量手册、程序手册、作业指导书、法律法规、顾客要求等。		
审核时间			
审核组长:陈×× 　　　　（质管部）		审核组成员(见下表):	
分组	A 组		B 组
审核员	赵××	钱××	孙××	李××
所在部门	质管部	供销部	技术部	办公室
首次会议	与会人员:高层管理层、各部门负责人、审核组成员		
审核方案	时间安排	所审核部门	审核条款	审核员
		总经理		
		办公室		
		技术部		
		质管部		
		生产部		
		供销部		
		仓储部		
末次会议	与会人员:高层管理层、各部门负责人、审核组成员		
	编制: 　　　　日期:		
	审批: 　　　　日期:		

点滴积累 ∨

1. 掌握生产设备故障随时间变化的规律,有助于科学地制定维护或更新决策。

2. PDCA 循环的基本思想是把质量管理看作一个周而复始、螺旋上升的过程,GB/T 19001-2016（ISO 9001:2015,IDT）标准正是体现和贯彻了这一理念。

3. ISO 13485:2016 与 ISO 9001:2008 有联系又有区别,其主线是满足法规的要求,这是由医疗器械的特点所决定的。

第三节　生产运作系统的设计

一、生产流程设计

（一）生产流程分类

根据生产类型的不同,生产流程有三种基本类型:按产品进行的生产流程(即对象专业化流程),按加工路线进行的生产流程(即工艺专业化流程)和按项目组织的生产流程。

1. 按产品进行的生产流程　就是以产品或提供的服务为对象,按照生产产品或提供服务的生产要求,组织相应的生产设备或设施,形成流水般的连续生产,有时又称为流水线生产。例如离散型制造企业的汽车装配线、电视机装配线等就是典型的流水式生产。连续型企业的生产一般都是按产品组织的生产流程。由于是以产品为对象组织的生产流程,国内又叫对象专业化形式,这种形式适用于大批量生产类型。

2. 按加工路线进行的生产流程　对于多品种生产或服务情况,每一种产品的工艺路线都可能不同,因而不能像流水作业那样以产品为对象组织生产流程,只能以所要完成的加工工艺内容为依据来构成生产流程,而不管是何种产品或服务对象。设备与人力按工艺内容组织成一个生产单位,每一个生产单位只完成相同或相似工艺内容的加工任务。不同的产品有不同的加工路线,国内又叫工艺专业化形式,这种形式适用于多品种、中小批量的生产类型。

3. 按项目进行的生产流程　对有些任务,如拍一部电影、组织一场音乐会、生产等,每一项任务几乎都没有重复。所有的工序或作业环节都按一定秩序进行,有些可以并行作业,有些工序则必须顺序作业。

（二）生产流程设计的主要内容

生产流程设计是指通过对相关信息的研究,慎重思考,合理抉择,根据企业的现状、产品的要求合理配置企业的资源,高效、优质和低耗地进行生产,以满足市场的需求。

1. 生产流程设计所需要的信息主要包括:

（1）产品/服务信息:产品/服务的要求、价格、数量、用户的期望、产品特点等;

（2）生产系统信息:资源供给、生产经济分析、制造技术等;

（3）生产战略:战略定位、竞争武器、工厂设置、资源配备等。

2. 生产流程设计的结果体现为如何进行产品生产的详细文件,主要包括:

（1）生产技术流程:工艺流程、工艺设计方案等;

（2）布置方案:厂房设计方案、设备设施布置方案、设备选购方案等;

（3）人力资源:人员数量、技术能力要求、培训计划、管理制度等。

（三）影响生产流程设计的主要因素

影响生产流程设计的因素很多,其中最主要的是产品/服务的需求特征,因为生产系统就是为生产产品或提供服务而存在的,离开了用户对产品/服务的需求,生产系统也就失去了存在的意义。影响生产流程设计的主要因素包括:

1. **产品/服务需求特征**　生产系统要有足够的能力满足用户需求。首先要了解产品/服务需求的特点,从需求的数量、品种、季节波动性等方面考虑对生产系统能力的影响,从而决定选择哪种类型的生产流程。有的生产流程具有生产批量大、成本低的特点,而有的生产流程具有适应品种变化快的特点,因此,生产流程设计首先要考虑产品/服务的需求特征。

2. **自制——外购决策**　从产品成本、质量、生产周期、生产能力和生产技术等几个方面综合考虑,企业通常要考虑构成产品所有零件的自制--外购问题。企业自己加工的零件种类越多,批量越大,对生产系统的能力和规模要求越高。这不仅使企业的投资额高,而且生产准备周期长。因此,现代企业为了提高生产系统的响应能力,只抓住关键零件的生产和整机产品的装配,而将大部分零件的生产扩散出去、充分利用其他企业的力量。这样一来既可降低本企业的生产投资,又可缩短产品设计、开发与生产的周期。所以,自制——外购决策影响着企业的生产流程设计。

3. **生产柔性**　生产柔性是指生产系统对用户需求变化的响应速度,是对生产系统适应市场变化能力的一种度量。通常从品种柔性和产量柔性两个方面来衡量。所谓品种柔性,是指生成系统从生产一种产品快速地转换为生产另一种产品的能力。在多品种小批量生产的情况下,品种柔性具有十分重要的实际意义。为了提高生产系统的品种柔性,生产设备应该具有较大的适应产品品种变化的加工范围。产量柔性是指生产系统快速增加或减少所生产产品产量的能力。在产品需求数量波动较大,或者产品不能依靠库存调节供需矛盾时,产量柔性具有特别重要的意义。在这种情况下,生产流程的设计必须考虑到具有快速且低廉地增加或减少产量的能力。

4. **产品/服务质量水平**　产品质量过去是、现在是、而且将来还是市场竞争的武器。生产流程设计与产品质量水平有着密切关系。生产流程的每一环节的设计都受到质量水平的约束,不同的质量水平决定了采用什么样的生产设备。

5. **接触顾客的程度**　对于绝大多数的服务业企业和某些制造业企业,顾客是生产流程的一个组成部分,顾客对生产的参与程度也影响着生产流程设计。

（四）生产流程选择决策

1. **分析品种、产量选择方案**　在进行生产流程设计,确定具体的生产单位形式时,影响最大的是品种数的多少和每种产品产量的大小。图 7-17 给出了不同品种和产量水平下生产单位形式的选择方案。一般而言,随着图中的 A 点到 D 点的变化,单位产品成本和产品品种柔性都是不断增加的。在 A 点,对应的是单一品种的大量生产,在这种极端的情况下,采用高效自动化专用设备组成的流水线是最佳方案,它的生产效率最高、成本最低,但柔性最差。随着品种的增加及产量的下降（B 点）,采用对象专业化形式的成批生产比较适宜,品种可以在有限范围内变化,系统有一定的柔性,而操作上的难度较大。另一个极端是 D 点,它对应的是单件生产情况。采用工艺专业化形式较为合适。C 点表示多品种中、小批量生产,采用成组生产单元和工艺专业化混合形式较好。

2. **对方案进行成本分析**　图 7-17 给出的是一种定性分析的示意图。根据这一概念确定出生产流程方案后,还应从经济上作进一步分析,如图 7-18 所示。每一种形式的生产单位的构造都需要一定的投资,在运行中还要支出一定的费用,作为一种生产战略,要充分考虑这些费用对生产流程设计的影响。

在图 7-18 中,产量等于零时的费用是固定费用,通常指生产系统的初始投资。从图中可以看出,对象式生产过程方案的固定费用最高,这是因为对象式生产系统一般采用较为昂贵的自动化加

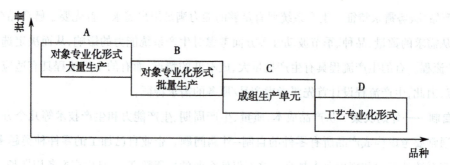

图 7-17　品种产量变化与生产单位形式的关系

工设备和自动化的物料搬运设备。由于对象式生产系统的生产效率很高,单位时间出产量很大,劳动时间消耗少、因此单位产品的变动费用相对最低(成本曲线变化最平缓)。

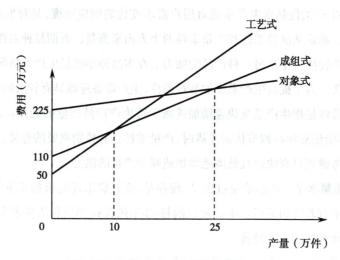

图 7-18　不同生产过程方案的费用变化

　　从图7-18来看,同一种产品的对象式系统投资额为225万元,成组生产单元为110万元,工艺式为50万元。当产量在10万件以下时。选择工艺式最经济;当产量在10万~25万件之间时,成组生产单元最经济;当产量在25万件以上时,对象式最经济。当然还有一种选择,如果以上几种方案都不能得到满意的投资回报时,则应放弃该产品的生产。

二、生产作业组织

　　生产作业组织就是各生产单元把生产过程中的劳动力、劳动工具和劳动对象之间进行互相组合。随着人类社会的进步和科学技术的发展,出现了一系列先进的生产作业组织方式,如流水线、成组技术、柔性制造系统等。

(一) 流水线设计

　　流水线是指工人按照一定的工艺路线和生产速度(节拍)依次通过各个工作地,流水式地加工完所有工序,它是一种将对象专业化的空间组织和平行移动的时间组织相结合的生产作业组织方式。

　　根据不同的划分标准,流水线可被分为以下类型:

　　1. 根据所需生产对象的数量,可将流水线分为单一对象流水线和多对象流水线。

2. 根据生产对象的连续性程度,可将流水线分为连续流水线和间断流水线。

3. 根据生产对象的移动方式,可将流水线分为固定流水线和移动流水线。

4. 根据流水线的节拍性质,可将流水线分为强制节拍流水线和自由节拍流水线。

流水线的设计内容包括技术设计和组织设计。前者主要是指应由工程技术人员承担的加工路线和方案的确定、设备改装方法等工作;后者则是指由生产管理人员负责的如确定流水线节拍、负荷系数的计算等工作。图 7-19 所示就是以单一对象流水线为例的组织设计步骤。

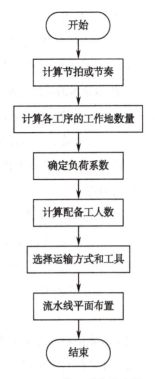

图 7-19　单一对象流水线组织设计步骤

(二) 成组技术

随着社会的不断进步,市场竞争日益激烈,导致市场环境更加复杂多变,企业越来越多地面临着需要多品种、中小批量的市场需求。而传统的流水线生产仅适合大规模的生产方式,为适应这种多品种小批量生产方式的特点,20 世纪 50 年代初,前苏联米特洛凡诺夫提出了成组技术原理,随后迅速在各国推广,同时在机械电子制造、医疗器械制造和生产管理等各个领域得到广泛应用。

1. 成组技术的基本原理　成组技术又称为群组技术,它是将企业生产的多品种产品、部件和零件,按照一定的相似性准则进行分组,并以这些零件组为基础来组织生产,最终实现多品种的中小批量生产的设计以及科学化的管理。

成组技术的核心在于鉴别和利用零件结构以及加工工艺上的相似性,从零件的个性中选取其共性。它不以单一产品作为组织生产的唯一对象,也没有把产品和零件看成是孤立的、相互无关的个体,而是按零件结构或工艺上的相似性对其分类,形成一个零件组。

2. 成组技术的生产组织形式　成组技术的生产组织形式主要有三种基本形式:成组加工单机与单机封闭、成组加工单元、成组加工流水线。

(1) 成组加工单机与单机封闭:成组加工单机是成组技术中生产组织的最简单的形式。它是在一台机床上实施成组技术。单机封闭则是成组加工单机的特例,它是指一组零件的全部工艺过程可以在一台机床上完成。前者适用于多工序零件的组织生产,后者适用于单工序零件的组织生产。

(2) 成组加工单元:是指在车间的一定生产面积上来配置一组机床和一组工人,用以完成一组或几组在工艺上相似的零件的全部工艺过程。

成组加工单元和流水生产线形式相似。单元内的机床基本上是按零件组的统一工艺过程排列的。成组加工单元具有流水线的许多优点,但并不要求零件在工序间作单向顺序依次移动,即零件不受生产节拍的控制,又允许在单元内任意流动,具有相当的灵活性,目前已成为中小批生产中实现高度自动化的有效手段。

(3) 成组加工流水线:是在机床单元的基础上,将各工作地的设备按照零件组的加工顺序固定布置。它与一般流水线的区别在于：在这一流水线上流动的不是一种零件，而是一组工艺相似程度很高、产量较大的零件，这组零件应有相同的加工顺序，近似相等的加工节拍，允许某些零件越过某些工序，这样其成组加工流水线的适应性较强，能灵活加工多种零件。

3. 成组技术的意义 成组技术改变了传统的生产组织方法，使得同类零件在加工过程中的情况一目了然，便于管理和监督。它不仅是一种新的生产组织方法，而且标志着管理上的一种新的改革。成组技术突破了封闭式车间的生产组织形式，使得零件按成组加工工艺进行，不仅大大缩短了生产周期，提高了生产效率和产品质量，而且精简了生产管理人员，从而降低了产品成本，提高了企业的经济效益。

随着对成组技术的进一步深入研究和广泛应用，它已发展成为合理化和现代化生产的一项基础性技术。为了使计算机辅助设计（CAD）、计算机辅助制造（CAM）、计算机辅助编制工艺规程（CAPP）、自动编制零件数控程序（NCP）、计算机集成制造系统（CIMS）在生产领域中发挥作用，近年来，计算机技术的应用与成组技术如何紧密结合已经成为人们关注的问题。

（三）柔性制造系统

成组技术能解决外形结构和加工工艺相差不大的工件的加工问题，但不能很好地解决多品种、中小批量生产的自动化问题。随着科技、生产的不断进步，人们生活需求的多样化，产品品种规格将不断增加，产品更新换代的周期将越来越短，无论是国际还是国内，多品种、中小批量生产的零件仍占大多数。为了解决这个问题，除了用计算机控制单个机床及加工中心外，还可借助于计算机把多台数控机床连接起来组成一个柔性制造系统。

1. 柔性制造系统的概念 柔性制造系统是以数控机床，加工中心及辅助设备为基础，将自动化运输、存储系统有机地结合起来，由计算机对系统的软、硬件资源实施集中管理和控制而形成的一个物流和信息流密切结合，没有固定的加工顺序和工作节拍，主要适用于多品种中小批量生产的高效自动化制造系统。

2. 柔性制造系统的类型 柔性制造系统可分为柔性制造单元、柔性制造系统和柔性自动生产线三种类型。

（1）柔性制造单元：柔性制造单元是以数控机床或数控加工中心为主体，依靠有效的成组作业计划，利用机器人和自动运输小车实现工件和刀具的传递、装卸及加工过程的全部自动化和一体化的生产组织。它是成组加工系统实现加工合理化的高级形式，具有机床利用率高、加工制造与研制周期缩短、在制品及零件库存量低的优点。柔性制造单元与自动化立体仓库、自动装卸站、自动牵引车等结合，由中央计算机控制进行自动加工，就形成柔性制造系统；而柔性制造单元与计算机辅助设计等功能相结合，就成为计算机一体化制造系统。

（2）柔性制造系统：柔性制造系统由两个以上柔性制造单元或多台加工中心组成（通常为4台以上），并用物料储运系统和刀具系统将机床连接起来，工件被装夹在随行夹具和托盘上，自动地按加工顺序在机床间逐个输送。适合于多品种、小批量或中批量复杂零件的加工。柔性制造系统主要应用的产品领域是汽油机、柴油机、机床、汽车、齿轮传动箱及武器等。

（3）柔性自动生产线：当生产批量较大而品种较少时，柔性制造系统的机床可以按照工件加工顺序而排列成生产线的形式，这种生产线与传统自动生产线不同，它能同时或依次加工少量不同的零件,而当零件更换时,就需对其生产节拍进行相应调整,而各机床的主轴箱也可自行进行更换。较大的柔性制造系统由两个以上柔性制造单元或多台数控机床、加工中心组成,并用一个物料储运系统将机床连接起来,工件被装夹在夹具和托盘上,自动地按加工顺序在机床间逐个输送,并能够根据加工需要自动调度和更换刀具,直到加工完所有工序。

3. 柔性制造系统的特点　柔性制造系统中的柔性可体现在以下几点:

(1) 机器柔性:机器柔性是指当要求生产一系列不同类型的产品时,机器可随产品变化而加工不同零件的难易程度。

(2) 工艺柔性:工艺柔性不仅指工艺流程不变时系统自身适应产品或原材料变化的能力,也可体现为制造系统内为适应产品或原材料变化而改变相应工艺的难易程度。

(3) 产品柔性:产品柔性既是产品更新或完全转向后,系统能够非常经济和迅速地生产出新产品的能力,也是产品更新后对老产品有用特性的继承和兼容能力。

(4) 维护柔性:维护柔性是指采用多种方式查询、处理故障,保障生产正常进行的能力。

(5) 生产能力柔性:生产能力柔性是指当生产量改变时,系统也能经济地运行的能力。

(6) 扩展柔性:扩展柔性是指当生产需要时,可以很容易地扩展系统结构,增加模块,构成一个更大系统的能力。

(7) 运行柔性:利用不同的机器、材料、工艺流程来生产一系列产品的能力和同样的产品,换用不同工序加工的能力。

因此,这些柔性所体现的内容及系统自身性质决定了柔性制造系统具有以下优点:

(1) 设备利用率高。由于采用计算机对生产进行调度,一旦有机床空闲,计算机便分配给该机床加工任务。在典型情况下,采用柔性制造系统中的一组机床所获得的生产量是单机作业环境下同等数量机床生产量的 3 倍。

(2) 减少生产周期。由于零件集中在加工中心上加工,减少了机床数和零件的装卡次数。采用计算机进行有效的调度也减少了周转的时间。

(3) 具有维持生产的能力。当柔性制造系统中的一台或多台机床出现故障时,计算机可以绕过出现故障的机床,使生产得以继续。

(4) 生产具有柔性。这可以响应生产变化的需求。当市场需求或设计发生变化时,在设计能力内,不需要系统硬件结构的变化,系统具有制造不同产品的柔性。并且,对于临时需要的备用零件可以随时混合生产,而不影响正常生产。

(5) 产品质量高。减少了卡具和机床的数量,并且卡具与机床匹配得当,从而保证了零件的一致性和产品的质量。同时自动检测设备和自动补偿装置可以及时发现质量问题,并采取相应的有效措施,保证了产品的质量。

(6) 加工成本低。生产批量在相当大的范围内变化,其生产成本是最低的。它除了一次性投资费用较高外,其他各项指标均优于常规的生产方案。

如上所述,通过柔性制造系统能够克服传统的刚性自动化生产线只能适用于大量生产的局限性,展示了对中小批量、多品种生产的适应性,提高了生产过程的柔性和质量以及设备的利用率,缩短了产品生产周期,也提高了企业对市场需求变化的响应速度和竞争能力。虽以机械制造为例,但该生产作业组织形式同样适用于医电产品的生产。

项目小结

一、学习内容

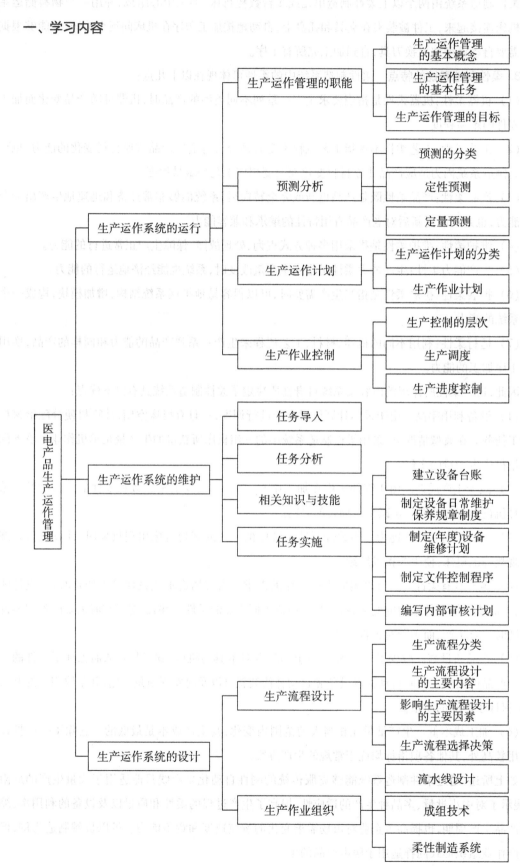

二、学习方法体会

1. 生产运作管理是一个较大的概念,里面包含的知识点比较多,本项目选择了实际生产中能运用到的部分知识点展开介绍,都比较贴近基层,例如生产作业计划和生产作业控制。

2. 管理是一个比较抽象的概念,不像某个产品那样可以摸得到,它更多地体现为一种活动,或者说是一个流程。管理就是制定、执行、检查和改进。制定是制定计划(或规定、规范、标准、法规等);执行是按照计划去做,即实施;检查就是将执行的过程或结果与计划进行对比,总结出经验,找出差距;改进是推广通过检查总结出的经验,将经验转变为长效机制或新的规定。再次是针对检查发现的问题进行纠正,制定纠正、预防措施,以持续改进,也就是文中介绍的 PDCA 的方法。

3. 设备管理是对设备寿命周期全过程的管理,包括选择设备、正确使用设备、维护修理设备以及更新改造设备全过程的管理工作。本项目只从管理的角度介绍了设备的维护保养,按照计划预修的思路,设备除了需要进行每日的清洁、润滑等日常维护,还应定期进行小修乃至大修,以降低使用故障率,充分发挥设备的价值。

4. ISO 9000 和 ISO 13485 标准都是和医疗器械行业息息相关的,学习其先进的思想,掌握其科学的管理模式,总结出一套行之有效的质量管理办法,对以后的工作大有益处。

5. 做管理就是做人做事。除了按照规定程序做事以外,还应多站在对方的角度去看待问题;要有创新意识,提高自身的主观能动性;抓住管理的精髓(PDCA),学会管理的流程,能够举一反三地应用到各种管理场合。

点滴积累

1. 生产流程设计的结果体现为如何进行产品生产的详细文件;影响生产流程设计最主要的因素是产品/服务的需求特征。

2. 生产作业组织就是各生产单元把生产过程中的劳动力、劳动工具和劳动对象之间进行互相组合,其方式有流水线、成组技术、柔性制造系统等。

目标检测

一、单项选择题

1. 下列不属于定量预测法的是( )

   A. 简单平均法   B. 加权平均法

   C. 主观概率法   D. 简单指数平滑法

2. 不属于时序预测法特点的是( )

   A. 在一定程度上消除或减少了数据中的波动

   B. 需要多期数据

   C. 预测值有滞后性

   D. 预测结果较为客观,不依赖于人的主观判断

3. 对企业近期的生产运作活动做出的较为详细的安排是( )

   A. 生产运作计划   B. 生产作业计划

C. 生产战略计划　　　　　　　　　　　D. 生产规划

4. 最底层的生产控制活动是(　　　)

　　A. 计划控制　　　　　　　　　　　　B. 订货控制

　　C. 投料控制　　　　　　　　　　　　D. 作业控制

5. 对生产设备以预防性维修为维护重点的阶段是(　　　)

　　A. 初期故障期　　　　　　　　　　　B. 偶发故障期

　　C. 磨损故障期　　　　　　　　　　　D. 闲置不用时

6. 2016 版 ISO 13485 标准是以(　　　)的 ISO 9001 标准为基础制定的

　　A. 2008 版　　　　　　　　　　　　B. 2013 版

　　C. 2015 版　　　　　　　　　　　　D. 2017 版

7. 下列关于 ISO 13485 标准和 ISO 9001 标准,说法正确的是(　　　)

　　A. ISO 13485 是一个独立标准,应用于医疗器械行业

　　B. ISO 13485 需要与 ISO 9001 联合使用才能应用于医疗器械行业

　　C. 质量管理体系符合 ISO 13485 的组织必定不能声称符合 ISO 9001 标准

　　D. 质量管理体系符合 ISO 13485 的组织必定也符合 ISO 9001 标准

8. 根据出问题的原因,进行深入的分析,从大原因中找小原因,一层层地分析,把所有的原因找出来,根据不同的原因,采取不同的措施进行改进。这样的方法是(　　　)

　　A. 排列图　　　　　　　　　　　　B. 鱼刺图

　　C. 直方图　　　　　　　　　　　　D. 控制图

9. 将工作区域中保留下来的必需品按照规定位置摆放整齐并加以标识,是 6S 管理中的(　　　)

　　A. 整理　　　　　　　　　　　　　B. 整顿

　　C. 清扫　　　　　　　　　　　　　D. 素养

10. 工艺专业化流程又称(　　　)

　　A. 按产品进行的生产流程　　　　　B. 按加工路线进行生产流程

　　C. 按项目组织的生产流程　　　　　D. 对象专业化流程

11. 以一年为期限的预测是(　　　)

　　A. 长期预测　　　　　　　　　　　B. 中期预测

　　C. 短期预测　　　　　　　　　　　D. 近期预测

12. 下列关于备货型生产和订货型生产的说法,错误的是(　　　)

　　A. 备货型生产是按照市场需求的预测来组织生产

　　B. 订货型生产是根据订单的要求来组织生产

　　C. 备货型生产的交货期短

　　D. 订货型生产的生产计划内容较为详细

13. 编制生产作业计划,首先要确定(　　　)

　　A. 期量标准　　　　　　　　　　　B. 生产期限

C. 生产数量   D. 生产组织形式

14. 设备的故障率随使用时间的推移有明显的变化,其大致规律是(　　)

　　A. 随时间不断升高

　　B. 随时间不断降低

　　C. 先降低,然后有一段稳定期,然后又升高

　　D. 先升高,然后有一段稳定期,然后又降低

15. PDCA 循环中的"A"表示(　　)

　　A. 计划   B. 实施

　　C. 检查   D. 处置

二、简答题

1. 生产调度的三大基本制度是什么? 为什么要坚持这三大基本制度?

2. 计划预修的基本思想是什么?

3. ISO 9000 和 ISO 13485 标准之间有何区别?

三、实例分析

1. 某医疗器械生产企业根据历史销售数据,得到某医电产品的半年销售量为该产品的最高库存量,并将其两个月的销售量作为最低库存。一旦库存达到最低库存时,就生产该产品将其补充到最高库存量。请问这是哪种生产方式? 有何特点?

2. 请结合本项目所学的"PDCA 循环",谈谈大学生如何做好自我管理。

项目七习题

项目八

医电设备服务

项目目标 ∨ ....

学习目的

针对现代医疗仪器设备管理的新形势，从新购入设备验收、日常巡检、保养及维护维修、计量检测及质控、报废管理五个方面系统阐述医疗设备管理的方法和实践，掌握医疗设备科学化管理的方法。

知识要求

1. 掌握医电设备在医院的数据管理和保养维护；

2. 熟悉常用医电设备检测质控；

3. 了解医电设备管理系统的实现。

能力要求

1. 熟练掌握医院医电设备的维修及管理方法。

2. 能够初步给出医院医电设备管理中的问题对策。

3. 学会使用医电设备管理系统进行医疗器械全过程管理。

第一节　新购入设备验收

医疗设备的验收是授权技术人员依据相关法律文件(合同、投标书、招标书等)对所购进的医疗设备从外部包装到内在质量进行检查核对，并进行安装和调试，最后验证说明书提供的技术指标和功能，确保医疗设备达到招标提出的要求。

如图 8-1 所示，医疗设备安装验收流程包括前期准备、设备接收、设备商检、安装调试、操作培训和设备验收。其中前期准备分为合同准备、场地准备和人员准备，设备验收分为配置验收、性能验收和功能验收。

（一）前期准备

1. 合同准备　仔细阅读合同中关于所购设备性能、技术参数及配套设备的相关内容和条款，同时了解到院设备包装箱尺寸，规划设备到院的搬运线路，确定设备存放地点。

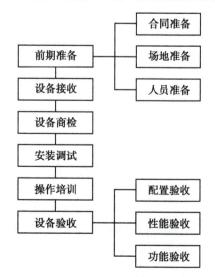

图 8-1　医疗设备安装验收流程图

最后,根据设备到货时间和医院的场地施工情况,制定出合理的安装计划和时间安排表。

2. 场地准备 场地要求一般包括设备最小安装面积,主电源和辅助电源,网络和通信接口,操作台,地、墙面处理,温、湿度控制,水、气管路,屏蔽和辐射防护,防静电等。例如,MRI对于设备间有着严格的屏蔽要求,加速器机房有特殊的射线防护要求等。

3. 人员准备 在新设备安装之前,要求对相关操作人员进行培训,为设备投入临床使用做好准备。

（二）设备接收

在接收的设备时候,要求对外包装进行检查,同时厂家、供应商、院方人员三方均需在场,检查的内容包括:数量是否齐全、包装是否破损、货号是否一致等,同时对外包装标签信息进行拍照存档。最后,填写《医疗设备接收报告》,相关人员签字,并归档。

（三）设备商检

对于进口设备,在开箱之前,需要取得海关的检验检疫证书。对照检疫检验证书信息核对外包装的标记和编码,输出国家或地区、入境口岸与通关单等,核对无误进行下一步设备安装工作。

（四）安装调试

在厂家安装工程师协助下进行安装调试,掌握安装调试要领,了解设备的工作性能与原理,为日后的维修和保养工作打好基础。同时对安装过程中关键环节进行拍照或是摄像存档。

（五）操作培训

操作培训主要是针对设备使用者培训,培训内容主要是设备的操作与设备的日常使用维护等。

（六）设备验收

医疗设备由于受到包装材料的质量、运输途径的差异、运输条件的优劣、拆卸和安装过程等种种因素的影响,订购的设备可能存在法律、文件及质量或数量方面的风险,也可能导致各项性能技术指标与出厂测试指标有所偏离。将验收中存在的问题进行风险分类,深入分析,提出应对策略。

点滴积累 ∨

1. 医疗设备的验收是对新购医疗设备进行检查核对,并进行安装和调试,最后验证说明书提供的技术指标和功能,确保达到招标提出的要求。

2. 医疗设备安装验收流程包括前期准备、设备接收、设备商检、安装调试、操作培训和设备验收。

第二节 设备日常巡检

当前医院医疗设备故障很大一部分是由于巡检保养没到位引起的,因此,完善医疗设备巡检制度,是保证医疗设备完好及正常使用的重要手段。

1. 把每台设备需要做保养维护的内容逐项列清单，了解哪些可以由科室使用人员进行操作，哪些必须由工程师到场进行维护、保养。

2. 在日常普通维护中，对所有重点设备建议采取色标管理。设备月保养或者更大的维护保养，由设备部门工程师来执行。工程师在做巡检保养过程中，要根据每台设备的运行情况制定巡检保养计划，如每月的月保养做哪些设备，半年一次的大保养做哪些设备。对于计划中的设备保养项目，必须在保养过程中拍摄照片和巡检记录一起存档。要求把握重点，根据故障率制定巡检计划，找出容易损坏的医疗设备。

3. 将急诊室、手术室、ICU、抢救室、影像科、检验科等科室作为巡检的重点。另外，要对检验科的生化仪、血细胞分析仪、血气分析仪，以及手术室的内镜系统等，进行重点巡检，详细记录。

4. 与大型设备的原厂家保持联系，获得保养维护设备的技术支持。一方面，日常大部分故障通过厂家工程师的远程指导能够自己解决，为临床工作开展赢得时间；另一方面，紧要关头能够得到"随叫随到、手到病除"的紧急故障维修服务响应。

5. 定期邀请厂家工程师来医院对工程师进行技术培训，掌握维修设备的基础知识，这样就能做到当设备发生故障时，一般故障通过本院工程师就能在第一时间排除。对于损坏硬件的故障，集合厂家工程师的远程指导，在厂家工程师不在现场的情况下准确判断所损坏的硬件，第一时间通知厂家更换硬件。

知识链接

呼吸机、麻醉机和高频电刀

呼吸机、麻醉机和高频电刀是典型的治疗设备。作为一种能人工替代自主通气功能的有效手段，呼吸机能够起到预防和治疗呼吸衰竭，挽救及延长患者生命的作用。麻醉机是通过机械回路将麻醉药物送入患者体内，对中枢神经系统直接发生抑制作用，从而产生全身麻醉的效果。高频电刀是一种取代机械手术刀进行组织切割的电外科器械。

总体上，要让临床操作人员养成在医疗设备使用前检查设备是否正常的习惯，并使之成为临床日常操作规范之一。如呼吸机、麻醉机和高频电刀等，用前必须检查，只有确认设备功能正常，才能给病人使用。在巡检过程中，要着重对使用年限较长的大型设备做重点检测。通常这些设备的安全隐患比较大，随着使用年限不断增长，设备的元器件进一步老化，造成设备技术性能的下降，是设备频繁产生故障的主要因素。在医疗设备报废之前更要进行重点检测。

点滴积累 ╲

1. 在日常普通维护中，对所有重点设备建议采取色标管理。

2. 将急诊室、手术室、ICU、抢救室、影像科、检验科等科室作为巡检的重点。

第三节 设备保养及维护维修

目前的现状是医疗设备维修技术手段落后、缺乏定期维修、管理制度滞后。需要加强对医疗设备的维修和保养。

(一) 发生故障及时维修

要想更好地维修保养医疗设备,首先要做到在医疗设备出现故障后能够及时维修,使设备始终处于良好的工作状态。另外,要定期检查正常运行的设备,及时消除安全隐患。在维修时,要严格按照维修程序进行,即先了解设备出现故障的原因,并在熟悉设备工作原理的前提下,根据故障现象判断故障范围,然后逐步排查,直至找到故障根源并及时维修。不同医疗设备的故障表现形式不尽相同,这就要求维修人员要有丰富的理论知识和实践经验,要能够分清各种故障类型。比如,一台生化仪出现开机后仪器无法正常运行,且显示屏也不正常的情况。此时,操作人员可以打开机盖,检查生化仪的内部情况。如果发现生化仪内部 CPU 板上有电池漏液,就可以初步判断故障出现的主要原因了。从 CPU 板继续检查下去,可以发现因漏液而腐蚀的仪器构件。将这些构件拆下,并更换,设备就可以恢复正常工作了。又比如心电图机出现描笔无反应的问题,心电图机任何一级的放大器发生故障,都会引发描笔无反应问题,因此,操作人员要逐项仔细排查。

(二) 注重设备的工作环境

要确保医疗设备更好地运作,除了在设备发生故障后及时维修以外,还应该防患于未然,在安装仪器设备时就要注意它们的工作环境。如果医疗设备安装的地点不合理,也会影响到设备的正常运行。安装人员在选择安装地点时,要特别注意其附近的区域是否有较强的机械振动,设备是否容易接触到有较强腐蚀性的化学物质,同时也要注意周围是否有比较强烈的电磁辐射源,为设备提供一个相对安全、更容易散热的工作环境。另外,设备的防尘工作也不容忽视。比如,电路板上经常会沾满细小的灰尘,如果天气潮湿,就会引发医疗设备短路,严重时甚至会烧毁设备。因此,相关人员要定时清理医疗设备,同时保持安放设备的房间清洁、卫生。

在实际中,因设备的工作环境较差而导致设备无法正常运作的情况时有发生。比如一台彩超仪,如果机器无法正常运行,同时在监视器上还发现一些干扰条纹。这种情况下,要仔细查看该仪器的附近是不是有比较强烈的电磁辐射源。如果有,将该电磁辐射源移开,彩超仪就可以正常运行了。

(三) 对操作人员开展培训工作

医疗设备的维修保养工作始终要由人来完成,因此对于相关操作人员、维修人员的培训不容忽视。相关技术人员在上岗之前,要先接受专业、系统的培训,要确保他们对所有仪器设备的构造和运作原理有一定的了解,并具有一定的实践经验,能够解决常见的一些故障问题。

(四) 制定医疗设备维修保养制度

建立一系列合理、有效的维修保养制度十分重要。要确保对所有的医疗设备都要进行日常保养和重点保养,确保所有的仪器设备都能够正常运行。同时,要重点关注一些使用时间较长的仪器,发现问题后及时解决。在维修时,要做好维修记录,并及时统计记录的内容,保管好相关的档案和资料。另外,还要制订维修人员准入制度,避免因无关人员的误操作而对医疗设备造成意外损坏。

点滴积累　∨ ....

1. 在维修时,要严格按照维修程序进行,即先了解设备出现故障的原因,并在熟悉设备工作原理的前提下,根据故障现象判断故障范围,然后逐步排查,直至找到故障根源并及时维修。

2. 建立一系列合理、有效的维修保养制度十分重要。

第四节　设备计量检测及质控

本节以体外循环为例,简要介绍体外循环设备的质控管理。体外循环是指用人工心肺装置暂时代替心脏和肺的功能,进行血液循环和气体交换的技术。体外循环机主要部件包括血泵(人工心)、氧合器(人工肺)、变温器、管道、滤器、操控台以及监测仪器。目前,体外循环设备分为传统的体外循环机和辅助循环机 2 种类型。传统的体外循环机工作一般不得超过 8 小时,而辅助循环机工作可长达百天。如果对循环机没有进行合理的质控测试,在心脏移植手术中、术后血液循环维持阶段设备会出现故障。

人工心肺机

血泵

氧合器

(一) 供电设备的质控

对于进口品牌的体外循环机,首先要看医院的供电标准是否符合仪器说明书对电源的要求。国内交流电源的标准为:电压偏差≤±10%、电压波动≤1.6%、频率偏差≤0.1Hz。在一次心脏移植手术过程中,一款产品离心泵运转约 10 分钟后报警,显示无交流电源供电,电池供电结束后停机。经检测是充电电源板烧毁,原因是该机型对电源的稳压性要求比较高。因此,必须明确体外循环设备对电源稳定性的具体要求,如是否需厂家自己配备符合要求的 UPS 电源,以及停电后 UPS 电源支持下体外循环机可持续工作的时间能否满足医生手术所需时间。此外,还需开展医疗设备通用电气安全质控检测,检测指标须符合如下条件:

1. 电源电压误差≤±10%;

2. 保护接地阻抗≤0.2Ω;

3. 绝缘阻抗≥10MΩ;

4. 对地漏电流(正常状态)≤500μA,对地漏电流(单一故障状态)≤1000μA;

5. 外壳漏电流(正常状态)≤100μA,外壳漏电流(单一故障状态)≤500μA;

6. 患者漏电流(正常状态)≤100μA,患者漏电流(单一故障状态)≤500μA;

7. 患者辅助漏电流(正常状态)≤100μA,患者辅助漏电流(单一故障态)≤500μA。

(二) 血泵的质控

血泵的主要功能是通过机械方法驱动血液流动,从而临时代替心室的搏出功能以及术中失血的回吸,以维持肌体的血液循环。

1. 血泵的常规检测　常规检测的目的是预防手术过程中体外循环机突然停泵,步骤如下:

(1) 当血泵由于突然停电或主机故障等原因停止运行时,只能依靠紧急摇把恢复血泵的运转,继续维持患者的体外循环,所以要对紧急摇把转泵头的功能进行检测。

(2) 检查血泵是否配有备用熔断丝。

(3) 检查泵槽内是否有异物,防止卡槽。

(4) 检查泵管是否挤压过紧,使泵管在泵槽内扭折。

(5) 检查氧合血泵管是否交叉扭曲。

(6) 模拟运行血泵一定时间,观察其运转情况,确保长时间手术时,血泵不因温度过高等原因停转。

(7) 目测血泵铸体和滚轴外沿的磨损情况,若有较大的划痕或血泵运行时间超过厂家规定的使用寿命,则需要换泵。

2. 泵压检测　血泵在将血灌注到动脉时,会产生一定的压力,即泵压,正常情况下泵压小于26.7kPa。如果泵压过高,会造成动脉接头崩脱、泵管破裂、管道进气等一系列严重事故,并对患者的动脉壁造成伤害。传统测量泵压的方法是在动脉过滤器的上端连接一只弹簧血压表,目前有自动的泵压检测仪。

(三) 氧合器和管道的检测

氧合器的作用是在体外循环中完成血液和外部氧及二氧化碳的交换,因此它是决定体外循环质量和患者安全的关键部件,目前广泛应用的是鼓泡式和膜式氧合器。

氧合器使用前需要测试是否泄漏,可以采取水循环预充排气的方法进行测试,具体步骤如下:将血泵、氧合器、变温箱等部件用管道按一定顺序连接成密闭的循环管路,预充前充入二氧化碳以利排气,预充水后加大流量排净气体,必要时反复敲打循环回路;气体排净后钳闭动静脉通路,调整泵头松紧,应注意钳闭侧支循环,以免进气;在循环排气过程中若发现渗漏,应及时更换氧合器。同时,要观察连接管道是否泄漏;动静脉管路是否存在气栓;当动脉管见到气栓时是否能够立即排净;此外,还应检查泵管是否会崩脱或破裂。

(四) 变温水箱的检测

变温水箱的作用是在手术开始时降低患者基础体温,而在手术结束时恢复体温,变温的冷、热水通过金属管壁的热交换达到对血液升温和降温的目的。变温水管和氧合器变温管正确连接后,启动水泵,检查有无漏水及其工作状态。调节水温控制器,然后用可靠的温度计测试水温,记录设定值和观测值的误差大小。体外循环中温度的变化范围为26～43℃,允许误差为±0.15℃。

(五) 动静脉血氧饱和度及血细胞比容监测装置的质控

在血液体外循环过程中,为了保证良好充分的组织灌注,一般配有动静脉血氧饱和度及血细胞比容监测装置,方便灌注师更好地进行操作,使氧合器最有效地工作,防止过度通气或通气不足的情况发生。体外循环过程中静脉血氧饱和度参考值范围为60%～99%,动脉血氧饱和度参考值范围为80%～100%,血氧饱和度误差应小于3%。

点滴积累 ∨

1. 体外循环是指用人工心肺装置暂时代替心脏和肺的功能,进行血液循环和气体交换的技术。

2. 体外循环机主要部件包括血泵、氧合器、变温器、管道、滤器、操控台以及监测仪器。

第五节　设备报废管理

(一) 报废的原因

1. 自然淘汰　由于设备使用率高,使用年限长,达到甚至超过其使用寿命,性能已不能达到低限技术指标,且无维修、改造价值。

2. 设备故障率高　由于各种原因使得设备故障率高,与高昂的维修费用相比得不偿失。

3. 设备长期闲置　设备买了用不上,或者使用率低,从而导致设备长期闲置。

4. 维修困难　由于无技术资料,或者市场占有率低,该设备已停产,找不到相关维修配件或材料,使得设备难以修复。

(二) 报废的方法

1. 易耗品损坏,由库房发货时管理掌握,办理报废时应提供废品。

2. 仪器设备报废,必须先提出书面申请,说明报废原因、数量、并经维修部门鉴定,确认不能修复后、设备部门鉴定、审核、批准才准予报废。

3. 大型设备和精密贵重仪器报废,报废时应总结其社会效益和经济效益,维修、设备部门作出结论,审批后,方能办理报废。

4. 经批准报废的仪器设备,按报废时间由设备管理部门开列清单报财务部门销账,由财务部门办理销账手续,建立残值账目,设备管理部门人员办理相关档案注销手续。

点滴积累 ∨

1. 仪器设备报废,必须先提出书面申请,说明报废原因、数量、并经维修部门鉴定,确认不能修复后、设备部门鉴定审核批准才准予报废。

2. 经批准报废的仪器设备,开列清单报财务部门销账,建立残值账目。

第六节　任务:医电设备服务实践

通过搭建医工平台,整合各方维修资源,以规范医工及医疗设备管理,提高服务效率,保障设备安全运行。

一、任务导入

为了更好地促进医学装备售后服务行业的发展,加强医学装备使用单位与售后服务单位的紧密结合,提升医学装备使用效率与效力,通过互联网+服务的模式,建设售后服务行业公共信息平台。重点搭建"一个中心、五个平台、一个门户"的服务系统。实现信息资源沟通与共享、信息决策支持、个性化定制与服务等功能。

二、任务分析

(一) 建立医学装备技术保障行业知库

汇集行业医学装备技术文档,故障代码查询,维修案例分享。

(二) 建立在线技术支持平台和信息服务共享功能

运用互联网+概念,结合智能3D眼镜,建立医院与工程师无壁垒沟通。

(三) 建立医疗器械工程师联盟

组织业内各类医学工程技术人员,整合厂家及社会资源,建立技术保障行业规范。

三、相关知识与技能

医电设备服务离不开先进的管理系统,通过开发功能先进的管理系统,实现数据共享和网络化管理,可大大提高医学装备管理水平,使医电设备在整个生命周期内达到最佳使用效率及效果。例如设备的购置、安装验收、技术档案、保养维修、利用率与经济效益等方面进行系统管理。具体包括:

1. **资产数据管理**　设备资产管理服务软件平台。
2. **设备检测质控**　提供设备安全检测、强检、自检。
3. **保养维修服务**　为医院提供完善的保养、维修业务。
4. **设备选型咨询**　结合各医院设备数据状况,对设备配置以及选型提供合理化建议。
5. **在线服务平台**　在线专家技术支持,在线交易平台。
6. **设备项目开发**　协同医院,根据设备特性开发诊疗新项目。

四、项目实施

各种先进的医电设备应用,带动了医疗服务水平的提高,为临床诊断与治疗提供了良好的技术支持。但是在大中型医院中,医电设备数量众多,需要从购置论证、计量管理、保养维修等方面对医院设备进行科学管理。

医电设备服务平台设计方案为:

1. **一个中心**　数据共享中心。
2. **五个平台**　医学装备管理平台、设备质控平台、售后服务平台、行业信息平台、医学工程技术人员认证平台。
3. **一个门户**　信息服务门户。

知识链接

医电设备服务平台设计

图 8-2 给出了一个典型医电设备服务平台设计案例，其包括维修文档和技术资料查询、故障分析、培训课程、专家在线咨询等。

图 8-2 典型医电设备服务平台

项目小结

一、学习内容

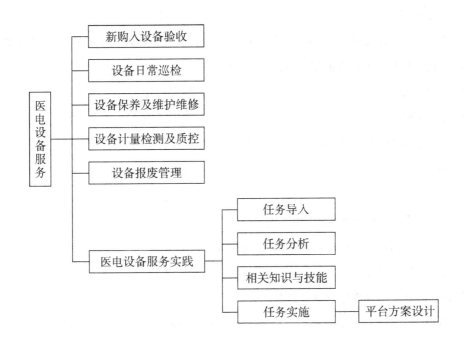

二、学习方法体会

随着科技的进步和医疗的快速发展,医疗设备已成为医院医疗、教学与科研的物质基础,其管理在一定程度上反映了医院的整体管理水平。要使医院系统正常高效运行,必须运用一系列科学管理的技术和方法,使医疗设备管理系统处于良好的运行状态。而本章的学习,重在掌握对医疗器械规范化、制度化、系统化的管理体系,并扩展设备服务平台设计的思路。

目标检测

一、单项选择题

1. 医疗设备管理的任务概括地包括一是供应、二是管理,按设备的物资运动形成的管理,大体可分为论证→选购→验收→安装→调试→(　　)→(　　)→(　　)→报废等管理阶段

　　①归档并建立各种账卡　②使用　③维修

　　A. ①②③　　　　　　B. ②①③　　　　　　C. ②③①　　　　　　D. ③①②

2. (　　)负责全医院医疗器械的供应、管理和维修工作

　　A. 设备科　　　　　　　　　　　　B. 信息科

　　C. 放射科　　　　　　　　　　　　D. 医院后勤

3. 大型医用设备配置管理品目分为甲、乙两类,其中乙类品目由(　　)卫生行政部门管理

　　A. 国务院　　　　　　　　　　　　B. 县级

　　C. 市级　　　　　　　　　　　　　D. 省级

4. 大型医疗设备由于具有结构与功能比较复杂,组成部件多,安装空间大,对工作环境要求高的特点,而且不同类型的大型设备对安装的场地都有着不一样的要求,因此要做好(　　)

  A. 合同准备   B. 机房准备

  C. 人员准备   D. 培训准备

5. 国家卫健委针对大型医疗设备的管理制定过一系列的法规政策,要求在大型设备的(　　)中,要进行严格的计量检测和性能安全测试

  A. 功能验收   B. 配置验收

  C. 成本验收   D. 性能验收

6. 文字性或外观性的缺陷,仅为外包装的小问题,对设备的使用没有影响,属于(　　)

  A. 轻微风险   B. 普通风险

  C. 重大风险   D. 不在风险范围内

7. 医疗设备的软件和硬件相互冲突问题的原因包括(　　)

  ①操作人员的操作不够娴熟,没有接受过相关方面的培训

  ②设备的用户操作界面不够友好,编写的程序不够完善

  ③设备的软件和硬件之间本身就有冲突

  A. ①②   B. ①③   C. ②③   D. ①②③

8. 医疗设备的软件会出现问题以外,设备的机械部分也很容易发生故障,以下机械损坏类故障的原因中不正确的是(　　)

  A. 操作人员的操作步骤不正确   B. 设备本身存在质量问题

  C. 设备软件操作界面不够友好   D. 机械的传动部分受潮或者夹入了异物

9. 部分医院为了经济利益,往往让设备长时间运转,甚至超负荷运转,再加上不注重仪器的保养和维护,这样很容易导致设备因长期超负荷运行而缩短使用寿命,属于医疗设备常见故障中的(　　)

  A. 机械损坏类故障   B. 电路损坏类故障

  C. 设备老化类故障   D. 软件冲突类故障

10. 对于进口品牌的体外循环机,首先要看医院的供电标准是否符合仪器说明书对电源的要求,国内交流电源的标准为(　　)

  A. 电压偏差≤±10%、电压波动和闪变≤1.6%;频率偏差≤0.2Hz

  B. 电压偏差≤±10%、电压波动和闪变≤1.6%;频率偏差≤0.1Hz

  C. 电压偏差≤±15%、电压波动和闪变≤1.6%;频率偏差≤0.1Hz

  D. 电压偏差≤±15%、电压波动和闪变≤1.6%;频率偏差≤0.2Hz

11. 从医疗设备的安全性上看,医疗设备的种类繁多。最基本的分类不包括(　　)

  A. 诊断类   B. 辅助类

  C. 康复类   D. 治疗类

12. (　　)设备对病人的作用是关系到检测结果的正确性、准确性。它的安全性主要关系到是

否误诊

    A. 辅助类   B. 诊断类

    C. 康复类   D. 治疗类

13. 医疗设备报废的原因中,由于设备使用率高,使用年限长,达到甚至超过其使用寿命,结构陈旧,性能已不能达到低限技术指标,且无维修、改造价值,形成(　　　)

    A. 设备长期闲置   B. 维修困难

    C. 设备故障率高   D. 自然淘汰

14. 医疗设备购置论证的内容有(　　　)

    ①确定功能标准　②选型　③考察　④投资效益预测

    A. ①②④   B. ①②③   C. ①③④   D. ①②③④

15. 医疗设备固定资产管理中采购管理包括(　　　)

    A. 采购计划管理、采购合同、库存管理

    B. 采购计划管理、变动管理、供应商管理

    C. 采购计划管理、采购合同、供应商管理

    D. 采购计划管理、变动管理、采购合同

二、简答题

1. 简述医疗设备安装验收流程。

2. 为什么要对设备进行日常巡检?

3. 举例说明医电设备故障的维修方法。

三、实例分析

1. 以体外循环为例,简要介绍体外循环设备的质控管理。

2. 举例说明如何设计医电设备服务平台。

项目八习题

参考文献

［1］郑先锋,张超.电子工艺实训教程.北京:中国电力出版社,2015

［2］赵爱良.电子产品组装与调试.北京:北京理工大学出版社,2016

［3］郭建庄,乐丽琴.电子产品生产工艺与管理.北京:中国铁道出版社,2015

［4］宋坚波.电子产品生产工艺与管理.西安:西安交通大学出版社,2016

［5］张明.电子产品结构与工艺.北京:电子工业出版社,2016

［6］牛百齐,万云,常淑英.电子产品装配与调试项目教程.北京:机械工业出版社,2016

［7］邱勇进.电子产品装配与调试.北京:机械工业出版社,2016

［8］谭云峰,彭贞蓉.电子产品整机装配与调试.重庆:重庆大学出版社,2012

［9］张英奎,姚水洪.生产运作与管理.北京:高等教育出版社,2017

［10］张峰,郭新海.ISO13485:2016《医疗器械质量管理体系用于法规的要求》实战应用.广州:华南理工大学出版社,2016

［11］高吉祥.全国大学生电子设计竞赛系列教材.北京:高等教育出版社,2013

目标检测参考答案

项　目　一

一、单项选择题

1. C；2. B；3. C；4. B；5. A；6. B；7. A；8. B；9. D；10. A；11. A；12. A；13. A；14. B；15. C

二、简答题（略）

三、实例分析（略）

项　目　二

一、单项选择题

1. C；2. D；3. C；4. C；5. B；6. A；7. D；8. B；9. A；10. B；11. A；12. B；13. A；14. D；15. C

二、简答题（略）

三、实例分析（略）

项　目　三

一、单项选择题

1. D；2. A；3. D；4. C；5. B；6. A；7. A；8. C；9. D；10. B；11. A；12. C；13. B；14. B；15. D

二、简答题（略）

三、实例分析（略）

项　目　四

一、单项选择题

1. B；2. C；3. B；4. C；5. A；6. C；7. D；8. C；9. C；10. A；11. A；12. B；13. A；14. C；15. C

二、简答题（略）

三、实例分析（略）

项　目　五

一、单项选择题

1. A；2. C；3. C；4. C；5. D；6. B；7. B；8. D；9. A；10. B；11. C；12. D；13. D；14. B；15. C

二、简答题(略)

三、实例分析(略)

项 目 六

一、单项选择题

1. B；2. A；3. C；4. D；5. D；6. D；7. C；8. B；9. C；10. D；11. C；12. D；13. D；14. A；15. D

二、简答题(略)

三、实例分析(略)

项 目 七

一、单项选择题

1. C；2. D；3. B；4. D；5. C；6. A；7. A；8. B；9. B；10. B；11. C；12. D；13. A；14. C；15. D

二、简答题(略)

三、实例分析(略)

项 目 八

一、单项选择题

1. B；2. A；3. D；4. B；5. D；6. A；7. D；8. C；9. C；10. B；11. C；12. B；13. D；14. D；15. C

二、简答题(略)

三、实例分析(略)

医电产品生产工艺与管理课程标准

（供医疗器械类专业用）

ER-课程标准